Jürgen Dorn

**Wissensbasierte
Echtzeitplanung**

Artificial Intelligence

Künstliche Intelligenz

herausgegeben von Wolfgang Bibel und Walther von Hahn

Künstliche Intelligenz steht hier für das Bemühen um ein Verständnis und um die technische Realisierung intelligenten Verhaltens.
Die Bücher dieser Reihe sollen Wissen aus den Gebieten der Wissensverarbeitung, Wissensrepräsentation, Expertensysteme, Wissenskommunikation (Sprache, Bild, Klang, etc.), Spezialmaschinen und -sprachen sowie Modelle biologischer Systeme und kognitive Modellierung vermitteln.

Bisher sind erschienen:

Automated Theorem Proving
von Wolfgang Bibel

Die Wissensrepräsentationssprache OPS 5
von Reinhard Krickhahn und Bernd Radig

Prolog
von Ralf Cordes, Rudolf Kruse, Horst Langendörfer, Heinrich Rust

LISP
von Rüdiger Esser und Elisabeth Feldmar

Logische Grundlagen der Künstlichen Intelligenz
von Michael R. Genesereth und Nils J. Nilsson

Wissensbasierte Echtzeitplanung
von Jürgen Dorn

Jürgen Dorn

Wissensbasierte Echtzeitplanung

Herausgegeben von Wolfgang Bibel

Friedr. Vieweg & Sohn   Braunschweig / Wiesbaden

CIP-Titelaufnahme der Deutschen Bibliothek

Dorn, Jürgen:
Wissensbasierte Echtzeitplanung / Jürgen Dorn.
Hrsg. von Wolfgang Bibel. – Braunschweig;
Wiesbaden: Vieweg, 1989
   (Künstliche Intelligenz)
   Zugl.: Berlin, Techn. Univ., Diss.
   ISBN 3-528-04752-6

Bibliothekssigel der UB der TU Berlin: D 83

Der Verlag Vieweg ist ein Unternehmen der Verlagsgruppe Bertelsmann International.

Umschlaggestaltung: Peter Lenz, Wiesbaden
Druck und buchbinderische Verarbeitung: W. Langelüddecke, Braunschweig
Printed in Germany

ISBN 3-528-04752-6

Vorwort

Das Gefüge unserer Welt wird immer engmaschiger mit technischen Systemen zu einem unüberschaubar komplexen Gesamtsystem verflochten. Von ihrer Konzeption her sind solche technischen Systeme (und damit auch das Gesamtsystem) jedoch so angelegt, daß sie nur dann beherrscht werden können, wenn menschlicher Geist sie durchschaut und begreift. Zwischen diesen beiden Sachverhalten tut sich ein Zwiespalt auf, der an immer häufigeren Pannen unterschiedlichen Ausmaßes erkennbar ist. Ihnen allen ist gemein, daß sie die beteiligten Menschen rat- und hilflos erscheinen lassen.

Technische Systeme herkömmlicher Bauart lassen sich als funktional „kodiertes" Detailwissen interpretieren. Sie zu verstehen heißt dieses Wissen und seine Kodierung im einzelnen zu kennen. Nur unter dieser Voraussetzung ist es möglich, eine Anpassung des Systems bei veränderten Einsatzbedingungen durchzuführen oder bei einem auftretenden Fehlverhalten des Systems die Ursache zu orten und wenn möglich Abhilfe zu schaffen. Die Ratlosigkeit entsteht dadurch, daß dieses Wissen in der Praxis in aller Regel nicht verfügbar ist.

Die aus der Intellektik – d.i. das Gebiet der Künstlichen Intelligenz und der Kognitionswissenschaft – hervorgegangenen wissensbasierten Systeme ermöglichen es, Wissen in einer Form mit in ein technisches System einzubinden, die von Menschen unmittelbar verstanden werden kann. Auch hat die Intellektik als erste unter den verschiedenen Wissenschaften Schritte hin zu einer formaleren, und damit zuverlässigeren, Verarbeitung von Wissen unternommen, wie sie etwa bei der Planung von Vorgängen, bei der Konstruktion von technischen Geräten, bei der Diagnose von Fehlverhalten solcher Geräte, bei der Überwachung komplizierter Prozesse, beim Verständnis natürlicher Sprache, beim mathematischen Schließen, und bei vielem anderen mehr bisher ausschließlich von Menschen erfolgt.

Mit diesen Techniken bietet die Intellektik eine Chance, die technische Entwicklung im Griff zu behalten, vorausgesetzt, daß sie selbst nicht zu anderen Zwecken mißbraucht wird. Die Entwicklung dieser Techniken befindet sich jedoch in vielfacher Hinsicht noch in einem rudimentären Stadium. Von Einzelerfolgen abgesehen müssen die Leistungen der wissensbasierten Systeme noch immer als eher bescheiden gewertet werden. Dies ist angesichts der vergleichsweise kurzen Entwicklungszeit und der ungeheuren Komplexität der Aufgabenstellung auch gar nicht anders zu erwarten.

Besonders bei der Einbindung wissensbasierter Systeme in laufende technische Systeme unter Bedingungen des realen Einsatzes (Echtzeitsysteme) stehen wir in der Forschung noch vor schwierigen Aufgaben. Gleiches ist für das spezielle Aufgabengebiet der Planung zu sagen, zu dem zwar ein kaum mehr überschaubares Angebot an speziellen Planungstechniken vorliegt, unter denen aber keine zu finden ist, die bereits voll überzeugen könnte. In beiden Fällen spielt das Problem der Behandlung von Zeit eine Schlüsselrolle, die noch nicht zufriedenstellend gelöst ist.

In dem vorliegenden Buch hat sich der Autor gleich an beide dieser zwei schwierigen Aufgaben gewagt, die sich in dem Gebiet der Echtzeitplanung vereinen. Dabei wählt er den aus obiger Sicht dringend erforderlichen Zugang über die Technik der wissensbasierten Systeme. Insbesondere für das genannte Problem der Behandlung der Zeit stellt er ein interessantes Modell zur ereignisorientierten Repräsentation von Wissen vor.

Bei der außerordentlichen Bedeutung des hier behandelten jungen Forschungsteilgebietes möchte sich der Herausgeber wünschen, daß dieses Buch die Diskussion dieser und vergleichbarer Techniken weiter anregt und damit ebenso wie durch den vorgestellten Ansatz selbst die Entwicklung ein Stück voranbringt. Das Ziel dabei sind technische Systeme, die trotz ihrer Komplexität durch eingebautes Wissen dem Menschen wieder zugänglicher und verständlicher sowie in ihrem eigenen Verhalten weniger stupide – oder darf man sagen intelligenter? – sind.

Wolfgang Bibel

Zusammenfassung

In der Arbeit wird ein Modell zur ereignisorientierten Repräsentation von Wissen in technischen Prozessen entwickelt. Die Darstellung beruht auf dem Paradigma der Erscheinung. Eine Erscheinung ist eine logische Aussage, die auf die Zeitgerade abgebildet wird. Zwischen Erscheinungen können kausale und temporale Einschränkungen aufgestellt werden. Darauf aufbauend wird das Modell der Skripten definiert. Skripte stellen eine Wissensstruktur zur Abstraktion von einzelnen Erscheinungen, sowie den kausalen und temporalen Einschränkungen zwischen den Erscheinungen dar.

Auf diesem Modell wird eine Planung für Anwendungen spezifiziert, die Echtzeitanforderungen besitzen. Die Planung basiert auf der Propagierung von kausalen und temporalen Einschränkungen. Diese Einschränkungen sind logische Abhängigkeiten zwischen Erscheinungen, in denen dargestellt wird, welche Ausprägungen einer Aussageform, die eine Erscheinung beschreibt, noch möglich sind. Im Verlauf der Verarbeitung wird die Menge der möglichen Ausprägungen sukzessive verringert. Diese Strategie, die einer Suche in die Breite entspricht, verspricht eine effiziente Verarbeitung für eine Echtzeitplanung.

Das Modell zur Wissensrepräsentation ist durch ein mathematisches System definiert, das mit Hilfe von Prädikatenlogik beschrieben wird. Ein Teil dieses Systems bildet die lineare diskrete Zeitgerade, die wie die natürlichen Zahlen aufgebaut ist. Einen weiteren Teil bildet das Modalsystem S_4, das zur Definition von Kausalität eingesetzt wird. Die Verarbeitung des Wissens ist zum einen durch Sätze des mathematischen Systems gegeben, zum anderen werden Algorithmen vorgelegt.

Das erarbeitete Modell stellt im Rahmen der wissensbasierten Programmierung eine neue Sichtweise vor. Im Gegensatz zur zustandsorientierten Modellierung in den meisten wissensbasierten Systemen wird eine ereignisorientierte Modellierung vorgeschlagen. Die Modellierung von Echtzeitprozessen erscheint in diesem Modell leichter, weil komplexe zeitliche Zusammenhänge leichter darzustellen sind.

Im ersten Kapitel wird motiviert, warum ein spezielles Modell zur ereignisorientierten Wissensrepräsentation für die wissensbasierte Echtzeitplanung entwickelt werden soll und welche Anforderungen daran geknüpft sind. Im zweiten Kapitel wird in bekannte Konzepte zur Repräsentation von Zeit und zeitabhängigem Wissen, zur Abstraktion von Wissen und zur Planung eingeführt. Daraus werden weitere Anforderungen an das zu entwickelnde Modell abgeleitet. Danach wird in jeweils getrennten Kapiteln das Teilmodell zur Repräsentation von Zeit und zeitabhängigem Wissen, das Teilmodell zur Repräsentation von kausalem Wissen und Skripte als ein Modell zur Strukturierung eingeführt. Im sechsten Kapitel wird die Planung und die Verarbeitung im Einschränkungsmodell beschrieben. Im siebten Kapitel soll die Erfüllung der aufgestellten Anforderungen noch einmal zusammenfassend dargestellt werden. Außerdem wird ein Einblick in noch offene Fragen bezüglich des Modells zur Wissensrepräsentation und Wissensverarbeitung gegeben.

VIII

Danksagung

Zuallererst möchte ich mich bei Prof. Günter Hommel bedanken. Ohne ihn gäbe es diese Arbeit nicht. Ich muß mich bei ihm für viele Anregungen, Diskussionen und Korrekturen bedanken. Ich danke Prof. Bernd Mahr, der als Zweitgutachter meine Dissertation betreute, dem ich es zu verdanken habe, daß meine manchmal ein wenig „wirren" Gedanken eine klare mathematische Form und Struktur bekamen. Ebenso möchte ich mich bei Prof. Hermann Krallmann bedanken, der so freundlich war, den Vorsitz des Promotionsausschusses zu übernehmen und mein Dank gilt Prof. Wolfgang Bibel als Herausgeber des Buches, ebenso dem Vieweg Verlag, der es mir ermöglicht, meine Dissertation einer breiteren Öffentlichkeit vorzustellen.

Das Ergebnis dieser Arbeit wäre nicht möglich gewesen ohne die Freiheiten, die ich als Wissenschaftlicher Mitarbeiter bei Prof. Hommel an der TU Berlin hatte. Dadurch, daß ich in den letzten zwei Jahren frei von Aufgaben in der Lehre war, konnte ich mich voll auf meine Forschung konzentrieren. Erwähnen möchte ich aber auch noch meine früheren Erfahrungen im MARS-Projekt bei Prof. Hermann Kopetz, durch die ich Zugang zur Problematik der Echtzeitprogrammierung bekam.

Dank sei nun noch den vielen hilfreichen „Geistern", die mich durch Korrekturen, Anregungen und anderem unterstützt haben. Von den vielen Helfern möchte ich hier nur RGH und meine Freundin Lucia erwähnen. Dankbar bin ich auch den vielen Studien- und Diplomarbeitern, die meine „wirren" Ideen ausbaden mußten.

Zum Schluß möchte ich mich noch bei meinen Eltern bedanken (was ich sonst viel zu selten mache), denen ich es zu verdanken habe, frei zu denken, und die mir mein Studium ermöglicht haben.

Jürgen Dorn im August 1989

Inhaltsverzeichnis

1 Prolog   1
   1.1 Anforderungen an Programme zur Steuerung in Echtzeit   3
   1.2 Explizite Repräsentation von Wissen   5
      1.2.1 Repräsentation von kausalem Wissen   6
      1.2.2 Repräsentation von zeitlichem Wissen   7
      1.2.3 Strukturierung von Wissen   9
   1.3 Das Ziel   11
      1.3.1 Das Modell der Wissensrepräsentation   11
      1.3.2 Wissensverarbeitung   12
      1.3.3 Das mathematische System   13
      1.3.4 Implementierungen   14

2 Grundlegende Konzepte   15
   2.1 Darstellung von Zeit   16
      2.1.1 Temporale Logik zur Spezifikation verteilter Systeme   16
      2.1.2 Vorher/Nachher-Ketten   17
      2.1.2 Temporale Logik basierend auf Intervallen   18
      2.1.3 Temporale Logik basierend auf Zeitpunkten   21
      2.1.4 Temporale Logik basierend auf Ereignissen   22
      2.1.5 Kritik   24
   2.2 Repräsentation von zeitbehaftetem Wissen   25
      2.2.1 Einbezug der Zeit in Aussagen   25
      2.2.2 Primitiven   26
      2.2.3 Kausalität   27
      2.2.4 Kontinuierliche Veränderungen   28
      2.2.5 Kritik   29
   2.3 Strukturierung in der Wissensrepräsentation   30
      2.3.1 Rahmen   30
      2.3.2 Planskelette   32
      2.3.3 Skripte   33
      2.3.4 Kritik   35
   2.4 Wissensbasierte Planung   36
      2.4.1 Einfache Planung   36
      2.4.2 Hierarchische Planung   38
      2.4.3 Nichtlineare Planung   39
      2.4.4 Planung durch zeitliche Einschränkungen   42
      2.4.5 Kritik   43

3 Repräsentation von zeitlichem Wissen   45
    3.1 Das Zeitmodell   46
        3.1.1 Trennung zwischen Zeit und Aussage   46
        3.1.2 Diskrete und analoge Repräsentation der Zeit   46
        3.1.3 Intervallbasierte Repräsentation der Zeit   47
        3.1.4 Ungenauigkeit der Zeit   48
        3.1.5 Offenheit der Zukunft   49
    3.2 Quantitative Repräsentation der Zeit   50
        3.2.1 Die Zeitgerade   50
        3.2.2 Die Darstellung der Gegenwart   52
        3.2.3 Zeitschranken   52
        3.2.4 Definition von Intervallen   53
    3.3 Qualitative Zeitbeschränkungen   56
        3.3.1 Beschränkungen zwischen Zeitschranken   56
        3.3.2 Intervallrelationen   58
        3.3.3 Definition von Zeitbeschränkungen   60
        3.3.4 Eine Mengenalgebra für Zeitbeschränkungen   63
        3.3.5 Beispiel   65
    3.4 Erscheinungen und Erscheinungsformen   66
        3.4.1 Syntax von Erscheinungen   67
        3.4.2 Statische Erscheinungen   67
        3.4.3 Dynamische Erscheinungen   69
    3.5 Kontinuierliche Zustandsgrößen   72
        3.5.1 Flußgrößen   72
        3.5.2 Die Änderung von Flußgrößen   73
        3.5.3 Aktive Veränderung von Flußgrößen   74
        3.5.4 Der Gradient von Flußgrößen   75
    3.6 Modellierung von technischen Prozessen mit Erscheinungen   76
        3.6.1 Eine „diskrete" Repräsentation   76
        3.6.2 Eine „kontinuierliche" Repräsentation   78

4 Repräsentation von kausalem Wissen   79
   4.1 Modallogik   80
     4.1.1 Axiomatik   81
     4.1.2 Semantik   82
   4.2 Ein Modalsystem für Erscheinungen   83
     4.2.1 Kausale Abhängigkeiten   83
     4.2.2 Wahl eines modallogischen Systems   85
     4.2.3 Temporale Modalitäten   87
   4.3 Modale Erscheinungen in der Planung   88
     4.3.1 Ausführbare und eingeplante Aktionen   89
     4.3.2 Eingeplante Fakten   90
     4.3.3 Erreichbare und geforderte Fakten   91
     4.3.4 Tatsächliche Erscheinungen   91
     4.3.5 Hypothetisches Wissen in der Planung   92
     4.3.6 Ablauf der Zeit   93
   4.4 Beispiel   95
     4.4.1 Einfache zeitliche Planung   96
     4.4.2 Berücksichtigung von bekannten Zielen   97
     4.4.3 Berücksichtigung von bereits eingeplanten Aktionen   98

5 Strukturierung von Erscheinungen durch Skripte   99
   5.1 Skript und Einstellung   100
   5.2 Definition von Skripten   102
     5.2.1 Zugriff auf Fächer eines Skriptes   102
     5.2.2 Rollen und Requisiten   103
     5.2.3 Eintrittsbedingungen und Resultate   105
     5.2.4 Erscheinungen eines Skriptes   106
     5.2.5 Intervallrelationen   107
     5.2.6 Kausale Abhängigkeiten   107
   5.3 Erzeugung von Einstellungen   108
     5.3.1 Objekte und ihre Einschränkungen   109
     5.3.2 Erscheinungen   110
   5.4 Ausführbarkeit von Einstellungen   111
     5.4.1 Eintrittsbedingungen   111
     5.4.2 Resultate   112
   5.5 Beispiel   113
   5.6 Abstraktionsmechanismus   115

6 Einplanung von Erscheinungen   117
   6.1 Der Planungsprozeß   118
      6.1.1 Das funktionale Modell der Planung   120
      6.1.2 Die ununterbrochene Planung   121
      6.1.3 Erreichbarkeit einer geforderten Erscheinung   121
      6.1.4 Pläne   122
   6.2 Zielbestimmung   124
      6.2.1 Zielspezifikationen   124
      6.2.2 Zielagenda   125
   6.3 Auswahl einer Einstellung   126
      6.3.1 Erzeugung der Konfliktmenge der Skripte   126
      6.3.2 Erzeugung der Konfliktmenge der Einstellungen   127
      6.3.3 Reduzierung der Konfliktmenge   128
      6.3.4 Pragmatische Konfliktlösung   130
   6.4 Einplanung einer Einstellung   131
   6.5 Konsistenzüberprüfung   133
      6.5.1 Einschränkungen   133
      6.5.2 Das Einschränkungsmodell   134
      6.5.3 Propagierung von Einschränkungen   138
      6.5.4 Zeitüberprüfung   140
      6.5.5 Kausalüberprüfung   141
   6.6 Planung in Echtzeit   142
      6.6.1 Ablauf der Planung   142
      6.6.2 Rechtzeitigkeit   143
      6.6.3 Die ereignisorientierte Prozeßschnittstelle   145

7 Epilog   147
   7.1 Erfüllung der gestellten Echtzeitanforderungen   147
   7.2 Offene Probleme   150
      7.2.1 Wissensrepräsentation   150
      7.2.2 Planung   153
      7.2.3 Weitere Verarbeitung   155
      7.2.4 Implementierungen   156

Anhang   157
   1 Systembeschreibung   158
   2 Stichwortverzeichnis   166
      2.1 Verzeichnis der Systemprädikate   169
      2.2 Verzeichnis der Bilder   171
      2.3 Verzeichnis der Tafeln   172
      2.4 Verzeichnis der Axiome, Definitionen und Sätze   172
      2.5 Verzeichnis der Algorithmen   175
   3 Literaturverzeichnis   176

Der Mensch ist weder ein Stein noch eine Pflanze, und er kann sich nicht seelenruhig durch seine bloße Anwesenheit auf der Welt rechtfertigen. Der Mensch ist nur dadurch ein Mensch, daß er sich weigert, passiv zu bleiben ... Existieren heißt für den Menschen, die Existenz neu schaffen.

Wir halten den Menschen für frei: aber seine Freiheit ist nur in dem Maße real und konkret, wie sie engagiert ist, ein Ziel anstrebt und sich anstrengt, einige Veränderungen in der Welt zu bewirken.

«Point de vue d'une existentialiste sur les Américains» Simone de Beauvoir

1 Prolog

Wenn technische Systeme wie Flugzeuge oder Kraftwerke überwacht werden, müssen tausende von Signalen erkannt und so miteinander kombiniert werden, daß aus ihnen Schlußfolgerungen gezogen werden können. Durch redundante Komponenten zur Erhöhung der Sicherheit und Verfügbarkeit ergibt sich in solchen Systemen eine zusätzliche Komplexität. Wenn autonome mobile Roboter eingesetzt werden, müssen riesige Programmpakete entwickelt werden, die alle möglichen Vorkommnisse in der Umgebung des Roboters berücksichtigen, um geeignete Reaktionen des Roboters auf seine Umwelt zu planen. Die Komplexität dieser technischen Prozesse[1] wird mit traditionellen Methoden der Softwareentwicklung nur unzureichend bewältigt.

Da die Anwendungen der Prozeßdatenverarbeitung und Robotik im Echtzeitbetrieb[2] immer komplexer werden, sind neue Methoden für die Steuerung[3] von technischen Prozessen gefragt. Eine Abhilfe verspricht der Einsatz wissensbasierter Methoden.

Die Vorgehensweise kann dabei unterschiedlich sein. Mit Hilfe von wissensbasierten Methoden kann das Steuerungsprogramm erzeugt werden. Dieses ist dann in einer prozeduralen Programmiersprache codiert. Dieser Ansatz wird in [Sand 87] und [Czec 89] weiterverfolgt. Der zweite Ansatz, der hier im weiteren vorgeschlagen wird, beruht darauf, daß das steuernde Programm selbst wissensbasierte Methoden enthält. Der Vorteil beim ersten Ansatz ist, daß das erzeugte Programm effizienter sein kann als beim zweiten Ansatz. Der Nachteil ist jedoch, daß auf unvorhergesehene Ereignisse im technischen Prozeß nicht so leicht reagiert werden kann. Außerdem können beim zweiten Ansatz funktionelle Erweiterungen leichter durchgeführt werden.

Die Forschung der wissensbasierten Systeme basiert auf dem Wunsch, intelligentes Verhalten von Menschen nachzubilden. Dabei wird von kognitiver Modellierung gesprochen. Wenn Funktionen, die bisher nicht automatisierbar waren, durch den Einsatz wissensbasierter Methoden automatisierbar werden, ist der Einsatz dieser Methoden ein Erfolg.

---

[1] Unter dem Begriff „technischer Prozeß" wird ein Prozeß verstanden, dessen physikalische Größen mit technischen Mitteln erfaßt und beeinflußt werden können. Ein Prozeß ist eine Gesamtheit von aufeinander einwirkenden Vorgängen in einem System, durch die Materie, Energie oder Information umgeformt, transportiert oder gespeichert wird (DIN 66 201 [DIN 81]).

[2] Echtzeitbetrieb (Realzeitbetrieb) ist ein Betrieb eines Rechensystems, bei dem Programme zur Verarbeitung anfallender Daten ständig betriebsbereit sind derart, daß die Verarbeitungsergebnisse innerhalb einer vorgegebenen Zeitspanne verfügbar sind. Die Daten können je nach Anwendungsfall nach einer zufälligen zeitlichen Verteilung oder zu vorbestimmten Zeitpunkten auftreten (DIN 44 300 [DIN 81]).

[3] Unter dem Begriff „Steuern" wird ein Vorgang in einem System verstanden, bei dem eine oder mehrere Größen, die Eingangsgrößen der Steuerung, andere Größen als Ausgangsgrößen aufgrund der dem System eigentümlichen Gesetzmäßigkeit beeinflussen (DIN 19 226 [DIN 69]).

Auch die Möglichkeit der Wissensgewinnung bzw. der unkomplizierten Erweiterung des Wissens motiviert den Einsatz von wissensbasierten Methoden. Für einen mobilen Roboter, der nicht immer in der gleichen Umgebung eingesetzt wird, ist es unabdinglich, daß das verfügbare Wissen laufend erweitert wird. Große Prozeßanlagen der chemischen und verfahrenstechnischen Industrie müssen aus Wirtschaftlichkeitsgründen ununterbrochen durchlaufen. Ein Abbruch der Steuerung, weil neue Softwarekomponenten integriert werden sollen, ist deshalb nicht erwünscht. Die Möglichkeit, das Wissen später zu erweitern, muß von vornherein beim Entwurf eines Programms berücksichtigt werden. Diese Erweiterbarkeit wird als ein natürlicher Prozeß in wissensbasierten Systemen empfunden. Sie wird durch die Unabhängigkeit der Darstellung von einzelnen Wissensstrukturen und die Trennung zwischen Wissen über die Anwendung und dem Kontrollwissen erreicht.

Nilsson beschreibt am Beispiel von Produktionensystemen die Vorteile der wissensbasierten Methoden wie folgt:

> *There are several differences between this production system structure and conventional computational systems that use hierarchically organized programs. The global database can be accessed by all of the rules; no part of it is local to any of them in particular. Rules do not "call" other rules; communication between rules occurs only through the global database. These features of production systems are compatible with the evolutionary development of large AI systems requiring extensive knowledge. One difficulty with using conventional systems of hierarchically organized programs in AI applications is that additions or changes to the knowledge base might require extensive changes to the various existing programs, data structures, and subroutine organization. The production system design is much more modular, and changes to the database, to the control system, or to the rules can be made relatively independently.*

Nils J. Nilsson, [Nils 82], Seite 18

In der Arbeit wird nun vorgestellt, wie eine Steuerung technischer Prozesse durch wissensbasierte Methoden unterstützt werden kann. Um den speziellen Anforderungen an Programme zur Steuerung in Echtzeit gerecht zu werden, müssen neue Methoden eingeführt werden.

1.1 Anforderungen an Programme zur Steuerung in Echtzeit

Die Steuerung von technischen Prozessen besitzt viele charakteristische Eigenschaften, die sie von anderen Anwendungen abgrenzt, in denen wissensbasierten Methoden eingesetzt werden. Daher muß die Praktikabilität eines Einsatzes dieser Methoden besonders an diesen Eigenschaften gemessen werden. Könnten die eingesetzten Methoden diese Eigenschaften nicht adäquat behandeln, wäre ihr Einsatz nicht zu empfehlen. Als kritische Anforderungen an Programme zur Steuerung technischer Prozesse sehen wir folgende Punkte[4]:

In technischen Prozessen laufen viele Aktivitäten und Ereignisse gleichzeitig ab. Auch im steuernden Rechner laufen viele Aktivitäten quasi gleichzeitig ab. Eine Steuerung technischer Prozesse muß deshalb diese Gleichzeitigkeit bzw. *Nebenläufigkeit* von Aktivitäten und Ereignisse darstellen und behandeln können.

Ereignisse im technischen Prozeß verlangen eine rechtzeitige Behandlung. Vielfach kann für die Behandlung eine Zeitschranke angegeben werden, innerhalb der sie geschehen muß, damit keine Schäden im technischen Prozeß auftreten. Eine Steuerung muß Antwortzeiten garantieren. Hier wird von der Forderung nach *Rechtzeitigkeit* gesprochen.

Technische Prozesse sind nicht statisch. Eine Steuerung muß berücksichtigen, daß die Sensorwerte im Moment der Planung bereits veraltet sein können. Die Werte können inzwischen ungenau oder falsch sein. Die Steuerung muß deshalb Voraussagen über den Verlauf der *dynamischen Umgebung* machen können.

In einem *kontinuierlichen Prozeß*, einer speziellen Art eines technischen Prozesses, sind die Zustandsgrößen nicht diskreter Natur, sondern sie verändern sich kontinuierlich. Diese Zustandsgrößen sollten deshalb als kontinuierliche Größen dargestellt werden, obwohl die interne Verarbeitung nur diskret geschieht.

Viele technische Prozesse laufen im *ununterbrochenem Betrieb*. Einen Zustand, in dem das Programm fertig abgearbeitet wäre, gibt es nicht. Das bedeutet, daß Änderungen der Funktionalität der Steuerung oder Erweiterungen des Wissens über die Umgebung während der Laufzeit in die vorhandene Software integrierbar sein sollten.

Ereignisse im technischen Prozeß treten meist asynchron zur Steuerung auf. Handelt es sich bei diesem *asynchronen Ereignis* um ein zeitkritisches Ereignis, das in einer gewissen Zeit behandelt werden muß, damit kein Schaden entsteht, so muß die Steuerung *unterbrechbar* sein oder die asynchronen Ereignisse müssen von eigenen Prozessoren behandelt werden.

---

[4] Diese Punkte sind hier nicht nach ihrer Wertigkeit geordnet. Ihre Wertigkeit ergibt sich meist aus der speziellen Anwendung. Eine ausführlichere Diskussion dieser Punkte finden wir in [Herr 89]. In [Laff 88] werden diese Punkte bzgl. eines Einsatzes von wissensbasierten Systemen behandelt.

Für viele technische Anwendungen, in denen sich die charakteristischen Prozeßdaten schnell ändern, ist eine schnelle Datenverarbeitung notwendig. Es gibt jedoch auch viele Anwendungen, in der diese Anforderung nicht so wichtig ist. Die Anforderung muß immer unter dem Aspekt der Rechtzeitigkeit betrachtet werden. Da auch von anderen Programmen erwartet wird, daß sie schnell verarbeitet werden, betrachten wir diesen Aspekt nicht als spezielle Anforderung von Echtzeitanwendungen. Wir können uns auch vorstellen, daß durch den Einsatz von spezieller Hardware und Parallelität die Verarbeitung wissensbasierter Methoden so schnell wird wie in traditionellen Steuerungen von technischen Systemen.

Aus all diesen Anforderungen läßt sich erkennen, daß die Behandlung der Zeit bzw. die Qualifizierung von Aussagen durch eine zeitliche Einschränkung ein sehr wichtiger Aspekt von Echtzeitanwendungen ist. So sollte z.B. die Zeit, wann ein Sensorwert gemessen wurde zusammen mit Sensorwert gespeichert werden. Eine Schlußfolgerungskomponente muß dann explizit darüber schliessen ob der Wert noch gilt, nach dem eine gewisse Zeit vergangen ist.

Für eine Repräsentation von technischen Prozessen spielt dann die zeitliche Beziehung zwischen einzelnen Vorgängen ebenso eine Rolle wie Dauer und Zeitpunkte der Vorgänge.

1.2 Explizite Repräsentation von Wissen

Techniken im Bereich wissensbasierter Systeme betonen eine Trennung zwischen Wissensrepräsentation und Wissensverarbeitung. Die *Wissensrepräsentation* ist der Teil, in dem das Wissen über eine zu modellierende Anwendung enthalten ist, und die *Wissensverarbeitung* ist der Teil, in dem Kontrollstrukturen enthalten sind, die entscheiden, wie das Wissen verarbeitet wird.

Die Wissensrepräsentation ist rein *deskriptiv*. Im Vordergrund steht, was repräsentiert bzw. was verarbeitet oder geplant wird. Es wird noch nicht entschieden, wie dieses Wissen verarbeitet wird. Auf die Zeit bezogen heißt das, daß beschrieben wird, wann Vorgänge im technischen Prozeß stattfinden, aber nicht, wann das Wissen über den technischen Prozeß verarbeitet wird. Der Ablauf der Verarbeitung der Materie, Energie oder Information im technischen Prozeß soll dabei explizit beschrieben werden, aber nicht die Verarbeitungsreihenfolge des Wissens im Rechner.

Die Wissensverarbeitung sollte domänenunabhängig sein. Das heißt, sie enthält nur allgemeine Schlußfolgerungen und Prozeduren zur Verarbeitung der einzelnen Elemente der Repräsentation. Prozeduren und Arbeitsvorgänge des technischen Prozesses, die nicht der Verarbeitung der Software gelten, sind Teil der Wissensrepräsentation.

Wird die Trennung geschickt gezogen, und ist die Wissensverarbeitung allgemeingültig definiert, dann bietet diese strikte Trennung Vorteile in Hinsicht auf die Korrektheit der Programmierung, ebenso wie auf Erweiterbarkeit und Wartbarkeit dieser Programmsysteme.

> *We argue that computer programs would be more often correct and more easily improved and modified if their logic and control aspects were identified and separated in the program text.*

> Robert Kowalski, Abstract, [Kowa 79]

Die *wissensbasierte Planung*, eine spezielle Art der wissensbasierten Programmierung, wird als eine Suche interpretiert, bei der aufgrund eines Anforderungsprofils an eine Situation in der Zukunft (Zielspezifikation) ein Plan gesucht wird, der aus einer Reihe von Aktionen besteht, durch deren Ausführung die Zielspezifikation wahr wird[5]. Meist wird für die Wissensrepräsentation eine Methode benutzt, bei der der Problemraum durch *Zustände* (states) beschrieben wird. Die Zustände stellen mögliche momentane Ausprägungen der Umgebung dar. Ausgehend von einem Startzustand wird ein Weg durch einen Zustandsraum (state space) gesucht, um einen Zielzustand zu erreichen. Der

---

5 Manchmal werden Konfigurations- und Designprobleme mit unter dem Begriff der Planung zusammengefaßt [Hert 87]. Wir grenzen die Planung jedoch im wesentlichen auf die Einplanung von Aktionen ein.

gesuchte Weg ist dann eine Folge von Zuständen, deren Übergänge durch *Operatoren* beschrieben werden.

Ein Operator beschreibt eine Umformung eines Zustandes in einen Folgezustand. An ihn sind Bedingungen geknüpft, die in einem Zustand gelten müssen, damit er in diesem Zustand angewendet werden kann. Zur Beschreibung der Umformung gehören einerseits Aussagen, die durch die Anwendung des Operators im neuen Zustand gültig werden, andererseits Aussagen über den alten Zustand, die im neuen Zustand nicht mehr gelten. Wird die Ausführung eines Planes betrachtet, dann wird anstatt von Operatoren von Aktionen gesprochen.

Bei der wissensbasierten Planung sind Operatoren und Zustände explizit beschrieben. Sie bilden die Wissensrepräsentation. In der Wissensverarbeitung wird dann die Auswahl von Operatoren in Abhängigkeit vom vorhandenen Wissen getroffen. Außerdem werden hier neue Zustände erzeugt.

1.2.1 Repräsentation von kausalem Wissen

Für eine wissensbasierte Planung ist die Darstellung von Kausalität unabdinglich. Wenn eine Zielspezifikation gegeben ist, muß nach Operatoren gesucht werden, die diesen Zielzustand herbeiführen. Dabei ist es notwendig, zu beschreiben, welche kausalen Auswirkungen die Operatoren haben, um zu entscheiden, welche Operatoren angewandt werden sollen.

Wenn kausale Zusammenhänge explizit dargestellt werden, dann muß in der Repräsentation auch zwischen kausal voneinander abhängigen Aussagen und unabhängigen oder zufälligen Aussagen unterschieden werden. Die Unterscheidung fällt nicht leicht. Oft beobachten wir, daß auf Erscheinungen von bestimmtem Typ andere Erscheinungen bestimmten Typs folgen. Die Aufeinanderfolge können wir in Gestalt einer Regel formulieren: Wenn eine Erscheinung des ersten Typs vorliegt, tritt eine Erscheinung des zweiten Typs auf. Geht man so weit, die an sehr vielen Fällen beobachtete Tatsache der regelhaften Aufeinanderfolge zu verallgemeinern, dann kommt man zu einer allgemeinen These des Determinismus. Der vertrauten Erfahrung von dieser Regelhaftigkeit steht die ebenso vertraute Erfahrung von der Entscheidungsfähigkeit von Personen gegenüber.

Die traditionelle Modellierung von Kausalität in wissensbasierten Systeme ist der sogenannte *Situationenkalkül* (situation calculus). Er geht auf eine Veröffentlichung von McCarthy [McCa 63] zurück. Er definierte ein formales System, das darauf basiert, daß allgemeine Eigenschaften der Kausalität und Fakten über die Möglichkeiten und Resultate von Aktionen als Axiome vorgegeben sind.

Einer der Grundbegriffe in dem System ist die *Situation*. Sie entspricht dem Zustand in der wissensbasierten Planung. Eine Situation stellt den gesamten Zustand der relevanten Dinge während eines gewissen Zeitraumes dar. Dieser Zeitraum kann ein momentaner Zeitpunkt oder aber von längerer Dauer sein. Die Gesetze der Veränderung des Systems entscheiden über die Menge aller zukünftigen Situationen, die aus der momentan gegebenen Situation folgen können.

Eine Situation ist als Gesamtzustand der relevanten Umgebung definiert. Sie kann nie vollständig beschrieben sein. Statt dessen werden Funktionen in einem erweiterten Prädikatenkalkül beschrieben: dem Situationenkalkül. Ihr Definitionsbereich ist die Menge aller möglichen Situationen. Der Wertebereich ist entweder eine Situation oder ein binärer Wert, der besagt, ob in einer Situation etwas wahr oder falsch ist.

Kausalität wird explizit durch Aussagen der Form F(p, s) dargestellt, wobei p eine Behauptung und s eine Situation ist. Die Aussage F(p, s) beschreibt dann die Behauptung, daß auf die Situation s eine Situation folgt, in der auch die Behauptung p gilt. Diese Aussageform wird Operator genannt. Operatoren sind zeitlos. Sie beschreiben einen momentanen Zustandsübergang.

McCarthy [McCa 69] stellt dann einige offene Probleme dar. Das bekannteste Problem nennt er das *Frame-Problem*. Es besteht darin, daß Behauptungen, die in einer Situation gelten, nicht automatisch auch in einer späteren Situation gelten. Er macht einen Vorschlag zur Behebung des Problems. Danach sollen alle Behauptungen über eine Situation zu einem Rahmen (frame)[6] zusammengefaßt werden. Die Auswirkung von Operatoren wird dadurch beschrieben, daß zu jedem Operator Aussagen formuliert werden, die in der alten Situation aufgehoben werden. Alle anderen Aussagen werden in der neuen Situation beibehalten. Die Wirkung von Operatoren wird weiterhin dadurch beschrieben, welche Aussagen in der neuen Situation hinzukommen. Diese Grundlage der Modellierung nennt er das *Frame-Axiom*.

1.2.2 Repräsentation von zeitlichem Wissen

Sollen technische Prozesse im Situationenkalkül repräsentiert werden, treten neben dem Frame-Problem, weitere Probleme auf. Ein technischer Prozeß kann prinzipiell durch eine Folge von Situationen beschrieben werden.

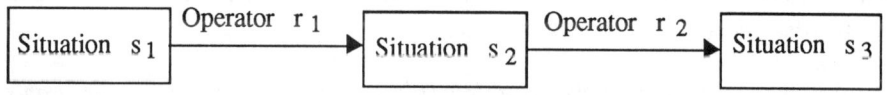

Bild 1: Modellierung eines technischen Prozesses durch Situationen und Operatoren

Die Reihenfolge von Vorgängen im Prozeß kann durch diese Folge modelliert werden. Eigentlich stellen die Operatoren aber kausale Zusammenhänge zwischen den Situationen dar. Deswegen tritt ein Problem auf, wenn eine Modellierung notwendig wird, die weitere temporale Aspekte benötigt wie z.B. die Anforderung an Programme zur Steuerung von technischen Prozessen, Nebenläufigkeit zu repräsentieren.

---

[6] Der Begriff „frame" hat keinen Zusammenhang mit der Struktur eines „frames" bei Minsky [Mins 75] oder den „frames" zur Definition der Stellung der Effektoren von Robotern [Paul 81].

Soll Nebenläufigkeit im Situationenkalkül dargestellt werden, so könnte diese innerhalb einer Situation dargestellt werden. Das würde aber bedeuten, daß Reihenfolge und Nebenläufigkeit auf unterschiedlichen Abstraktionsebenen dargestellt wären. Es könnte dann nicht mehr dargestellt werden, daß zwei nacheinanderfolgende Situationen parallel zu einer dritten auftreten.

Zur Darstellung der Nebenläufigkeit von Prozessen könnten auch verschiedene Folgen mit Hilfe von Situationen aufgebaut werden, die völlig unabhängig voneinander sind. Diese Unabhängigkeit kann aber bei technischen Prozessen nicht akzeptiert werden. Die Synchronisation von technischen Prozessen und die Kommunikation zwischen ihnen stellt einen der großen Problembereiche bei der Steuerung dar [Herr 89].

Ein weiteres Problem taucht auf, wenn Vorgänge im technischen Prozeß auftreten, die keine kausale Ursache innerhalb des beschriebenen Modells besitzen, aber ein zeitlicher Zusammenhang bekannt ist.

Das Problem des Situationenkalküles ist, daß zeitliche Aspekte wie Reihenfolge und Nebenläufigkeit nur unzureichend darstellbar sind. Wir glauben, daß eine Vermischung von kausalen und zeitlichen Zusammenhängen unzulässig ist, zumindest aber schon aus Effizienzgründen bei der Planung zu Problemen führt.

Die Wichtigkeit des zeitlichen Aspektes in unserem Repräsentationsmodell unterstreichen wir durch die explizite Darstellung von Aussagen mit Gültigkeitszeiten.

Während in der traditionellen Logik davon ausgegangen wird, daß eine Aussage immer wahr oder immer falsch ist, gehen wir davon aus, daß Aussagen nur innerhalb eines begrenzten Zeitraumes gültig sind. Dies bezieht sich auf Aussagen über Eigenschaften von Objekten, auf Bedingungen von Aktionen ebenso wie auf Aktionen selbst, die auch innerhalb eines eingeschränkten Zeitraumes durchgeführt werden und während dieses Zeitraumes „wahr" sind. Kowalski verwendet für diese Modellierung im Gegensatz zum Begriff des Situationenkalkül den des *Ereigniskalküls* (event calculus) [Kowa 86]. In dieser Darstellung können beliebige zeitliche Abhängigkeiten formuliert werden. Außerdem tritt das Frame-Problem nicht mehr auf.

> *..., execution of the situation calculus gives rise to the frame problem, the need to reason that a relationship which holds in a situation and is not affected by an event continues to hold in the following situation. This explizit deduction, which is a consequence of the use of global situations, is so computationally inefficient as to be intolerable.*
>
> *The event calculus was developed, to a large extent, in order to avoid the frame problem. It does so by qualifying relationships with time periods instead of with global situations. Time periods associated with different relationships have different names even if they have the same duration.*

Robert Kowalski und Marek Sergot, [Kowa 86]

Wenn Wissen explizit dargestellt wird, dann kann zwischen Schlußfolgerungen und einfachen Aussagen unterschieden werden. So unterscheidet McCarthy Operator und Situation und Nilsson Regel und Zustand. Wenn eine Schlußfolgerung deterministisch ist, dann sprechen wir vom kausalen Zusammenhang zwischen Prämisse und Konklusion, wenn sie nicht deterministisch ist, dann beschreibt sie eine mögliche Auswahl. Ist eine Aussage deterministisch ist, sprechen wir von einer Tatsache, im Gegensatz zu möglichem Wissen.

Wir haben festgestellt, daß kausales und temporales Wissen und somit auch *kausale* und *temporale Abhängigkeiten* in technischen Prozessen explizit dargestellt werden sollten. Wir glauben, daß zwischen temporalen und *kausalen* Abhängigkeiten unterschieden werden muß. Die Aussage „Wenn die Maschine läuft, fließt Strom" kann als temporale oder kausale Abhängigkeit gedeutet werden. Temporal interpretiert, wird ein Intervall «$I_{MASCHINE}$,» in dem die Erscheinung «Maschine läuft» und ein Intervall «I_{STROM}», in dem die Erscheinung «Strom fließt» auftritt, definiert und dann die temporale Abhängigkeit durch die Beschränkung „gleich($I_{MASCHINE}$, I_{STROM})" dargestellt. Diese Aussage hilft uns, wenn wir wissen wollen, wann Strom fließt. Meist werden wir den Satz aber kausal deuten und ihn durch eine Implikation darstellen:

$$\text{MASCHINE-LÄUFT im Intervall } I_{MASCHINE} \rightarrow \text{STROM-FLIEßT im Intervall } I_{STROM}$$

Dabei schließen wir nicht über die Beziehung der Intervalle, sondern über eine Ursache. Die Maschine kann nur laufen, wenn Strom fließt. Der Strom kann jedoch auch fließen, ohne daß die Maschine läuft. Aus einer zeitlichen Repräsentation können wir also nicht immer auf eine kausale Ursache schließen. Manchmal lassen sich zeitliche Schlußfolgerungen auf kausale abbilden.

Dagegen enthält die Aussage „Nachdem der Strom eingeschaltet wurde, wurde die Maschine eingeschaltet" eine typisch zeitliche Folgerung. Daraus einen kausalen Schluß abzuleiten, wäre nicht sinnvoll.

Obwohl im Situationenkalkül keine explizite Trennung zwischen kausalem und temporalen Wissen möglich ist, wird er häufig in der Diagnose von technischen Prozessen benutzt, wobei dann auf Parallelität verzichtet wird und Situationen ein Nacheinander von Prozeßzuständen beschreiben wie z.B. im TEX-I Verbundprojekt [Carl 87]. Ebenso gibt es Ansätze zur temporalen Repräsentation in technischen Systemen wie z.B. im Projekt des SFB 314 [Nöke 89]. Kausalität wird hier durch temporale Aussagen dargestellt.

1.2.3 Strukturierung von Wissen

Wir haben als Begründung für die Einführung von wissensbasierten Techniken die Größe heutiger Anwendungen im Bereich von Prozeßsteuerungen und der Robotik benutzt. Für große und komplexe Programmsysteme gilt, daß sie zerlegbar sein sollten. Grundlegendes Prinzip der Bewältigung der Komplexität von Problemen ist die Zerlegung des Problems in Teilaufgaben geringerer Komplexität. Dabei verringert sich nicht die Komplexität des Problems, sondern es geht darum, Unteraufgaben so zu definieren, daß jede einzelne die menschlichen Fähigkeiten zur Komplexitätsbewältigung nicht übersteigt.

Die Komplexitätsbewältigung geschieht durch eine Strukturierung des Wissens. Dabei wird von Details einer Anwendung abstrahiert und auf einer höheren Abstraktionsebene sind nur noch die wesentlichen Teile des Wissens sichtbar. Welche Details weggelassen werden, hängt von dem Abstraktionsmodell ab.

Die Datenabstraktion in Datenbanksystemen [Sund 75] besitzt diese Motivation. In Datenbanken findet jedoch nur eine objektbezogene Abstraktion statt. Die Korrektheit der Ausprägung von Objekten und die Erweiterung um neue Objekte fällt leicht. In wissensbasierten Systemen werden nicht nur Objekte dem Abstraktionsprozeß unterworfen.

In den Techniken für wissensbasierte Systeme ist oft auch ein Objekt der Abstraktionsgegenstand. So stellen Rahmen (frames) [Mins 75] solch eine Abstraktion dar. Eine Situation im Situationenkalkül kann leicht auf einen Rahmen abgebildet werden, wobei die Fächer des Rahmens durch die Aussagen gefüllt werden, die während einer Situation gelten. Erweiterungen zu den Ideen der Datenabstraktion in Datenbankmodellen stellen jedoch die Konzepte der Vererbung von Attributen und der prozeduralen Ankopplung dar.

Produktionenregeln (production rules) [Post 43] stellen menschliche Schlußfolgerungsprozesse in den Vordergrund der Abstraktion. Diese „Wenn-Dann-Regeln" zeigen die Absichten der Entwicklung von wissensbasierten Systemen an. Nicht nur Wissen über die Eigenschaften von Objekten, sondern auch Wissen über Verarbeitungsvorgänge (z.B. des menschlichen Gehirns) werden deklarativ dargestellt. Diesen abstrakten Strukturen können nun Eigenschaften, wie z.B. eine Wahrscheinlichkeit zugeordnet werden.

Betrachten wir technische Prozesse, so beschäftigen wir uns stärker mit einer Sichtweise, die Veränderungen und Abläufe in den Vordergrund stellt, denen ein zeitlicher Aspekt anhängt. Produktionenregeln sind Veränderungen, die prinzipiell zeitlos sind. Skripte, wie sie von Schank [Scha 77] eingeführt wurden, stellen einen günstigeren Abstraktionsmechanismus für zeitliche Vorgänge dar. Skripte werden oft mit Rahmen gleichgesetzt, weil sie beide auf einer Darstellung durch Fächer basieren. Wir wollen aber den „dynamischen" Aspekt von Skripten benutzen, um eine ereignisorientierte Wissensrepräsentation und eine Abstraktion aus einer ereignisorientierten Sichtweise zu erreichen.

Aus einem speziellen Blickwinkel betrachtet, stellen Skripte für uns die Möglichkeit dar, einzelne Vorgänge in technischen Prozessen zu komplexen Handlungen zusammenzusetzen, also eine Abstraktion über diese Vorgänge. Dabei wird von zeitlichen und kausalen Zusammenhängen, die zwischen den einzelnen Vorgängen existieren, abstrahiert und die komplexe Handlung wird als ein einziger Vorgang im technischen Prozeß betrachtet. Dieser Vorgang kann nun wieder Teil einer noch komplexeren Handlung sein.

Skripte stellen auch regelorientierte Sachverhalte dar. Wird aus diesem Blickwinkel abstrahiert, so stellen sie Produktionenregeln dar. Eine weitere Interpretation ist, daß Skripte Operatoren darstellen, wie sie im Situationenkalkül eingesetzt werden.

1.3 Das Ziel

In der Arbeit wird ein Modell zur ereignisorientierten Repräsentation und Verarbeitung von Wissen über technische Prozesse vorgestellt. Wir wollen die formalen Anforderungen an dieses Modell etwas näher betrachten. Das Repräsentationsmodell wird durch ein mathematisches System definiert. Für die Notation des Systems führen wir einige Konventionen ein, die hier beschrieben werden sollen. Zum Abschluß soll auf vorgenommene Implementierungen des ereignisorientierten Modells zur Wissensrepräsentation hingewiesen werden.

1.3.1 Das Modell der Wissensrepräsentation

Bisher wurde motiviert, warum spezielle wissensbasierte Methoden für die Steuerung von technischen Prozessen einzusetzen sind. Um die gewünschte Wissensrepräsentation für technische Prozesse zu verdeutlichen, werden nun verschiedene Gegensätze der Wissensrepräsentation aufgestellt.

Der eine Gegensatz besteht zwischen *prozeduraler* und *deskriptiver* Wissensrepräsentation. Als Beispiel für eine deskriptive Repräsentation sei die Prädikatenlogik genannt [Bibe 82]. Dabei soll nicht unerwähnt bleiben, daß z.B. eine Programmiersprache wie Prolog deskriptiv wie auch prozedural benutzt werden kann. Angestrebt wird eine deskriptive Wissensrepräsentation, weil nur damit die zunehmende Komplexität künftiger Anwendungen im Bereich der Steuerung von technischen Systemen bewältigt werden kann.

Ein weiter Gegensatz besteht zwischen einer *zustandsorientierten* und einer *ereignisorientierten* Wissensrepräsentation. Der reine Prädikatenkalkül ist für uns zustandsorientiert. Wir wollen jedoch ein ereignisorientiertes Modell entwickeln. Eine ereignisorientierte Repräsentation des relevanten Wissens ist gefordert, weil nur damit eine angemessene Berücksichtigung des Aspektes der Zeit in technischen Prozessen geschehen kann. Statt einer Abbildung von Aussagen auf diskrete Zustände, fordern wir eine Abbildung von Aussagen (Prädikaten) auf eine Zeitgerade. Wir führen dafür den Begriff der *Erscheinung* ein. Wir bilden Erscheinungen wiederum auf Prädikatenlogik ab.

Eine Erscheinung ist eine zeitabhängige Feststellung und ist formal eine Abbildung einer Aussage auf die Zeitgerade. Die Aussage gilt während eines (Zeit-) Intervalls. Jede Erscheinung ist Ausprägung einer Erscheinungsform, einer Art Datentyp.

Dabei ist eine strikte Trennung von zeitlichem und kausalem Wissen bzw. zeitlichen und kausalen Abhängigkeiten notwendig. Wenn Erscheinungen zeitlich eingeschränkt sind, dann können zeitliche und kausale Abhängigkeiten zwischen ihnen leicht dargestellt werden. Zu den wichtigsten zeitlichen Abhängigkeiten gehören die Nebenläufigkeit und die Reihenfolge. Eine wichtige kausale Abhängigkeit stellt die Implikation dar.

Ein dritter Aspekt der geforderten Wissensrepräsentation stellt die Strukturierung des Wissens dar. Im Prädikatenkalkül ist diese Strukturierung „flach". Durch Zusammenfassung von Prädikaten und Argumenten kann in Prädikatenlogik das Wissen strukturiert werden. Ziel ist jedoch, daß diese Zusammenfassungen vorgegeben sind und so eine spezielle Sicht entsteht, die durch eine ereignisorientierte Abstraktion charakterisiert ist.

Für diese deskriptive, ereignisorientierte und strukturierte Wissensrepräsentation definieren wir ein mathematisches System, in dem die Probleme und Anforderungen der Steuerung technischer Prozesse wissensbasiert repräsentiert werden. Auf diesem Modell der Wissensrepräsentation wird eine Echtzeitplanung für technische Prozesse spezifiziert.

1.3.2 Wissensverarbeitung

Soll eine Steuerung von technischen Prozessen durchgeführt werden, dann müssen mehrere Verarbeitungsfunktionen entwickelt werden. Neben einer Planung ist eine Überwachung des technischen Prozesses durch Sensoren und die Ausführung von Plänen zu konzipieren. In der Arbeit beschäftigen wir uns im wesentlichen nur mit der Einplanung von Aktionen. Die anderen Funktionen wurden in konkreten Implementierungen zwar durchgeführt, stehen aber nicht im Blickpunkt unseres Interesses.

In der Planung tritt bei Echtzeitanwendungen ein spezielles Problem auf. Existierende Systeme gehen von der Vereinfachung aus, daß Zielspezifikation, Planung und Ausführung drei sequentielle Vorgänge sind. In realen technischen Anwendungen wird das selten der Fall sein. Oft existiert ein Planungsziel, das über längere Zeit gilt, und gleichzeitig werden weitere Ziele aufgestellt. Es ist auch unrealistisch, daß sich der Prozeß während der Planungszeit nicht weiterentwickelt. Wir entwerfen deshalb einen Mechanismus, der diese drei Teilprozesse nicht in einer strengen Reihenfolge durchführen muß, sondern Voraussagen über den Verlauf des Prozesses während der Planung in die Planung selbst mit einbezieht. Zielanforderungen, die in einer bestimmten zeitlichen Reihenfolge auftreten, führen nicht notwendigerweise dazu, daß die eingeplanten (Re-)Aktionen in der gleichen Reihenfolge auftreten. Dies verdeutlicht die folgende Graphik. Wir sprechen von einer *reaktiven Planung*.

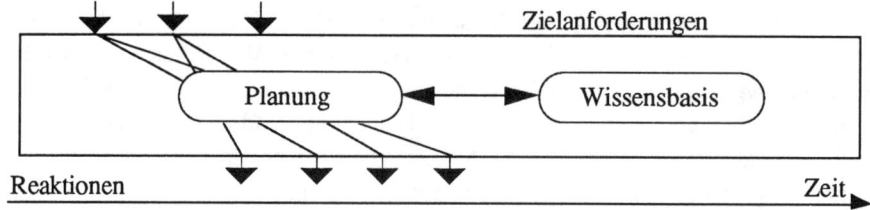

Bild 2: Zielsystem

Die Planungskomponente, die auf einer Wissensrepräsentation durch Einschränkungen (constraints) beruht, wird durch Algorithmen spezifiziert. Zur Spezifikation der Verarbeitung benutzen wir die Sprache PROLOG mit einigen kleinen Erweiterungen für die Darstellung von Nebenläufigkeit.

1.3.3 Das mathematische System

Wir definieren ein mathematisches System, in dem unsere ereignisorientierte Modellierung eine mögliche Interpretation ist. Dazu müssen einige formale Begriffe erläutert und der Zusammenhang zwischen dem mathematischem System und dem Repräsentationsmodell dargestellt werden.

Die Formulierung von Aussagen geschieht unter Benutzung von Prädikatenlogik aus einer objektorientierten Sicht. So sind Argumente von Prädikaten *logische Objekte*. Wir gehen von einer sortierten Logik aus, um die Notation von Axiomen, Definitionen und Sätzen zu vereinfachen. Der Begriff der sortierten Logik wird bei Glubrecht [Glub 83] für eine Logik verwendet, die Sorten von Objekten kennt. Wir benutzen die einfachste Ausprägung, in der Individuen und Sorten syntaktisch unterschieden werden. Es lassen sich somit keine Aussagen formen, in der eine Sorte gleichzeitig Individuum ist. Objekte einer Sorte werden durch charakteristische Namen gekennzeichnet. Variablen, deren Name mit einem großen I beginnen, bezeichnen beispielsweise Intervalle.

Zur Klassifikation von Objekten definieren wir *Klassifikationsfunktionen*, die uns anzeigen, ob ein Objekt zu einer Sorte gehört. Außerdem definieren wir *Generierungsfunktionen*, um aus einfacheren Objekten ein Objekt einer bestimmten Sorte zu erzeugen. Wir benutzen eine sortierte Logik, weil mit ihr stärker eingeschränkt werden kann, welche Aussagen gültige Erscheinungen oder Aussagen sind.

Wir unterscheiden *geordnete* und *ungeordnete* Mengen. Geordnete Mengen fassen wir durch eckige Klammern „$\langle \rangle$" und ungeordnete Mengen durch geschweifte Klammern „$\{\}$" zusammen. Eine Menge ist ein Objekt in diesem Logikformalismus.

Im System werden zwei Arten von logischen Objekten unterschieden. Die erste Art wird durch Axiome charakterisiert und die zweite Art wird aufbauend auf der ersten Art durch Definitionen erzeugt.

Das mathematische System besteht aus Axiomen, Definitionen und Sätzen. Axiome beschreiben grundlegende Eigenschaften des Systems bzw. der zugrundeliegenden Objekte. Gleichzeitig wird das System damit von ähnlichen Systemen abgegrenzt. Wie es in mathematischen Systemen üblich ist, sind Axiome nicht beweisbar. Aus der Sicht des Modells haben Axiome die Bedeutung einer semantischen Komponente.

Mit Definitionen werden Begriffe eingeführt, die das System handhabbarer gestalten. Entsprechend ihrer mathematischen Bedeutung stellen sie Abkürzungen dar. Aus der Sicht des Modells zur Wissensrepräsentation stellen sie eine syntaktische Komponente dar. Die Syntax, die ein Benutzer des Repräsentationsmodells sieht, wird im wesentlichen durch diese Definitionen bestimmt.

Aus Axiomen und Definitionen leiten wir gültige Sätze ab. Sie stellen damit eine Erweiterung der syntaktischen und semantischen Komponente dar. Die aufgestellten Sätze sind zum großen Teil augenscheinlich abzuleiten, so daß ihr Beweis in der Arbeit nicht durchgeführt wird.

In der Notation unterscheiden wir zwischen Konstanten und Variablen. Konstanten sind in dem System dadurch gekennzeichnet, daß sie mit einem kleinen Buchstaben be-

ginnen. Der Name von Variablen beginnt mit einem großen Buchstaben. Die Namen
von Funktionen und Prädikaten beginnen wie Konstanten mit einem kleinen Buchstaben. Um in Beispielen die anwendungsspezifischen Namen von den definierten Namen
zu unterscheiden, benutzen wir für die ersteren den Stil KAPITÄLCHEN.

1.3.4 Implementierungen

Viele Teile des Repräsentationsmodells wurden in Studien- und Diplomarbeiten implementiert. Dabei wurde nicht genau die in der Arbeit entwickelte Syntax benutzt, sondern
es wurden nur die Ideen verifiziert. Die ereignisorientierte Wissensrepräsentation mit
Skripten, das Modell einer Echtzeitplanung und die auf Einschränkungen basierte Planung standen im Vordergrund der Implementierungen.

Czech und Schmidt [Czec 87] entwickelten in einer Studienarbeit ein Softwaresy-
stem, mit dem ein Roboter gesteuert wurde. Die möglichen Handlungen des Roboters
wurden durch vier Skripte beschrieben, die der Roboter dann auch ausführen konnte.

In einer anderen Anwendung, der Steuerung einer Modelleisenbahn, entwickelten
Langermann und Müller [Lang 87] zusätzlich zu der Steuerung eine Planung für zwei
Züge, die auf zwölf Skripten beruhte.

Neubert und Splettstößer [Neub 88] entwickelten das bisher komplexeste System,
bei dem in einer Roboteranwendung das Konzept der nichtsequentiellen Echtzeitplanung
mit parallelen Erscheinungen integriert war. Bei ihnen gibt es zehn Objektklassen und
achtzehn Skripte. Dabei wurden neben anderen Akteuren ein Roboter gesteuert, der als
Barmixer arbeitete. Das ist schon wesentlich komplexer als die typischen Anwendungen
von wissensbasierten Planungssystemen[7].

In einer weiteren Anwendung, bei der die Antwortzeiten des Systems sehr klein sind,
versucht Splettstößer [Sple 89] die Anforderungen an Programme zur Steuerung in
Echtzeit mit einem wissensbasierten System in Einklang zu bringen. Bei der Anwendung wird ein Eisenprofil in einem Glasrohr mittels zwei Elektromagneten erst hoch-
geschossen und dann wieder aufgefangen. Da die Zeiten für das Einschalten der Magnete
nicht theoretisch bestimmt werden können, müssen sie experimentell „erlernt" werden.

Die Implementierungen wurden in MODULA-PROLOG und Pascal vorgenommen. Für
eine Implementierung mit tatsächlicher Steuerung eines technischen Prozesses ist eine
prozedurale Sprache mit Sicherheit notwendig, um die hardwarenahen Teile des Systems
zu implementieren. Da für die nebenläufige Programmierung keine nichtprozedurale
Sprache zur Verfügung stand, stellte MODULA-PROLOG die vermeintlich „ideale" Entwicklungsumgebung für ein System dar, in der der technische Prozeß direkt gesteuert
wird. In der letztgenannten Anwendung mußte jedoch Parallelität durch einen zweiten
Rechner zur Verfügung gestellt werden.

---

[7]   Die „Klötzchenwelt" läßt sich mit einem bzw. vier Operatoren darstellen, für die
       „STRIPS-Welt" benötigt man sieben Operatoren. Dabei können hinsichtlich der
       Komplexität der Planung Operatoren und Skripte gleichgesetzt werden.

2 Grundlegende Konzepte

Im folgenden Kapitel sollen einige Ideen zur Wissensrepräsentation und wissensbasierten Planung vorgestellt werden, die aus der Literatur bekannt sind. Dabei werden zum einen Ideen vorgestellt, die in das in den späteren Kapiteln entwickelte Modell zur Wissensrepräsentation und wissensbasierten Planung direkt miteinfliessen und zum anderen bekannte Modelle, die uns aber aus dem einen oder anderen Grund für eine Echtzeitplanung nicht akzeptabel erscheinen.

Das Kapitel stellt einerseits eine Einführung in die Ideen der expliziten Repräsentation von Zeit und wissensbasierter Planung dar, andererseits, daß die bisher vorliegenden Konzepte für eine wissensbasierte Echtzeitplanung nicht ausreichen. Auf eine Darstellung der bekannten Konzepte für die Echtzeitprogrammierung verzichten wir und verweisen auf das Buch von Herrtwich und Hommel [Herr 89].

Im ersten Teil des Kapitels wird vorgestellt, mit welchen Methoden Zeit explizit dargestellt werden kann und auf was für unterschiedlichen Vorstellungen von Zeit ein Modell basieren kann.

Es erscheint sinnvoll, Aussagen, die zu einer spezifizierten Zeit gelten, hinsichtlich der Relevanz der Zeit zu unterscheiden. So kann es z.B. sinnvoll sein, Fakten und Ereignisse zu unterscheiden, weil sich aus ihnen unterschiedliche zeitliche Schlußfolgerungen ableiten lassen. Im zweiten Teil wird dargestellt, in welcher Form Zeit und Aussagen miteinander zu kombinieren sind und welche Aussageformen in der Literatur unterschieden werden.

Im dritten Teil werden Modelle zur Strukturierung der Wissensrepräsentation vorgestellt. Mit diesen Strukturen wird oft auch eine implizite Verarbeitung definiert.

Im letzten Teil des Kapitels werden einige Ideen der wissensbasierten Planung vorgestellt. Dabei wird unter dem Begriff der Planung eine Planung von Aktionen verstanden. Die Bereiche Konfiguration, Konstruktion und Design von Objekten werden hier nicht betrachtet. Wir betrachten auch nicht die wissensbasierte Konstruktion oder Verifikation von Programmen.

Wenn wir in den vier Teilen des Kapitels bekannte Ideen vorstellen, dann soll zum Ende jedes Teiles aufgezeigt werden, welche Probleme bei den einzelnen Ansätzen existieren, wenn sie im Bereich Steuerung technischer Prozesse eingesetzt werden sollen. Dazu wird jeweils erst ein Katalog von Anforderungen aufgestellt, an dem dann die vorgestellten Modelle gemessen werden können.

2.1 Darstellung von Zeit

Wir haben festgestellt, daß die Darstellung von Zeit für Echtzeitanwendungen notwendig ist. In diesem Kapitel werden einige Ansätze zur Repräsentation von Zeit dargestellt.

Zuerst wird kurz auf temporale Logiken zur Spezifikation von verteilten Systemen eingegangen. Danach werden drei Ansätze zur Repräsentation von Zeit in wissensbasierten Programmen vorgestellt. Diese drei Ansätze stellen Entwicklungstendenzen dar. Zu diesen Modellen gibt es weitere Veröffentlichungen, die Erweiterungen und Änderungen vorschlagen. Alle drei Systeme haben einen Einfluß auf das System, das wir entwickeln.

Es wird dargestellt, wie ein Modell der Zeit auf Zuständen, Ereignissen, Intervallen oder auf Zeitpunkten als Primitiven definiert werden kann. Ein weiterer wichtiger Aspekt stellt die Unterscheidung zwischen linearen und verzweigenden Zeitmodellen dar. Der dritte Aspekt ist die Kontinuität der Zeit.

2.1.1 Temporale Logik zur Spezifikation verteilter Systeme

Das Fachgebiet Spezifikation und Verifikation von Programmen, insbesondere das Teilgebiet, das sich mit nebenläufigen Programmen beschäftigt, benutzt spezielle *temporale Logiken*. Dort werden Operatoren zur Verfügung gestellt, die Schlußfolgerungen über das Verhalten von Programmen bzw. die Berechnung von Programmen zulassen. Dabei stellt die Berechnung eines Programmes eine Folge von Zuständen dar, die während der Ausführung des Programmes auftreten können. Der erste Zustand einer Berechnung beschreibt die Gegenwart und alle folgenden Zustände die Zukunft. Ein Zustand der Zukunft in einer Berechnung kann in einer anderen den gegenwärtigen Zustand darstellen.

Mit Hilfe von temporaler Logik werden Programme, insbesondere solche, die Parallelität enthalten, spezifiziert und deren Korrektheit verifiziert. Dabei werden Sicherheits- und Lebendigkeitseigenschaften für die Korrektheit gefordert. Die Darstellung basiert auf modallogischen Interpretationen.

Die meisten temporalen Logiken [Pnue 77], [Hail 82], [Lamp 80] und [Krög 87] gehen von Zeitpunkten aus. Die Aussagen, die jedoch formuliert werden sollen, beziehen sich auf Zeiträume mit einer gewissen Dauer. Für die gewünschten Aussagen wäre die benutzte Abwandlung der Modallogik gar nicht nötig, da diese Aussagen – basierend auf Intervallen – durch Existenz- und Allquantoren darstellbar sind.

Die Mechanismen gehen alle von einer zustandsorientierten Sichtweise aus. Der Operator $\bigcirc p$, der in einigen Logiken [Hail 82], [Krög 87] eingeführt wird, verdeutlicht das. Die Auswertung dieses Operators ergibt den Folgezustand von p. Wir wollen eine Anwendung jedoch ereignisorientiert und nicht zustandsorientiert betrachten.

Das auf Intervallen basierende Modell, das in [Schw 83] beschrieben wird, ist für unsere Ansprüche zu schwach, da die Generierung von Intervallen nicht einer expliziten Repräsentation entspricht. Wird ein Intervallausdruck spezifiziert, so muß erst ein Kontext berechnet werden, die Information ist also implizit in einem Algorithmus enthalten.

2.1.2 Vorher/Nachher-Ketten

Eine der ersten Veröffentlichungen über die Notwendigkeit der expliziten Darstellung von Zeit in Programmen und der Möglichkeit, Schlußfolgerungen über diese Repräsentation explizit darzustellen, war die von Kahn und Gorry [Kahn 77]. Sie implementierten einen „Zeitspezialisten", ein Programm, das spezielles Wissen über Zeit besitzt. Es unterstützt ein Expertensystem bei der Analyse von Krankengeschichten.

Eine zeitliche Spezifikation ist eine Aussage, die ein Ereignis einem Referenzereignis zuordnet. Manchmal ist das Referenzereignis nur implizit vorhanden (jetzt). Der Zeitspezialist erlaubt die Spezifikation von unsicherem Wissen über die Zeit. So können ungenaue oder vage Angaben gemacht werden. Ereignisse haben keine Dauer. Längere Vorgänge müssen in zwei Ereignisse geteilt werden – in den Beginn und das Ende.

Eine zeitlich sortierte Zeitgerade sorgt für ein einfaches und effizientes Auffinden von zeitlichen Spezifikationen. Wenn viele Daten unbekannt sind oder verschiedene Anfragefunktionen erwünscht sind, werden andere Organisationsformen bevorzugt. Deshalb bietet der Zeitspezialist drei Organisationsformen an:

Bei der Organisation durch Datum überprüft der Zeitspezialist Aussagen daraufhin, ob sie Datumsspezifikationen enthalten und speichert sie an entsprechender Stelle einer Zeitgeraden ab, die durch eine Liste von Ereignissen gebildet wird. Dabei enthält jedes Ereignis ein Datum und einen Zeiger zu der Aussage, aus der es stammt. Ist das Datum vage, dann werden die Intervallgrenzen berechnet und auf der Zeitgeraden eingetragen. Enthält sie kein Datum, dann wird über Folgerungen versucht, ein Datum zu bestimmen.

Bei der Organisation durch spezielle Referenzereignisse werden Ereignisse in Bezug zu einem Referenzereignis gesetzt. Referenzereignisse sind spezielle Ereignisse, die oft referenziert werden. Das genaue Datum eines Referenzereignisses sollte bekannt sein. Die Wahl, welches Ereignis Referenzereignis sein soll, trifft der Benutzer. Der Zeitspezialist kann aufgrund von Statistiken Referenzereignisse vorschlagen.

Vorher/Nachher -Ketten (before / after chains) treten in Geschichten auf, in denen die Ereignisse eine sequentielle Kette bilden. Alle Aktionen eines einzelnen Handelnden können mit einer Vorher- / Nachher-Kette repräsentiert werden.

Wird ein neue Aussage in das System eingefügt, sind drei Analysen sinnvoll. Wenn kein Datum für die Aussage bekannt ist, kann vielleicht aus den übrigen Aussagen ein Datum abgeleitet werden. Ist kein spezielles Referenzereignis angegeben, dann kann der Zeitspezialist versuchen, eines zu bestimmen. Die dritte Analyse versucht die Aussage in einer Vorher-/Nachher-Kette einzufügen. Alle Methoden können auf ein Ereignis angewandt werden. Sie müssen aber nicht sofort angewandt werden, da immer die Beziehung zwischen der Aussage und den Ereignissen in der entsprechenden Organisationsform gespeichert wird.

2.1.2 Temporale Logik basierend auf Intervallen

Bei Aussagen mit zeitlicher Gültigkeit kann nicht immer ein genauer Zeitpunkt benannt werden, an dem die Aussage gilt. Allen [Alle 83b] benutzt deshalb eine Logik zur Spezifikation von zeitlich vagen Aussagen, die auf Intervallen basiert. Sein Anwendungsgebiet ist das „Verstehen natürlicher Sprache".

Im Bereich dieser Logik wird die Gültigkeit einer Aussage auf ein *Intervall* bezogen. Dabei wird von *Intervallogik* oder manchmal auch von *Intervallalgebra* gesprochen. Ein solches Intervall hat einen Startzeitpunkt und einen Endzeitpunkt. Diese haben Charakteristika wie Zeitpunkte in anderen temporalen Logiken. Es wird aber davon ausgegangen, daß diese Zeitpunkte unbekannt sein können. Zur Darstellung von tatsächlichen Zeitpunkten in einer Anwendung benutzt Allen kleine Intervalle.

Zwischen zwei Intervallen I_1 und I_2 definiert er fünf mögliche *Intervallrelationen* (interval relations). Mit Hilfe der Endpunkte der Intervalle lassen sich diese Relationen durch die Operatoren <, > und = definieren. Dabei sind die Endpunkte in der folgenden Definition durch ein nachgestelltes „-" oder „+" gekennzeichnet. I_1- bezeichnet den Startzeitpunkt des Intervalls I_1 und I_1+ den Endzeitpunkt. Allen führt Kürzel für jede Relation und deren inverse Relation ein.

Intervallrelationen	Kürzel	Inverse	Beschränkung zwischen Endpunkten
I_1 before I_2	<	>	$I_1+ < I_2-$
I_1 equal I_2	=		$(I_1- = I_2-) \wedge (I_1+ = I_2+)$
I_1 overlaps I_2	o	oi	$(I_1- < I_2-) \wedge (I_1+ > I_2-) \wedge (I_1+ < I_2+)$
I_1 meets I_2	m	mi	$I_1+ = I_2-$
I_1 in I_2			$((I_1- > I_2-) \wedge (I_1+ <= I_2+)) \vee$ $((I_1- >= I_2-) \wedge (I_1+ < I_2+))$

Tafel 1: Intervallbeziehungen nach Allen

Die „in"-Relation kann in drei weitere Relationen aufgesplittet werden.

I_1 finishes I_2	f	fi	$(I_1- > I_2-) \wedge (I_1+ = I_2+)$
I_1 starts I_2	s	si	$(I_1- = I_2-) \wedge (I_1+ < I_2+)$
I_1 during I_2	d	di	$(I_1- > I_2-) \wedge (I_1+ < I_2+)$

Tafel 2: Aufsplittung der „in"-Relation

Vilain [Vila 82] wies nach, daß diese zusätzliche Unterteilung ein Modell ergibt, das effizienter zu berechnen ist als das mit den fünf Relationen. Oft werden noch die jeweils inversen Relationen zwischen Intervallen definiert (für die „gleich"-Relation ist dies nicht nötig). So ergeben sich dreizehn verschiedene Intervallrelationen. Die Intervallrelationen sind zueinander disjunkt. Das heißt, es können nicht gleichzeitig zwei wahr sein.

Ist die Intervallrelation zwischen zwei Intervallen unbekannt, kann eine Disjunktion von Intervallrelationen gebildet werden. Die Relation, daß zwei Intervalle sich nicht überschneiden, wird z.B. durch die Disjunktion $(I_1 < I_2 \lor I_1 \text{ m } I_2 \lor I_1 \text{ mi } I_2 \lor I_1 > I_2)$ beschrieben und durch I_1 {< m mi >} I_2 abgekürzt.

Die Relationen zwischen den Intervallen werden in einem Graphen gehalten, wobei die Punkte des Graphen die einzelnen Intervalle darstellen. Jede Kante kennzeichnet die Relation zwischen zwei Intervallen. Bei Unsicherheit über die genaue Intervallrelation werden alle möglichen Intervallrelationen an der Kante notiert.

Bei der Verarbeitung von Intervallrelationen in einem Graphen geht Allen davon aus, daß ein vorhandener Graph die vollständige Information über alle Relationen zwischen den Punkten hat. Wenn eine neue Intervallrelation in den Graphen eingefügt wird, werden alle Konsequenzen dieser Erweiterung berechnet. Dies wird erreicht, indem die transitive Hülle der Intervallrelationen nach einem Algorithmus von Aho [Aho 74] (in leicht abgewandelter Form) berechnet wird. Dabei werden transitive Schlußregeln benutzt. Gilt zwischen I_1 und I_2 die Relation B_1 und zwischen I_2 und I_3 die Relation B_2, so kann daraus die Relation B_3 zwischen I_1 und I_3 abgeleitet werden. Für die *transitiven Schlußregeln* (transitivity rules) stellt Allen eine Tabelle auf.

Der Algorithmus von Allen geht von der Einfügung einer einzigen Intervallrelation aus, im Gegensatz zu dem Algorithmus von Aho. Er läuft immer nur so lang, wie er neue Intervallrelationen produziert. Da maximal 13 verschiedene Relationen zwischen zwei Intervallen bestehen, kann es höchstens 12 Schritte geben, bei denen die Relation verändert wird. Für eine feste Anzahl von Punkten N im Graphen ist die obere Grenze der möglichen Modifikationen $12 \cdot \dfrac{(N-1) \cdot (N-2)}{2}$. Hier bemerkt Allen, daß der Algorithmus keine Inkonsistenzen produziert, jedoch auch nicht alle Inkonsistenzen bei Eingaben entdeckt. Er garantiert nur Konsistenzen in Teilgraphen von drei Punkten.

Vilain und Kautz [Vila 86] stellen die Disjunktionen von Intervallrelationen als Vektoren dar. Die Konjunktion von Intervallrelationen wird als Addition und die transitive Schlußregel als Multiplikation von Vektoren interpretiert. Die Berechnung geschieht wie bei Allen über Tabellen. Sie skizzieren einen Beweis, der zeigt, daß die vollständige Überprüfung auf Konsistenz eines Graphen ein NP-hartes Problem ist.

Danach zeigen sie, daß der Aufwand für eine temporale Logik basierend auf Zeitpunkten $O(n^3)$ Zeit und $O(n^2)$ Speicher für n als Anzahl der Punkte benötigt. Sie argumentieren dann, daß temporale Logik für Intervalle auf einer Logik von Zeitpunkten definiert werden sollte, um so den Vorteil der Logik der Zeitpunkte in die Logik der Intervalle zu übernehmen. Der Nachteil dieser Methode ist jedoch, daß nicht mehr alle Intervallrelationen von Allen darstellbar sind. Nökel [Nöke 88] spricht bei den darstellbaren Intervallrelationen von *konvexen Relationen*. Konvexe Relationen zeichnen sich dadurch aus, daß bei der graphischen Repräsentation der Vektor nicht unterbrochen ist. Bei der konvexen Relation $\{<, o\}$ im folgenden Bild soll der kleine Kreis die Tatsache kennzeichnen, daß die Intervallrelation m nicht gilt.

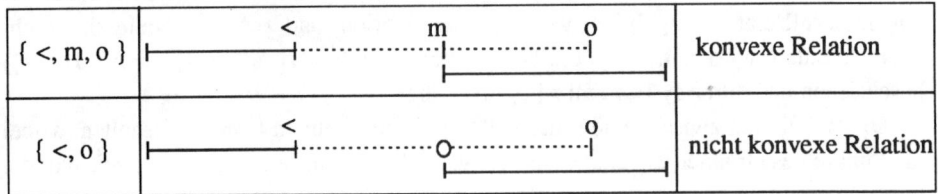

Bild 3: Konvexe Relation

Von Günter [Günt 84] stammt ein anderer Vorschlag, Intervallrelationen auf *Zeitpunkte* zurückzuführen. Eine Relation zwischen *Zeitobjekten* (Zeitpunkt oder Intervall) setzt sich aus sechs Relationen zwischen den Endpunkten der Zeitobjekte zusammen. Diese Relationen besitzen die Ausprägung $(<, =, >)$ oder eine Disjunktion dieser Relationen. Die sechs Relationen zwischen den Zeitobjekten ZO_1 und ZO_2 verdeutlicht folgende Graphik:

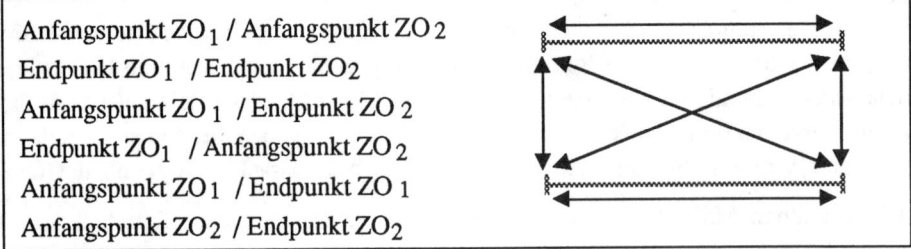

Bild 4: Repräsentation von Intervallbeziehungen durch 6-Tupel

Die temporale Relation zwischen zwei Objekten wird als 6-Tupel dargestellt. Relationen werden durch „temp(ZO_1, ZO_2, Spezifikation(6-Tupel))" notiert. Die ersten vier Komponenten werden mit beliebigen elementaren Relationen belegt, die letzten zwei Komponenten können nur mit $´<´$, $´=´$ oder $´<=´$ belegt werden, da der Anfangspunkt eines Intervalls nicht nach seinem Endpunkt liegen kann. Sind Anfangspunkt und Endpunkt gleich (=), so handelt es sich um einen Zeitpunkt.

Um die Speicherplatzanforderung zu reduzieren, ohne die Inferenzmöglichkeiten zu beschneiden, schlägt Allen *Referenzintervalle* vor. Formal ist ein Referenzintervall ein Intervall, auf welches sich andere Intervalle beziehen. Referenzintervalle werden benutzt, um Intervalle zu Verbänden zusammenzufassen. Innerhalb eines Verbandes werden alle Relationen zwischen den Intervallen mit den bereits vorgestellten Algorithmus bestimmt. Dieser Verband ist über das Referenzintervall mit dem restlichen Graphen verbunden.

Ein Intervall kann mehrere Intervalle referenzieren und gehört damit zu verschiedenen Verbänden. So beschreiben $I_1(R_1)$ und $I_2(R_1, R_2)$ ein Intervall I_1, das ein Intervall R_1 referenziert und ein Intervall I_2, das die Intervalle R_1 und R_2 referenziert. Da Referenzintervalle einfache Intervalle sind, können sie selbst wieder Intervalle referenzieren und bilden so möglicherweise eine Hierarchie von Verbänden. In den meisten Anwendungen erwartet Allen eine baumähnliche Hierarchie.

Sind zwei Intervalle nicht explizit in dem Graphen miteinander verbunden, wird die Beschränkung bestimmt, indem ein Pfad zwischen den Referenzintervallen gesucht wird und die transitiven Schlußregeln entlang des Weges ausgewertet werden. Wenn die Hierarchie ungünstig strukturiert ist, können dabei Informationen verloren gehen.

Transitive Ketten (transitive chains) [Hryc 87] beruhen auf der Feststellung, daß innerhalb eines Graphen von Intervallen oft ein Teilgraph existiert, der bestimmten transitiven Bedingungen gehorcht. Werden technische Abläufe beschrieben, wird ein großer Teil der Relationen zwischen Intervallen die Reihenfolge sein. Das heißt, ein Vorgang findet vor dem nächsten statt. Die Idee stammt von den Vorher-/Nachher-Ketten.

Alle Intervalle, die durch diese eine Intervallrelation zu einer transitiven Kette zusammengeschlossen sind, müssen nicht mehr vollständig verbunden sein. Eine Relation zwischen zwei Intervallen ergibt sich aus ihrer Lage in der Kette. Es ist aber anzunehmen, daß es weitere Relationen zwischen den Intervallen gibt. Insbesondere fehlen in dieser Kette die verschiedenen Formen der Parallelität. Dafür werden explizite Intervallrelationen an die transitive Kette angehängt. Die Beziehung, die zwischen zwei Elementen der Kette gilt, wird charakteristische Beschränkung der Kette genannt.

2.1.3 Temporale Logik basierend auf Zeitpunkten

McDermott [McDe 82] stellt ein Zeitmodell vor, das auf Zeitpunkten basiert. Er betont die Ähnlichkeiten mit der Modallogik, indem er verschiedene Zeitinstanzen mit verschiedenen Welten der semantischen Interpretation der Modallogik vergleicht. Er spricht von einem *verzweigenden Zeitmodell* (branching time).

Die Schlüsselideen seiner Logik sind die Unbestimmtheit der Zukunft und die Kontinuität der Zeit. Zukunft ist in dem Sinne offen, daß verschiedene Ereignisse vorstellbar sind, die in der Gegenwart beginnen. Das wird modelliert, indem es verschiedene mögliche Ausprägungen der Zukunft gibt. Für die Vergangenheit existiert nur eine Ausprägung. Die Kontinuität der Zeit wird modelliert, indem zwischen zwei beliebigen Zeitpunkten unendlich viele Zeitinstanzen existieren. Um die Ideen in Prädikatenlogik erster Ordnung umzusetzen, wird eine unendliche Menge von Zuständen eingeführt.

Zustände beschreiben Momentaufnahmen. Sie sind partiell zeitlich durch die Relation „$\leq$" geordnet. Zwischen zwei Punkten existiert mindestens ein weiterer Punkt. Jedem Zustand wird eine reelle Zahl zugeordnet, die *Zeitpunkt* genannt wird. Jede reelle Zahl ist ein gültiger Zeitpunkt. Zeit ist unendlich. Der Zeitpunkt null ist unbestimmt. Zeitpunkte sind durch die Relation „$<$" vollständig geordnet .

Zustände werden zu *Chroniken* (chronicles) zusammengefaßt. Eine Chronik ist eine vollständige, mögliche Ausprägung der Zukunft; eine vollständig geordnete Menge von unendlich vielen Zuständen.

Die Zustände im folgenden Bild stehen im Verhältnis $Z_1 < Z_2 < Z_4 \wedge Z_1 < Z_3$. Über die Beziehung zwischen den Zuständen Z_2 und Z_3 sowie Z_3 und Z_4 existiert keine Aussage, jedoch über die Zeitpunkte: zeit(Z_1) < zeit(Z_2) < zeit(Z_3) < zeit(Z_4). Chroniken verzweigen sich nur in die Zukunft.

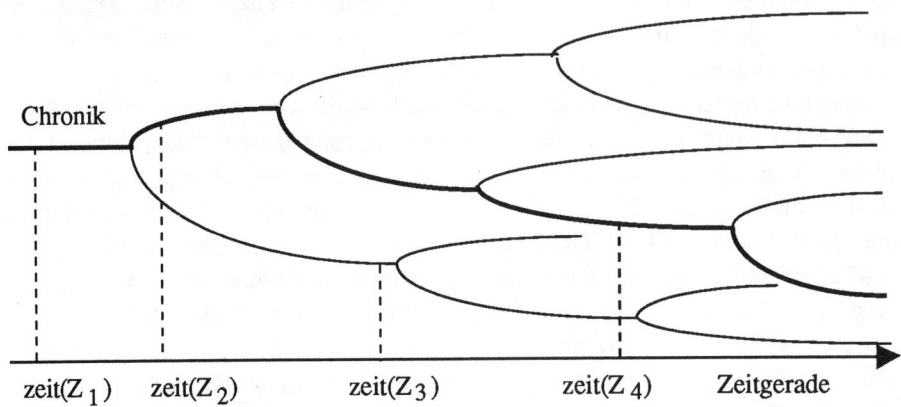

Bild 5: Baum von Chroniken

Der Grund für die Verzweigung in die Zukunft ist der, daß die Zukunft als noch unbestimmt gilt. Damit werden die Alternativen der Planung für die Gestaltung der Zukunft modelliert.

McDermott erwähnt, daß die Darstellung von heute und gestern problematisch ist und er deshalb diesen Aspekt wegläßt. Die Probleme treten deshalb auf, weil die sich verzweigende Zukunft irgendwann auch einmal Vergangenheit sein wird. Wenn über gestern argumentiert wird, dann muß es auch gestern Handlungsalternativen gegeben haben.

2.1.4 Temporale Logik basierend auf Ereignissen

Kowalski und Sergot [Kowa 86] stellen ein Modell zur Repräsentation vor, das auf dem Begriff des Ereignisses beruht. Sie stellen ihr Modell dem Situationenkalkül gegenüber und nennen es *Ereigniskalkül* (event calculus). Ein Ereignis ist primitiver als die Zeit, da die Zeit durch Ereignisse spezifiziert wird. Ein Ereignis in ihrem Sinne ist die Änderung einer Aussage, bzw. die Änderung der Ausprägung eines Objektes. Sie wollen damit Änderungen des Wissens in Datenbanken bzw. Informationssystemen beschreiben und das Verstehen von Geschichten unterstützen.

Durch die zeitliche Qualifizierung dieses Wissens werden Daten nicht mehr aus der Datenbank gelöscht, wenn sie ungültig werden, sondern es wird im Prinzip das Ereignis eingefügt, daß die Ausprägung sich verändert hat. Die Datenbank enthält dann, ähnlich wie im Modell von Allen, eine Aussage, die während einer Zeitperiode gültig ist. Im Gegensatz zu Allen sind die Endpunkte durch Ereignisse bestimmt. Die Ereignisse sind nicht in der beschriebenen Zeitperiode enthalten.

Wenn wir diese Ideen in eine technische Anwendung übersetzen, können wir folgendes Beispiel formulieren: Es tritt ein Ereignis E_1 auf, bei dem sich der Meßwert von W_1 nach W_2 verändert. Das Ereignis E_2 beschreibt die Veränderung von W_2 nach W_3. Durch die beiden Ereignisse E_1 und E_2 wird nun eine Zeitintervall I_1 beschrieben, in der der Meßwert den Wert W_2 besitzt.

Während die Ereignisse, die in dem Aufsatz benutzt werden, konzeptionell keine Dauer haben, gehen die Autoren davon aus, daß Ereignisse auch eine Dauer haben. Mehrere Ereignisse können zeitlich geordnet sein. Sie können auch parallel auftreten.

Die Zeitpunkte, an denen Ereignisse auftreten, können unbekannt sein. Existiert bisher kein Wissen darüber, ob ein Ereignis aufgetreten ist, kann es manchmal durch Default-Schlußfolgerungen abgeleitet werden. Diese Schlußfolgerungen basieren auf der in PROLOG implementierten „Negation durch Fehler" (negation as failure) – Strategie. Die drei folgenden Schlußfolgerungen sind erlaubt:

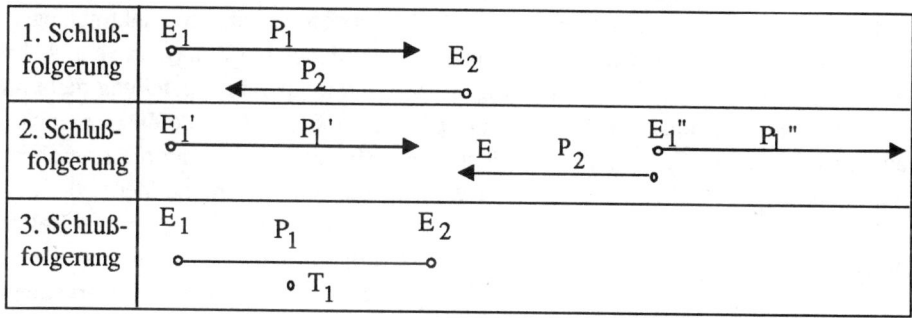

Bild 6: Default-Schlußfolgerungen im Ereigniskalkül

Zwei Zeitintervalle I_1 und I_2 sind identisch, wenn die gleichen Variablen die gleichen Werte besitzen und das Intervall I_1 vor dem Ende des Intervalls I_2 beginnt und nicht bewiesen werden kann, daß ein Ereignis E zwischen dem Anfang des ersten Intervalls und dem Ende des zweiten Intervalls auftritt, das die Variablen beeinflußt.

Tritt das Ereignis E_1, das das Intervall I_1 startet, zweimal hintereinander auf, kann daraus geschlossen werden, daß dazwischen eine Zeitperiode I_2 existiert, in der die Werte der Variablen anders sind, als in den Intervallen I_1' und I_1''. Daraus folgt, daß ein weiteres Ereignis aufgetreten sein muß, das das Intervall I_2 startet.

Besitzt eine Variable in dem Intervall I_1 den Wert W_1, dann besitzt diese Variable den Wert W_1 zu jedem Zeitpunkt T_1, der zeitlich im Intervall I_1 liegt.

Die Autoren behaupten, daß durch ihr Repräsentationsmodell das Frame-Problem gelöst ist, da keine globalen Situationen existieren, sondern lokale Ereignisse.

2.1.5 Kritik

Als notwendige Anforderungen an ein System zur Repräsentation von Zeit in der Echt-zeitplanung sehen wir folgende Punkte:

- Repräsentation absoluter Zeiten
- Repräsentation relativer Zeiten (Dauer)
- Intervallbasierte Wissensrepräsentation
- Repräsentation von Parallelität und zeitlicher Reihenfolge
- Definition von Intervallen auf Zeitpunkten (wegen der Verarbeitung)
- Strukturierung von Intervallen (Referenzintervalle, transitive Ketten)
- Repräsentation von möglichen Ausprägungen der Zukunft

Die Vorher/Nachher Ketten stellen ein sehr einfaches Konzept zur Repräsentation der Zeit dar. Dabei stellt die Kette eine Idee dar, die wir in anderen Modellen vermissen. Durch sie entsteht eine geschickte Strukturierung von Zeiten. Ansonsten fehlt eine dif-ferenzierte Darstellung für Planungszwecke.

Das Modell der Intervallogik wurde von Allen für die Verarbeitung natürlicher Spra-che entwickelt. Für unsere Anwendungen ist das Modell nur eingeschränkt nutzbar, da für technische Anwendungen auch ein quantitatives Modell der Zeit (relative und abso-lute Zeiten) notwendig ist. Außerdem kann eine rein temporale Darstellung nicht aus-reichen, sondern es muß ein Formalismus existieren, mit dem kausale Zusammenhänge ausgedrückt werden können. Das Problem dieses Modells ist nicht nur die Komplexität des Algorithmus zur Propagierung von Intervallrelationen, sondern die Menge der Inter-valle, die entstehen, wenn automatisch kausale Zusammenhänge auf temporale Relatio-nen abgebildet werden. Im Modell können nur Relationen zwischen zwei Intervallen dargestellt werden. Die Disjunktion von Intervallrelationen zwischen drei Intervallen ist nicht darstellbar.

Das Modell von McDermott, das speziell für eine wissensbasierte Planung auf einer abstrakten Ebene entwickelt wurde, krankt daran, daß eine Verarbeitung des dargestellten Wissens noch ineffizienter ist als im Modell von Allen. Diese Ineffizienz entsteht dadurch, daß in dem Modell unendlich viele Zeitpunkte in einem begrenzten Zeitraum erlaubt sind.

Auch der Ereigniskalkül von Kowalski und Sergot wurde nicht für technische An-wendungen entwickelt, so daß spezielle Eigenschaften von technischen Systemen nicht geeignet dargestellt werden können. So gibt es in technischen Systemen auch Vorgänge, die nicht durch ein Ereignis gestartet oder beendet werden. Außerdem müßte das Auftre-ten von Ereignissen noch exakter definiert werden.

2.2 Repräsentation von zeitbehaftetem Wissen

Soll Zeit explizit repräsentiert werden, muß zwischen dem eigentlichen Zeitausdruck und der Aussage, deren Gültigkeit durch die Zeit eingeschränkt werden soll, unterschieden werden. Die Zeit soll nicht implizit in der Gesamtaussage versteckt sein, sondern möglichst durch eine spezielle Syntax hervorgehoben werden. Dies geschieht in den bekannten Modellen unterschiedlich gut.

Aussagen sollten hinsichtlich ihrer zeitlichen Relevanz unterschieden werden. Wenn ein Mensch in einer Anwendung zwischen kontinuierlichen und diskreten Vorgängen unterscheidet, sollte in einem Modell zur Wissensrepräsentation dieser Unterschied auch darstellbar sein.

2.2.1 Einbezug der Zeit in Aussagen

Ein Problem der Repräsentation ist die Form der Notation. Dabei finden wir in der Literatur unter anderem folgende Möglichkeiten in einem logischen Formalismus:

- Es wird eine Aussage bzw. Relation mit mehreren Argumenten gebildet, wobei die Zeit eines dieser Argumente ist. Diese Form ist nicht akzeptabel, obwohl sie formal in Ordnung ist. Der Zeit wird in dieser Repräsentation keine spezielle Rolle zugeordnet. Sie hat die gleiche Bedeutung wie ein Objekt der Umgebung. Das Problem dieser Darstellung ist, daß keine allgemeinen zeitliche Schlußfolgerungen möglich sind.

- Aus einer zeitlosen Aussage wird ein *Objekt* gebildet und ein Prädikat mit zwei Argumenten definiert, wobei das eine Argument die Zeit ist und das andere das neu gebildete Objekt. McCarthy [McCa 68] spricht in diesem Zusammenhang von „Substantivierung" (thingify). Nun können noch Regeln dafür angegeben werden, aus welchen Aussagen Objekte gebildet werden dürfen.

- Die Gesamtaussage sieht genauso aus, wenn keine Substantivierung durchgeführt wird und die zeitlose Aussage als Aussage per se steht. Diesen Weg verfolgt Allen [Alle 84]. Er bekommt dabei nur Schwierigkeiten, zu definieren, welche Aussagen syntaktisch korrekt sind. Dies bemängelt auch Shoham [Shoh 87].

- McDermott [McDe 82] benutzt eine ähnliche Syntax, die auf dem λ-Kalkül beruht. Die Zeit wird durch ein Zeitpunktpaar beschrieben.

- Eine weitere Darstellungsmethode ist die von Shoham [Shoh 87] vorgestellte, in der an Aussagen Bedingungen geknüpft werden. Er sagt, eine Formel φ gilt in einer Interpretation M (geschrieben M $\models \varphi$). Diese Aussageform hat den Vorteil, daß die Zeit von dem allgemeinen Logikformalismus abgehoben wird.

2.2.2 Primitiven

Intervalle werden von Allen benutzt, um verschiedene Erscheinungen zu beschreiben. Er unterscheidet zwischen Eigenschaften, Ereignissen und Prozessen.

Eigenschaften (properties) beschreiben Behauptungen, die während eines Intervalls gelten. Zur expliziten Repräsentation der Gültigkeit dient das Prädikat „holds(P, I)". Das erste Argument stellt dabei die Eigenschaft bzw. die Beschreibung eines Zustandes dar und das zweite ein Intervall, in dem die Eigenschaft gilt. Für Eigenschaften gilt, daß sie auch in allen Teilintervallen des Intervalls gültig sind.

Ereignisse (events) werden durch das Prädikat „occur(E, I)" dargestellt. Das Intervall I ist immer das kürzest mögliche, in dem das Ereignis E auftritt. Es existiert kein Teilintervall, in dem das gleiche Ereignis stattfindet. Das Ereignis kann zwar selbst eine Zusammensetzung von Ereignissen sein, aber es ist nicht in sich selbst enthalten. Ereignisse können im Gegensatz zu Eigenschaften gezählt werden. Folgen von Teilereignissen können durch Intervallrelationen beschrieben werden. Ein zusammengesetztes Ereignis kann aus mehreren gleichzeitigen Ereignissen bestehen.

Prozesse werden durch das Prädikat „occurring(P, I)" dargestellt. Prozesse unterscheiden sich von Ereignissen dadurch, daß der Prozeß, der in einem Intervall I stattfindet, auch in einem Teilintervall stattfinden kann. Prozesse bilden damit eine Zwischenform von Ereignissen und Eigenschaften.

Zustände und Chroniken bilden bei McDermott den Definitionsbereich für Fakten und Ereignisse. Aussagen sind mengenbildende Funktionen über Zustände. Fakten ändern ihren Wahrheitsgehalt über die Zeit. Ein Faktum ist eine Menge von Zuständen, in denen eine Aussage wahr ist. Sie benennt die Menge aller Zustände, in denen eine Eigenschaft gilt. Gilt ein Faktum P in einem Zustand Z, wird das durch true(Z, P) oder P $\in$ Z notiert. Intervalle werden durch die sie begrenzenden Zustände beschrieben. Es wird zwischen offenen und geschlossenen Intervallen unterschieden.

Ein Ereignis wird durch ein Faktum dargestellt. Dieses Faktum besagt, daß ein Ereignis stattfindet. Fakten gelten während eines Intervalles, so daß über etwas argumentiert werden kann, das während des Ereignisses stattfindet. Werden Ereignisse zeitlich aufgeteilt, so gilt in jedem Teilereignis das Faktum, das für das gesamte Ereignis gilt. Das Ereignis füllt die Teilintervalle so, daß an den Rändern kein Zeitraum mehr übrigbleibt. Ein Intervall ist eine vollständig geordnete Menge von Zuständen. Ein Ereignis tritt zwischen zwei Zuständen auf.

McDermott benutzt für Ereignisse geschlossene Intervalle, da ihn die Existenz oder Nichtexistenz dieser zusätzlichen Zeitpunkte nicht interessiert und ohne sie eine einheitliche Darstellung von Ereignissen entsteht. Für Fakten ist der Konnektor „$\wedge$" definiert. Für Ereignisse wird ein Sequenzoperator eingeführt: „seq(E_1, E_2, ..., E_n)".

Mit den bisherigen Definitionen läßt sich nun darstellen, daß die Eigenschaft eines Objektes immer zwischen zwei Zuständen wechselt. Die Zustände sind exklusiv, ausgenommen an den Intervallgrenzen. Das ist in vielen anderen Modellen nicht darstellbar.

Shoham [Shoh 87] unterscheidet nicht Fakten, Ereignisse und Prozesse, vielmehr benutzt er Eigenschaften von Aussagen um sie zu gliedern. Eine Aussage ist über einem Intervall homogen, wenn sie in allen Teilintervallen gilt. Er spricht von „nach unten vererbbar", wenn dieser Schluß gezogen werden kann. Wenn von der Gültigkeit in allen Teilintervallen auf die Gültigkeit im Gesamtintervall geschlossen werden kann, dann spricht er von „aufwärts vererbbar".

2.2.3 Kausalität

Kausalität ist ein wichtiges Prinzip für die Lösung von Problemen. Wenn wir hier davon sprechen, dann meinen wir damit, daß ein Ereignis immer kausal auf ein anderes folgt. Die Abfolge zweier Ereignisse beruht aber nicht immer auf Kausalität. Das Auftreten der Ereignisse kann zufälliger Natur sein.

Allen führt das Prädikat „ecause(E_1, I_1, E_2, I_2)" für die *Kausalität von Ereignissen* ein, wobei ein Ereignis E_1, das in I_1 auftritt, das Ereignis E_2 verursacht, das in I_2 auftritt. Ein Ereignis kann kein anderes Ereignis verursachen, das zeitlich vor ihm liegt. Die Kausalitätsbeziehung zwischen Ereignissen ist transitiv, nicht symmetrisch und nicht reflexiv.

Allen stellt auch *Kausalität von Aktionen* dar. Die Kausalitätsbeziehung zwischen Agent und dem verursachten Geschehen ist aber eine andere, als die zwischen zwei Ereignissen. Er führt dafür zwischen Geschehen und Agent das Prädikat „acause(Agent, Geschehen)" ein. Ist das Geschehen ein Ereignis, spricht er von einer Durchführung (performance) und ist das Geschehen ein Prozeß, spricht er von einer Aktivität (activity).

Bei McDermott können Ereignisse zwei Arten von Dingen verursachen: andere Ereignisse oder Fakten. Wenn ein Ereignis ein anderes verursacht, findet normalerweise eine Verzögerung statt. Mit „ecause(B, E_1, E_2, VF, V)" stellt McDermott dar, daß ein Ereignis E_2 immer einem Ereignis E_1 mit einer Verzögerung V kausal folgt. Eine Ausnahme gilt, wenn während des Intervalls V das Faktum B ungültig wird. Das Verzögerungsintervall beginnt an einem Punkt, der abhängig von dem Verschiebefaktor VF ist.

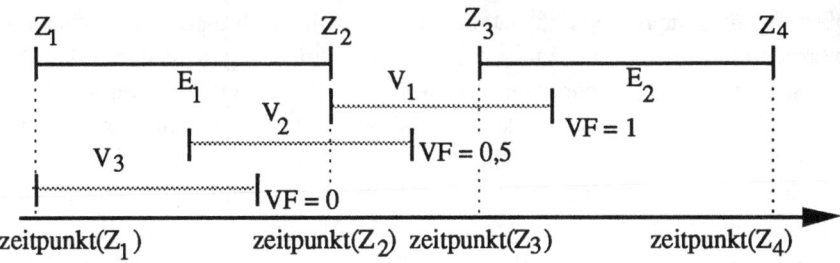

Bild 7: Verschiebefaktor

Ist VF = 1, so beginnt das Intervall am Ende von E_1 und ist VF=0, so beginnt es mit dem Start von E_1. Der Verschiebefaktor kann reelle Werte zwischen 0 und 1 annehmen.

Die zweite Art der Kausalität ist die Verursachung eines Faktums durch ein Ereignis. Diese Art von Kausalität spielt für die Planung eine große Rolle. In der Planung wird meist das Planungsziel durch einen Zielzustand beschrieben. Dieser Zustand enthält normalerweise mehrere Fakten. Ist nun bekannt, von welchem Ereignis ein Faktum kausal abhängt, dann wird die Umwelt so beeinflußt, daß das zu verursachende Ereignis auftritt.

Das Hilfsprädikat „persist(B)" dient zur Repräsentation der *Kausalität von Fakten*. Dieses Prädikat besagt, daß das Faktum B, das in einem Zustand gilt, für ein Intervall I gültig bleibt, es sei denn, es passiert das Außergewöhnliche, daß es doch ungültig wird.

Diese Definition der Gültigkeit eines Faktums stammt aus seinen Ideen des nicht-monotonen Schließens mit Defaultwerten [McDe 80]. Mit Hilfe dieses Prädikates wird die Kausalität von Fakten, ähnlich der Kausalität von Ereignissen, durch das Prädikat „pcause(B_1, E, B_2, VF, V, I)" definiert. Die Bedeutung ist dann, daß B_2 kausal auf E folgt und mindestens für die Dauer I gelten wird. Es wird im Prinzip nicht auf Fakten, sondern auf das Bestehen (von Fakten) geschlossen. Die Umkehr der Schlußfolgerung von Fakten auf verursachende Ereignisse wird nicht betrachtet.

2.2.4 Kontinuierliche Veränderungen

Ein System kann nicht realistisch über Zeit schließen, wenn es keine Art von Repräsentation für kontinuierliche Veränderungen hat. Die Annahme, daß Aktionen oder Ereignisse eine augenblickliche Änderung von einem Zustand zu einem anderen Zustand zur Folge haben, hat diese Tatsache immer geleugnet.

Zur Modellierung dieser kontinuierlichen Veränderungen führt McDermott *Flußgrößen* (fluents) ein. Eine Flußgröße ist ein Objekt, das sich mit der Zeit ändert. Den Wert einer Flußgröße beschreibt er durch die Relation f(Z, F), wobei F der Wert im Zustand Z ist.

Wenn sich der Wert einer Flußgröße in einer bestimmten Region bewegt, können über die Änderung der Flußgrößen wichtige Schlußfolgerungen gezogen werden. Flußgrößen sind über die reellen Zahlen definiert. Ein wichtiges Ereignis ist die Änderung der Flußgröße von einem Wert zum anderen. Diese Änderung wird durch das Prädikat „vtrans(F, W_1, W_2)" beschrieben. Eine Änderung liegt dann vor, wenn ein Intervall existiert, in dessen Startzustand die Flußgröße den Wert W_1 und in dessen Endzustand sie den Wert W_2 hat.

Veränderungen einer Flußgröße werden durch *Kanäle* verursacht. Diese Kanäle besitzen Eigenschaften. Das Prädikat „potrans(K, F, W)" modelliert die aktive Änderung einer Flußgröße. Das Prädikat besagt, daß die Flußgröße F durch den Kanal K um die Menge W verändert wird.

Die Änderung des Wertes einer Flußgröße in einem Intervall ist gleich der Summe aller Zu- und Abflüsse durch die Menge aller Kanäle der Flußgröße F. Veränderungen einer Flußgröße sind teilbar. Dabei ist die gesamte Veränderung, die durch einen Kanal in

einem Intervall verursacht wird, gleich der Summe der Veränderungen in den Teilintervallen.

Veränderungen geschehen stetig. Stetige Größen bleiben im allgemeinen nicht für
längere Zeit auf dem gleichen Stand. Das Prädikat „rate(F, I, W)" beschreibt den durchschnittlichen Gradienten der Veränderung der Größe F in einem Intervall I. Die Absicht
der Einführung des Intervalles I ist die Glättung von plötzlichen Änderungen bei nicht-
stetigen Größen. Das Prädikat „porate(K, F, W, I)" definiert eine Begrenzung des Gradienten auf den Wert W im Intervall I für die Veränderung, die durch einen Kanal K verursacht wird.

2.2.5 Kritik

Als notwendige Anforderungen an ein System zur Repräsentation von zeitbehaftetem
Wissen in der Echtzeitplanung sehen wir folgende Punkte:

- Hervorhebung von Zeit in Aussagen
- Repräsentation von Kausalität
- Repräsentation von kontinuierlichen Vorgängen
- Strukturierung über zeitbehaftetes Wissen

Allen und McDermott als die wichtigsten Vertreter für eine generelle Theorie über Zeit
und Kausalität in wissensbasierten Systemen benutzen ähnliche Objekte zur Repräsentation (property, event und process).

In beiden Modellen wird die Zeit zwar einer Sonderbehandlung unterworfen, diese
Sonderstellung wird aber in der Repräsentation nicht hervorgehoben. Der Nachteil in
beiden Modellen ist dann der, daß Kausalität durch Prädikate ausgedrückt wird, die auf der
gleichen Repräsentationsebene angesiedelt sind, wie Prädikate, die z.B. Ereignisse beschreiben. Wie eine automatische Verarbeitung mit Hilfe der Kausalitätsbeziehungen
stattfinden könnte, wird nicht dargestellt.

Allen geht auf kontinuierliche Vorgänge und Schlußfolgerungen über kontinuierliche
Vorgänge nicht ein, da diese in den Anwendungen, die er betrachtet, keine Rolle spielen.
McDermott entwickelte dafür ein komplexes System. Doch schreibt er selbst, daß sein
Modell, das wesentlich reichhaltiger an Konzepten ist als Allens Modell, nicht praktisch
anwendbar ist, weil es durch die Darstellung beruhend auf Zeitpunkten und der auf
Mengen basierten Repräsentation zu komplex ist.

Beide Autoren lassen ein Konzept zur Strukturierung des Wissens vermissen. Allen
schlägt zwar Referenzintervalle zur Strukturierung von Intervallen vor, was aber fehlt,
ist eine Strukturierung von Ereignissen und anderen Objekten.

2.3 Strukturierung in der Wissensrepräsentation

Programmsysteme zur Beschreibung von Anwendungen für mobile Roboter oder andere technische Anwendungen sind so groß und komplex, daß sie zerlegbar sein sollten. Grundlegendes Prinzip der Bewältigung der Komplexität von Problemen ist die Zerlegung des Problems in Teilaufgaben geringerer Komplexität. Dabei verringert sich nicht die Komplexität des Problems, sondern es geht darum, Unteraufgaben so zu definieren, daß jede einzelne die menschlichen Fähigkeiten zur Komplexitätsbewältigung nicht übersteigt. Diese Bewältigung wird durch zusammengesetzte Wissensstrukturen erleichtert. Wir wollen hier drei verschiedene Ansätze vorstellen.

2.3.1 Rahmen

Im täglichen Denken existiert eine Vielzahl von Wissensstrukturen, in denen Gegenstände, Situationen oder Personen dargestellt werden. Wird eine neue Erfahrung analysiert, dann wird sie mit alten Erfahrungen verglichen und vielleicht werden einige Aspekte in der alten Struktur geändert. Oder es existiert eine Vorstellung und einige spezielle Ausprägungen dieser Vorstellung werden festgestellt. Von den speziellen Feststellungen wird dann auf eine allgemeine Idee geschlossen. Ein Mechanismus, der für diese Art der Wissensrepräsentation entwickelt wurde, ist der Rahmen. Der Name *Rahmen* (frame) geht auf die Veröffentlichung von Minsky [Mins 75] zurück. Eine anschauliche Erklärung der Wissensverarbeitung mit Rahmen gibt Kuipers [Kuip 75].

Rahmen sind allgemeine Strukturen, in denen spezifisches Wissen einer Domäne dargestellt wird. Operationen, die auf Rahmen ausgeführt werden, hängen von der Wissensdomäne ab. Ein Rahmen besteht aus einer Menge von *Fächern* (slots), die Aspekte eines Objektes beschreiben. Diese Fächer können durch weitere Rahmen gefüllt sein.

Mit einem Fach können Bedingungen assoziiert werden, die ein *Objekt* erfüllen muß. Für solch ein Objekt kann ein *Wertebereich* (range) angeben werden. Wird ein *Defaultwert* (default value) für ein Fach angegeben, dann wird zuerst angenommen, daß das Objekt den Defaultwert besitzt. Der Defaultwert muß zurückgenommen werden, wenn dann später ein spezieller Wert bestimmt wird. Von Reiter [Reit 80] und anderen wurde eine eigenständige nichtmonotone Logik für diese Schlußfolgerungen entwickelt.

An ein Fach kann eine prozedurale Information gebunden werden. Mit der „if-added"-Prozedur wird beschrieben, was ausgeführt wird, wenn ein Fach gefüllt wird. Soll der Wert eines Faches vor dem Zugriff auf ein Fach berechnet werden, wird die „if-needed" Prozedur benutzt. Diese Prozeduren, die in einer deklarativen Struktur eingebettet sind, heißen *prozedurale Ankopplung* (procedural attachment). Sie entstanden aus der Erfahrung, daß eine rein deklarative Problembeschreibung zu ineffizient ist [Wino 75]. Die Prozeduren enthalten effiziente anwendungsorientierte Algorithmen.

Da Objekte, die ein Fach füllen, selbst wieder durch Rahmen beschrieben sein können, lassen sich Rahmen auch als die Punkte eines Graphen auffassen, und es ergibt sich eine Struktur wie bei semantischen Netzen [Quil 68]. Dieser Graph kann verschiedene Kanten besitzen. Die *Vererbung* (inheritance) von Eigenschaften wird durch die Kante „is-a" dargestellt. Die Bestandteile eines Objektes können durch eigene Rahmen definiert werden. Die Zugehörigkeit zu dem Objekt wird durch die Kante „is-part-of" dargestellt.

Ein Rahmen eignet sich dazu, auf bisher nicht beobachtete Fakten zu schließen. Er enthält Informationen über viele Aspekte von Objekten oder Situationen. Werden Teile des Rahmen erkannt, dann wird auf die restlichen Fakten des Rahmens geschlossen. Diese Fakten werden benutzt, als wären sie tatsächlich beobachtet worden. Weicht eine Situation, die normalerweise in den Rahmen paßt, in Nuancen ab, kann dies auf einen wichtigen Aspekt der aktuellen Situation deuten.

Zum Schluß wollen wir noch ein Szenario von Kuipers [Kuip 75] vorstellen, daß den Einsatz von Rahmen verdeutlicht:

Consider for a moment an intuitive description of how a frame system might work in the everyday vision process. As you are walking through an unfamiliar house, you come to a normal interior-type door, open it, and walk through. At the moment that you open the door, your (entirely reasonable) expectations have already brought a "room" frame to mind. There is no delay in comprehending the fact that you see four walls, floor, and ceiling, since you already "knew" that they would be there, even without having seen them. Indeed if these expectations had not been fulfilled, and you had been presented with, say, a seashore instead, you would experience a sense of disorientation. You have found a room, however, and your (mostly unconscious) analysis continues. The window on the opposite wall is incorporated into the room description which is forming in your mind, very quickly because you have available a number of prepackaged window descriptions. These descriptions are also frames in their own right, but will only be used as stereotypes unless you direct your attention to them. A bed in the room causes the general "room" frame to be replaced by a more specific "bedroom" frame, in which a dishwasher is no longer a serious possibility. The visual information already collected by the "room" frame, however, is still valid and is incorporated into the description within the bedroom frame.

Your attention passes over a clock near the bed and focuses on the fireplace. The fact of its existence and the superficial properties of fireplaces are recorded in the top-level room frame, but another frame is activated to record the description of the fireplace in detail. That information is extraneous in the room frame, and needs a context of its own. When questioned later, you will be able to answer detailed questions about the fireplace (perhaps noticing a subjective feeling of focussing attention on the fireplace and away from the rest of the room when answering), and you will be unable to say more about the clock than that it was a clock mounted on the wall. Quite possible you will recall it as having hands in spite of the fact that, being a very modern clock, it had none.

In constructing the description of the room, you would have verified in passing that it was a clock, perhaps by noticing the characteristic hour marks, and then allowed the stereotype description of the clock feature to provide the rest. This kind of self-deception by expectation is a result of the diligence of the frame mechanism attempting to extract a maximally detailed description from a minimal amount of input information. I use an example where the default assignment was incorrect because there is less doubt in such cases that the information was supplied by the frame. In general, of course, such stereotypes are correct, making it uncertain whether the information came from a default description or an actual observation.

Benjamin J. Kuipers, [Kuip 75], Seite 154

2.3.2 Planskelette

Planskelette (skeletal plans) wurden von Friedland [Frie 85] als Abstraktionsmechanismus für die Planung von molekularbiologischen Experimenten im MOLGEN-Projekt verwendet. Ein Planskelett ist eine Folge von generalisierten Schritten, die ein gegebenes Problem lösen, wenn sie in einem speziellen Kontext instantiiert werden. Die Idee dabei ist, daß das generelle Vorgehen bei der Planung von molekularbiologischen Experimenten nicht jedesmal neu geplant werden muß, sondern auf bekannte Strategien zurückgegriffen werden kann. Die Planskelette werden im Zusammenhang mit der auf der hierarchischen, auf Einschränkungen (constraints) basierten Planung angewandt, die von Stefik [Stef 80] beschrieben wurde.

Planskelette existieren auf mehreren Abstraktionsebenen. Auf der obersten Ebene existieren nur einige wenige generelle Pläne. Diese dienen immer als Notlösung, wenn kein spezielleres Skelett gefunden wird. Oft ist eine Auswahl zwischen einem allgemeinen und einem speziellen Planskelett möglich. Die Auswahl geschieht dabei nicht immer so, daß das speziellere gewählt wird, denn es kann leicht passieren, daß die speziellere Instantiierung, die sich später als falsch herausstellen kann, zu einem Backtracking führt. Entsprechend der Ideen der Einschränkungen mag es deshalb sinnvoller sein, das allgemeine Planskelett zu wählen. Die Auswahl sollte unter Berücksichtigung von domänenspezifischem Wissen geschehen.

Ein Planskelett zu verfeinern bedeutet, für die einzelnen Schritte eine Instantiierung zu finden. Die Schritte sind dabei durch Zielspezifikationen gegeben, die durch die Instantiierung erfüllt werden müssen. Ein Problem bei der Instantiierung ist aber oft, daß die einzelnen Schritte nicht voneinander unabhängig sind.

2.3.3 Skripte

Ein *Skript* (script) ist eine Wissensstruktur, die eine stereotype Folge von Aktionen in einem speziellen Kontext beschreibt. Ein Skript besteht, ähnlich einem Rahmen, aus einer Menge von Fächern. Mit jedem Fach werden Informationen assoziiert, die beschreiben, welche Information das Fach enthalten darf und welcher Defaultwert eingesetzt werden kann. Die speziellen Konzepte eines Skriptes gehen auf die Projekte von Schank et.al. zur Verarbeitung natürlicher Sprache an der Yale University zurück [Scha 77], [Scha 81]. Die spezielle Begrifflichkeit der Skripten wurde aus der Terminologie der Filmbranche entliehen.

Die Definition von Skripten basiert auf der Theorie der konzeptionellen Abhängigkeit (conceptual dependency) mit der Schank primitive Ereignisse bzw. Aktionen darstellt. Mit Hilfe dieser primitiven Aktionen werden Skripte definiert. Neben einem Fach für diese Aktionen existieren weitere Fächer, mit einer besonderen Bedeutung.

Eintrittsbedingungen (entry conditions) müssen erfüllt sein, bevor die Aktionen eines Skriptes auftreten. *Resultate* (results) sind erfüllt, sobald die beschriebenen Aktionen eingetreten sind. *Requisiten* (probs) sind Objekte, die durch die Aktionen berührt werden. *Rollen* (roles) stellen Akteure dar, die an den Aktionen aktiv teilnehmen. Eine *Einstellung* (track) ist eine spezielle Version eines Skriptes.

Skripte sind deshalb nützlich, weil sich viele Vorgänge in der realen Welt besser ereignisorientiert beschreiben lassen als durch statische Beschreibungen. Ein Skript bildet eine kausale Kette von den Eintrittsbedingungen über seine Aktionen hin zu den Resultaten.

Wird ein bestimmtes Skript als zutreffend für eine gegebene Situation erkannt, können Aktionen, die nicht explizit genannt werden, vorhergesagt werden. Bevor ein spezielles Skript angewendet wird, muß es aktiviert werden. Es gibt zwei Wege, Skripte sinnvoll zu aktivieren. Das ist abhängig davon, wie wichtig es für die Situation ist.

Wird das Skript nur kurz innerhalb eines größeren Zusammenhangs referenziert und ist es nicht entscheidend für die aktuelle Situation, wird nur ein auf das Skript weisender Zeiger hinterlegt. Schank spricht dann von fließenden Skripten.

Ist die Handlung eines Skriptes entscheidend für die aktuelle Situation, dann ist das ganze Skript zu aktivieren und es sollte versucht werden, die Fächer direkt mit den Objekten und Personen zu füllen. Alle Details des Kopfes eines Skriptes (Eintrittsbedingungen, Resultate, Requisiten und Rollen) dienen gemeinsam mit den Aktionen als Indikator für eine Aktivierung. Um ein unnötiges Aktivieren zu vermeiden, ist das Auftreten von zwei oder mehr Indikatoren notwendig. Ist ein Skript aktiviert, gibt es verschiedene Vorschläge, wie Wissen verarbeitet werden kann. Eine der wichtigsten Möglichkeiten ist die Voraussage von Aktionen. Mit Skripten kann auch eine globale Interpretation aus einer Sammlung von Bemerkungen aufgebaut werden.

Das folgende Bild zeigt ein typisches Skript, das einen Besuch in einem Restaurant beschreibt. Auf der linken Seite stehen die gesamten Details der Kopfes. Die Aktionen des Skriptes wurden in vier Szenen unterteilt. Die Aktionen werden jeweils durch den

Infinitiv eines Verbes dargestellt. Ein Akteur ist diesem vorangestellt und dahinter
können Requisiten der Aktion stehen.

Skript : RESTAURANT	Szene 1 : Eintreten
Skript : RESTAURANT **Spur** : Italienisches R. **Requisiten** : Tische Stühle Karte M =Mahlzeit Scheck Geld Trinkgeld **Rollen** : G=Gast K=Koch O = Oberkellner B = Besitzer S = Serviererin **Eingangsbedingungen** : G ist hungrig G hat Geld **Ergebnisse** : G hat weniger Geld B hat mehr Geld G ist nicht mehr hungrig G ist zufrieden (vielleicht)	**Szene 1 : Eintreten** G BETRETEN in das Restaurant G SUCHEN Tisch G ENTSCHEIDEN wo sitzen G GEHEN an Tisch G SETZEN auf Stuhl **Szene 2 : Bestellen** O GEHEN an Tisch O GEBEN Karte an G G LESEN Karte * G ENTSCHEIDEN M G RUFEN O an Tisch O GEHEN G SAGEN 'Ich wünsche M' an O O GEHEN zu K O SAGEN M K SAGEN 'kein M' zu O O GEHEN zu G K MACHEN M O SAGEN 'kein M ' zu G (Rückkehr zu * oder (rufe Skript Küche) Verlassen ohne Bezahlen) **Szene 3 : Essen** K GEBEN M AN S S GEBEN M AN G G GENIESSEN M (Rückkehr zu Szene 2 , um mehr zu bestellen oder weitergehen zu Szene 4) **Szene 4 : Bezahlen** G RUFEN O G FRAGEN Rechnung O RECHNEN O GEBEN Rechnung G AUSFÜLLEN Scheck G GEBEN Geld an O G GEBEN Scheck O GEBEN Geld an G G GEBEN Trinkgeld G VERLASSEN Restaurant

Bild 8: Beispiel eines Skriptes

2.3.4 Kritik

Als Anforderungen für eine Strukturierung in der wissensbasierten Echtzeitplanung sehen wir folgende Punkte:

- Darstellung und Verarbeitung von zeitlichem Wissen in der Wissensstruktur
- Strukturierung über kausales Wissen
- ereignisorientierte Strukturierung
- Unterstützung der Planung durch die Strukturierung

Rahmen stellen einen allgemeinen Mechanismus zur Wissensrepräsentation dar. Skripte werden oft als eine spezielle Form von Rahmen eingestuft. So ist es denkbar, daß Fächer eines Rahmens Ereignisse, Zeiten, Zeitbeschränkungen und ähnliches enthalten.

Werden Strukturen zur Wissensrepräsentation zur Verfügung gestellt, sollten diese möglichst spezielle Verarbeitungstechniken anbieten. Eine Wissensrepräsentation, die z.B. Intervalle in den Vordergrund stellt, sollte spezielle Techniken der Propagierung zur Verfügung stellen. Deshalb ist ein Rahmen in einer speziellen Anwendung nie optimal. Für unsere Anwendungen fehlt unter anderem die Darstellung von Reihenfolge und Parallelität sowie die Berücksichtigung von Planungsaspekten. Rahmen spielen für die statische Beschreibung von Objekten eine wichtige Rolle.

Planskelette, wie sie im MOLGEN-Projekt benutzt wurden, stellen interessante Aspekte zur Fokussierung auf relevantes Wissen in der Planung dar. So aber, wie sie von Friedland eingeführt wurden, können sie nicht für Echtzeitanwendungen eingesetzt werden, da sie jede Art von Zeitbehandlung vermissen lassen.

Skripte stellen eine wichtige Grundlage für unser System dar. Schank ging jedoch von einer ganz anderen Anwendung aus, so daß für unsere Zwecke eine Erweiterung in Hinsicht auf Echtzeitanwendungen und Planung geschehen muß.

Skripte fassen Aktionen zusammen. Wir werden auch andere Erscheinungen benötigen, da wir nicht immer einen Akteur besitzen. Diese Erweiterung ist sicherlich einfach. Problematischer ist, daß in den Skripten von Schank kein Mechanismus existiert, um Parallelität von Aktionen zu beschreiben. Durch die Aktionen wird eine Kausalkette aufgebaut, die in seinen Beispielen einer zeitlichen Reihenfolge entspricht.

2.4 Wissensbasierte Planung

Wissensbasierte Planungsprogramme zeichnen sich durch eine spezielle Architektur aus. Es wird zwischen einem *Planer*, einem Programm, das unabhängig vom anwendungs- abhängigen Wissen ist, und der Beschreibung der *Planungsumgebung* unterschieden.

Die bekanntesten Beispiele für wissensbasierte Planung sind STRIPS [Fike 71a+b], [Fike 72], ABSTRIPS [Sace 74], WARPLAN [Warr 74], HACKER [Suss 75], NOAH [Sace 77], NONLIN [Tate 77], TIMELOGIC [Alle 83a] und TWEAK [Chap 87]. Wir be- zeichnen diese Programme als traditionelle wissensbasierte Planungsprogramme. Sie unterscheiden sich hinsichtlich ihrer Suchstrategien und der Bewältigung von Kom- plexität.

2.4.1 Einfache Planung

Ein Beispiel für eine einfache wissensbasierte Planung ist STRIPS (STanford Research Institute Problem Solver) [Fike 71a]. Das Programm plant das Umräumen von Objek- ten durch einen Roboter sowie das Navigieren eines Roboters durch Räume. Diese Pla- nungsumgebung soll durch das folgende Bild verdeutlicht werden:

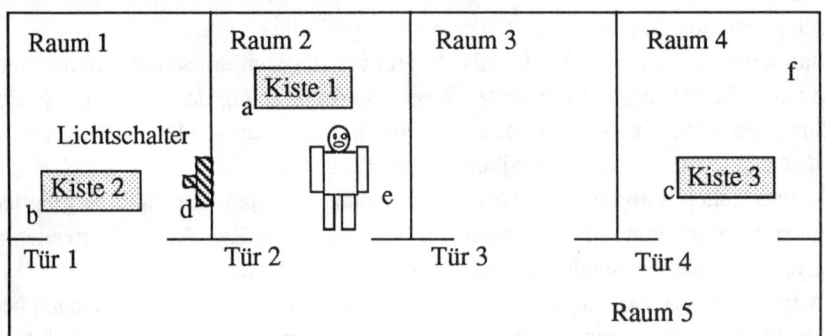

Bild 9: STRIPS-Planungsumgebung

Der Problemraum wird durch einen Startzustand, einen Zielzustand und eine Menge von Operatoren sowie ihre Effekte auf die Planungsumgebung beschrieben. Die Beschrei- bungen von Zuständen geschieht in STRIPS durch Aussagen des Prädikatenkalküls. Da- bei besteht eine Beschreibung eines Zustandes aus einer Konjunktion von Aussagen.

Die verfügbaren Operatoren werden zu *Schemata* gruppiert. So gibt es in STRIPS das Schema GEHE_ZU_POSITION[8], um den Roboter von einem Punkt zu einem anderen Punkt zu bewegen. Für jedes Paar von Punkten gibt es einen eigenen Operator, die alle

---

[8]   Die STRIPS-Notation wird hier identisch übernommen bis auf die Ausnahme, daß die englischen Namen übersetzt werden. So ist das GEHE_ZU_POSITION-Schema das GOTO1- Schema in [Fike 71a].

zu dem Schema GEHE_ZU_POSITION (M, N) zusammengefaßt sind, wobei M die Start-
position und N die Zielposition der Bewegung ist[9]. Werden die beiden Parameter durch
Konstanten substituiert, liegt ein Operator vor.

Jeder Operator wird durch seine Effekte auf einen Zustand und die Bedingungen, unter
denen er anwendbar ist, beschrieben. Effekte und Bedingungen werden auch im Prädikatenkalkül beschrieben. Die Effekte eines Operators sind in einer *Hinzufügungsliste* (add-
list) und einer *Aufhebungsliste* (delete-list) enthalten. Die Elemente der Hinzufügungsliste werden zu dem alten Zustand hinzugefügt und die Elemente der Aufhebungsliste
werden in dem alten Zustand aufgehoben. Die *Vorbedingungen* (preconditions) sind eine
Menge von Aussagen, die erfüllt sein müssen, damit der Operator ausgeführt werden
kann. Die Reihenfolge der Elemente der Listen soll irrelevant sein.

Für die STRIPS-Planungsumgebung im Bild existieren sieben Schemata. Das
Schema „GEHE_ZU_POSITION" soll nun exemplarisch dargestellt werden. Es beschreibt
die Bewegung zu einem Koordinatenpunkt m in der Planungsumgebung. Bedingung ist,
daß der Punkt im gleichen Raum (x) liegt, in dem auch der Roboter ist. Beispielhafte
Koordinatenpunkte sind im Bild durch die Buchstaben a – f gekennzeichnet.

```
GEHE_ZU_POSITION(m)
   Vorbedingungen    :  AUF_BODEN ∧ ( ∃ x) [IN(ROBOTER,x) ∧
                         IN_RAUM(m,x) ]
   Aufhebungsliste   :  ROBOTER_BEI($),NAHE_BEI(ROBOTER,$)
   Hinzufügungsliste :  ROBOTER_BEI(m)
```

Bild 10: STRIPS-Schema „GEHE_ZU"

Die Variable „$" soll dabei eine freie Variable darstellen, deren Belegung für die Pro-
blemlösung nicht so wichtig ist wie die anderen Variablen. Neben diesem Schema wurden für STRIPS die folgenden Schemata definiert:

GEHE_ZU (m)	GOTO2	Roboter geht zu einem Gegenstand m
BRINGE (m, n)	PUSHTO	Roboter bringt Objekt m zu Gegenstand n
EINSCHALTEN (m)	TURNONLIGHT	Roboter schaltet Lichtschalter m ein
KLETTERN_AUF (m)	CLIMBONBOX	Roboter klettert auf Kiste m
KLETTERN_VON (m)	CLIMBOFFBOX	Roboter klettert von Kiste m herunter
DURCHGEHEN (k, l, m)	GOTHRUDOOR	Roboter geht durch die Tür k von Raum l in Raum m

Tafel 3: STRIPS-Operatoren

---

[9] Im eigentlichen STRIPS-Programm bestehen diese Positionen aus Vektoren zur Beschreibung der Stellung, da ein konkreter Roboter mit dem Programm gesteuert wurde.

STRIPS benutzt die Means-End-Analyse-Strategie zur Suche nach Operatoren. Ist ein relevanter Operator ausgewählt, wird versucht, das Unterproblem zu lösen, das daraus besteht, einen Zustand zu erzeugen, in dem die Vorbedingungen des Operators erfüllt sind. Diese Vorbedingungen sind im einfachsten Fall bereits im aktuellen Zustand gültig.

Sind alle Vorbedingungen des relevanten Operators erfüllt, wird er angewendet. Danach wird überprüft, ob der neue Zustand dem Zielzustand näher ist als der vorherige Zustand. Dieser Vorgang wird rekursiv so lange ausgeführt, bis alle Ziele erreicht sind. An drei Stellen dieses Algorithmus geschieht eine nichtdeterministische Verarbeitung:

- Es ist nicht definiert, welches Ziel einer Menge von Teilzielen zuerst gelöst wird.

- Es ist nicht definiert, welches Schema, das in seiner Hinzufügungsliste eine Aussage besitzt, die mit dem Teilziel unifizierbar ist, gewählt wird.

- Es ist nicht definiert, welche Aussage der Vorbedingungen als erste unifiziert wird.

An diesen Stellen der Nichtdeterminiertheit kann Backtracking angewandt werden. Im Suchbaum der Planung sind diese Punkte durch Verzweigungen gekennzeichnet.

Für die Auswahl einer Entscheidung werden Heuristiken verwendet. Diese sind in STRIPS rein syntaktischer Struktur. So werden Ausdrücke, in denen kein Existenzquantor vorkommt, zuerst untersucht. Diese syntaktischen Bedingungen haben den Vorteil, daß sie, obwohl sie unabhängig von der Umwelt definiert sind, trotzdem eine inhaltliche Bedeutung haben. So hat die Präferenz der bereits unifizierten Literale die inhaltliche Bedeutung, daß schwerwiegende Entscheidungen verschoben werden.

2.4.2 Hierarchische Planung

Bei der einfachen Planung geht man von einer begrenzten Komplexität der beschriebenen Umwelt aus. Sucht das Planungsprogramm einen geeigneten Operator, kann der Aufwand zur Suche nach einem Operator sehr groß sein. Es ist also eine Strukturierung der Umwelt gefordert, so daß sich die Suche nur mit Teilgebieten befassen muß.

Eine mögliche Strukturierung der Umwelt ist die Unterscheidung zwischen komplexen und einfachen Zielen. Nach der Lösung der komplexen Ziele können die einfachen Ziele, die sich teilweise erst durch die Lösung der großen ergeben, gelöst werden. Bei einer guten Strukturierung muß die Lösung des komplexen Ziels nicht noch einmal verworfen werden, wenn bei der Lösung der kleinen Ziele Backtracking geschieht.

Das Programm ABSTRIPS [Sace 74] stellt einen Versuch dar, bei dem hierarchische Strukturierung verwirklicht wurde. Hier wird eine Suche durch einen sogenannten Abstraktionsraum (abstraction space), eine Problemrepräsentation, bei der unwichtige Details auf höheren Ebenen ignoriert werden, vorgeschlagen. Wird eine Lösung in einem

Abstraktionsraum gefunden, werden die Details der einzelnen Lösungsschritte in einem niedrigeren Abstraktionsraum als Unterziele untersucht.

Dieses Konzept basiert auf einer Hierarchie von Abstraktionsräumen. Die Definition der Grenzen eines Abstraktionsraumes geschieht durch eine numerische Bewertung von Teilzielen. STRIPS wurde dabei so erweitert, daß bei jeder Vorbedingung eines Schemas ein kritischer Wert (critical value) die relative Wichtigkeit dieser Vorbedingung beschreibt. Das STRIPS-Schema „DURCHGEHEN(k, l, m)" wird dann wie folgt notiert:

```
DURCHGEHEN(k,l,m)
   Vorbedingungen    : {1} NAHE_BEI(ROBOT,k) ∧ {1} AUF_BODEN ∧
                       {3} VERBINDET(k,l,m) ∧ {2} IN(ROBOTER,l)
   Aufhebungsliste   : ROBOTER_BEI($),NAHE_BEI(ROBOTER,$),
                       IN(ROBOTER,$)
   Hinzufügungsliste : IN(ROBOTER,m)
```

Bild 11: STRIPS-Schema mit kritischen Werten

Dabei erhalten die kritischeren Bedingungen, die zuerst erfüllt sein müssen, die höheren Werte. Es wird also zuerst ein Plan gesucht, wie der Roboter nach Raum „l" kommt und danach, wie er im Raum „l" zur Tür „k" kommt.

Es wurden weitere Abstraktionstechniken entwickelt, die hier nicht mehr im einzelnen vorgestellt werden sollen. Dabei soll aber noch einmal auf die bereits beschriebenen Planskelette [Frie 85] hingewiesen werden. Die Abstraktionsräume werden dort dynamisch, abhängig vom Problem, gestaltet. Das Planungsprogramm muß selbst entscheiden, ob erst auf einer abstrakten Ebene geplant wird oder sofort auf einer detaillierten. Die Entscheidung hängt von dem zur Verfügung stehenden Wissen ab.

2.4.3 Nichtlineare Planung

Treten in der Planung mehrere Ziele gleichzeitig auf, wird von *konjunktiven Zielen* gesprochen. Diese treten beispielsweise dann auf, wenn ein Operator mehrere Vorbedingungen besitzt. Die einzelnen Teilziele sind oft einfach zu lösen. Häufig tritt aber der Fall auf, daß die einzelnen Ziele nicht unabhängig voneinander lösbar sind.

Unter *linearer Planung* wird ein Suchprozeß verstanden, bei dem die einzelnen Operatoren in der Reihenfolge, in der sie bei der Suche gefunden werden, auch in den Plan übernommen werden. Ein lineares Planungsprogramm wie STRIPS durchläuft mittels Suche in die Tiefe und Backtracking den gesamten Zustandsraum, bis es eine Lösung findet. Der Aufwand für eine einfache Suche in die Tiefe mit Backtracking ist sehr groß. In STRIPS wird versucht, den Aufwand durch geschickte Modellierung der Planungsumgebung und der Schemata sowie durch heuristische Strategien zu verringern.

Die *nichtlineare Planung* von konjunktiven Zielen basiert darauf, daß zur Lösung jedes Teilzieles ein Teilplan erstellt wird. Diese Teilpläne sind untereinander nicht geordnet und es existieren zuerst keine Bedingungen für die Reihenfolge der Teilpläne.

Die nichtlineare Planung soll an einem Beispiel verdeutlicht werden. Ein Roboter bekommt gleichzeitig zwei Aufträge in der STRIPS-Planungsumgebung. Er soll in Raum 1 das Licht einschalten und Kiste 1 auf Kiste 2 stellen. Um das Licht einschalten zu können muß der Roboter auf eine Kiste klettern, die bei dem Lichtschalter steht. Die Kiste 2 steht bereits dort. Wenn zwei Kisten aufeinander gestapelt sind, kann der Roboter dort nicht mehr hinaufklettern. Es können nun zwei Teilpläne für die einzelnen Ziele erzeugt werden. Für die Lösung des Gesamtzieles müssen aber weitere Aktionen eingefügt werden.

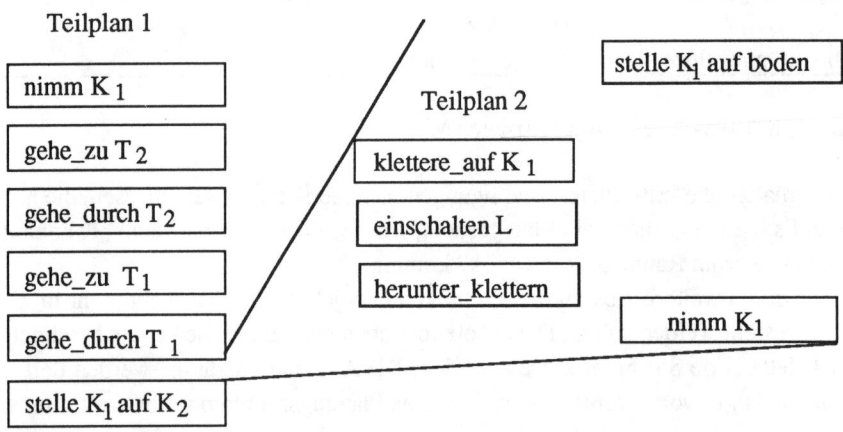

Bild 12: Teilpläne in der nichtlinearen Planung

Nachdem zur Lösung von n Teilproblemen n lineare Teilpläne erzeugt wurden, werden diese Teilpläne zu einem Gesamtplan vereinigt. Im einfachsten Fall wird nur die Reihenfolge der Teilpläne bestimmt. Bestehen die Teilpläne jedoch aus mehreren Operatoren, kann es sein, daß Teilpläne auch ineinander verzahnt ausgeführt werden müssen. Chapman [Chap 87] spricht von einem partiell geordneten Plan und zeigt, daß der Aufwand für die Suche nach den Operatoren bei der nichtlinearen Planung nur polynomial ist.

Sussman [Suss 75] stellte diese mögliche Abhängigkeit von Teilzielen fest. Es wird deshalb auch von der Sussmann-Anomalie gesprochen. Die entscheidene Idee zur Lösung dieses Problems stammt von Sacerdoti [Sace 77], der schreibt, daß ein Plan während seiner Aufstellung zeitlich nicht vollständig geordnet sein muß, sondern daß die Linearisierung später durchgeführt werden kann.

Die pragmatische Herangehensweise an dieses Problem von Warren [Warr 75] ist die, daß er für ein Teilziel eine Aktion sucht und dann versucht, diese in den bestehenden

Plan zu integrieren. Bei kleinen Anwendungen wird so jede Rücknahme (Backtracking) von ausgewählten Aktionen vermieden.

Bei der *nichtlinearen Planung mit Einschränkungen* wird davon ausgegangen, daß von Anfang an ein Plan existiert, der jedoch unvollständig ist. Chapman [Chap 87] beschreibt ein Planungsprogramm, das auf der *Festlegung von Einschränkungen* (constraint posting) beruht. Wenn das Programm ein Problem löst, dann hat es immer einen *unvollständigen Plan*, der eine Teilspezifikation des Planes darstellt, der das Problem löst.

Ein vollständiger Plan ist eine endliche Menge von Operatoren, die vollständig zeitlich geordnet sind. Jeder Operator benutzt eine endliche Menge von Vorbedingungen und eine endliche Menge von Nachbedingungen.

Zustände der Planungsumgebung werden durch eine Menge von Aussagen beschrieben. Dies entspricht dem Situationenkalkül. Mit jedem Operator eines Planes sind ein Eingangszustand und eine Ausgangszustand assoziiert. In einem vollständigen Plan ist der Ausgangszustand eines Operators gleich dem Eingangszustand der nächsten Operation. Zwischen Zuständen und Operatoren gilt eine strenge Reihenfolgebeziehung. Pläne können auf zwei verschiedene Arten unvollständig sein:

- die zeitliche Ordnung von Operatoren ist unvollständig oder
- die Bedingungen eines Operators können unvollständig instantiiert sein.

Zeitliche Einschränkungen (temporal constraints) legen die Reihenfolge von Operatoren fest. Eine Menge von zeitlichen Einschränkungen stellt eine partielle Ordnung von Operatoren dar. Chapman kennt nur die zeitlichen Einschränkungen „<" und „>".

Eigenschaften eines Operators werden durch Gleichheitseinschränkungen (equality constraints) festgelegt. In einem vollständigen Plan muß jede Variable, die in einer Vor- oder Nachbedingung auftritt, mit einer Konstanten belegt sein.

Ein unvollständiger Plan kann auf verschiedene Arten vervollständigt werden. Dies ist abhängig von den aufgestellten Einschränkungen. Der unvollständige Plan repräsentiert eine Klasse von vollständigen Plänen. Er stellt partielles Wissen über den vollständigen Plan zur Verfügung. Der Planungsprozeß ist beendet, sobald alle Vervollständigungen des unvollständigen Planes das gestellte Problem lösen.

Wird einer gegebenen Planbeschreibung eine Einschränkung hinzugefügt, so kann es passieren, daß keine Vervollständigung des Planes mehr existiert. Das heißt, die Menge der Einschränkungen ist inkonsistent und erlaubt keinen gültigen Plan mehr. An diesem Punkt wird Backtracking angesetzt. Die Anzahl aller möglichen Vervollständigungen eines Planes ist exponentiell. Chapman stellt aber einen polynomialen Algorithmus vor, der einen vollständigen Plan sucht.

2.4.4 Planung durch zeitliche Einschränkungen

Das Planungsprogramm TIMELOGIC [Alle 83a] beruht auf der Intervallogik von Allen. Werden Operatoren in dieser temporalen Beschreibung dargestellt, so werden nicht neue Zustände erzeugt, sondern es ändern sich die Voraussagen über die Zukunft. So besteht ein Plan aus einer Menge von Behauptungen, die als eine abstrakte Simulation der Zukunft aufgefaßt werden können. Dazu gehören Operatoren, die die Planung zur Ausführung ausgesucht hat, ebenso wie von der Planung unabhängige Aktionen von anderen Akteuren sowie Ereignisse und Zustände. In einem zusammenhängenden Plan sind die meisten – nicht notwendigerweise alle – Ereignisse und Zustände kausal verbunden. Die Kausalität wird jedoch nicht explizit beschrieben, sondern durch die zeitliche Reihenfolge implizit beschrieben. Ein Ziel ist eine temporale Beschreibung eines Teilzustandes der Umwelt, der nicht unbedingt an ein einziges Intervall gebunden sein muß. So kann die Zielbeschreibung aus einer Sequenz von Zuständen bestehen. Denkbar sind weitere in temporaler Logik darstellbare Zielbeschreibungen.

Operatoren werden ähnlich wie in STRIPS dargestellt, mit der Ausnahme, daß die Auswirkungen der Operatoren und deren Bedingungen zeitlich eingeschränkt sind. Dabei geschieht diese Einschränkung mit Hilfe von Intervallen. Wissen darüber, was durch die Ausführung eines Operators ungültig wird, das bei STRIPS in der Aufhebungsliste notiert wird, wird in TIMELOGIC implizit dargestellt. So wird das Intervall für die entsprechende Behauptung so eingeschränkt, daß es mit Ende des Operators auch beendet ist.

Werden Intervalle, die mit der Zeitdauer eines Operators assoziiert sind, der Planungsumgebung hinzugefügt, werden Relationen zwischen Intervallen automatisch abgeleitet. Der Planungsprozeß untersucht Aussagen, die keine kausalen Begründungen haben.

Die Planung fügt neben diesen aktionsabhängigen Intervallrelationen noch weitere Einschränkungen ein. Wenn eine Aussage p während des Intervall I gilt, wird immer angenommen, daß I das größtmögliche Intervall ist, in dem p gilt. Das bedeutet, daß zwei Intervalle die mit der gleichen Aussage assoziiert sind, sich nicht treffen oder überlappen. Daraus folgt die generelle Einschränkung, daß zwei Intervalle, die mit der gleichen Aussageform assoziiert sind, entweder gleichzeitig stattfinden oder aber eins der Intervalle streng vor dem anderen Intervall liegt. Wenn p während I_1 und während I_2 gilt, dann folgt I_1 ($<$ $>$ $=$) I_2. Die Planung fügt diese Einschränkungen zu den, aus den Operatoren folgenden Einschränkungen, hinzu und leitet daraus noch stärkere Einschränkungen ab.

Der Vorteil dieses Planungsansatzes besteht darin, daß zeitliches Wissen wesentlich einfacher in die Umweltbeschreibung aufgenommen werden kann. Die Dauer von Aktionen oder ein Zeitraum, wann ein Ziel erreicht werden soll, kann in die Beschreibung aufgenommen werden, in dem Intervalle wie z.B. $12^{\underline{00}}$ – $12^{\underline{05}}$ Uhr definiert werden.

Ein weiterer Vorteil gegenüber anderen Programmen besteht darin, daß sich Aktionen überlappen können. So kann ein Plan für mehrere Akteure leichter erstellt werden.

2.4.5 Kritik

Als Anforderungen an die wissensbasierte Echtzeitplanung existieren folgende Punkte:

- relative und absolute zeitliche Einplanung von Aktionen
- effiziente Planung durch Einschränkungen
- Möglichkeit zur hierarchischen Strukturierung
- nichtsequentielle Abarbeitung in der Planung
- Vermeidung des Frame-Problems
- ereignisorientierte Planung
- Unterscheidung zwischen tatsächlichem und imperativem Wissen

STRIPS, eines der ersten wissensbasierten Planungsprogramme, besitzt den großen Nachteil, daß keine von der Anwendung unabhängige Optimierung der Suche möglich ist. Der Aufwand für die Suche nach einem Plan ist exponentiell bzgl. der Anzahl der Planschritte.

Mit Hilfe von hierarchischer und nichtlinearer Planung läßt sich der Aufwand verringern. Dabei hängt die Effizienzsteigerung bei der hierarchischen Planung von der Modellierung der Planungsumgebung ab. Die nichtlineare Planung ist davon unabhängig, sie verringert den Aufwand auf einen polynomialen Wert.

Die meisten zitierten Planungsprogramme gehen von einer zustandsorientierten Sicht aus. Das heißt, Aktionen bzw. Operatoren und Zustände sind zeitlos. Zuständen kann ein Prädikat zugeordnet werden, das eine Zeitdauer spezifiziert. Sie stellen aber nicht unsere Vorstellung von Veränderungen dar. Ausnahmen sind die Programme NONLIN, bei dem Aktionen eine Dauer haben und TIMELOGIC, bei dem die zeitlichen Beziehungen der Aktionen durch Intervallogik beschrieben werden.

TIMELOGIC besitzt den Nachteil, daß Kausalität durch eine Folge von Intervallen ausgedrückt wird. Wir sollten aber zwischen zeitlicher und kausaler Folge unterscheiden. Etwas, das zeitlich hintereinander folgt, hat nicht zwingend kausale Gründe und ebenso muß die kausale Ursache eines Vorganges nicht zeitlich voraus auftreten, sondern kann z.B. gleichzeitig auftreten. Dadurch, daß in TIMELOGIC alles durch Intervalle dargestellt wird, ergibt sich schon bei kleinen Planungsproblemen eine Unmenge von Intervallen.

Grzeschniok [Grze 89] hat in seiner Diplomarbeit festgestellt, daß eine Planung mit einer Repräsentation wie der von Allen, allein zu aufwendig ist. Es müssen zusätzliche Repräsentationsmechanismen benützt werden.

Die Abarbeitung der Teilprozesse einer Planung verläuft in den betrachteten Programmen immer sequentiell. Erst wird die Zielspezifikation erstellt, dann wird ein Plan gesucht und zum Schluß wird dieser Plan ausgeführt. Die drei Prozesse überlappen sich zeitlich nie. Bei der Suche wird immer genau eine Zielspezifikation untersucht. Diese enthält möglicherweise mehrere konjunktiv verknüpfte Teilziele, aber sobald die Suche beginnt, müssen alle Teilziele bekannt sein.

In den Programmen wird auf die Suche besonderer Wert gelegt. Es wurden verschiedene Strategien und Techniken entwickelt. Bei all diesen Entwicklungen wurde aber davon ausgegangen, daß die Planung nicht durch neue Ziele unterbrochen wird. Ist eine Möglichkeit gefunden, wie die Zielspezifikation durch die Ausführung einiger Operatoren erreicht wird, werden diese zu einem Plan zusammengefaßt und „ausgegeben". Die Suche ist damit abgeschlossen. Nun folgt ein dritter Teilprozeß – die Ausführung des Planes. In STRIPS [Fike 71b] wird spezielles Wissen[10], vom Suchprozeß an den Ausführungs- bzw. Überwachungsprozeß weitergegeben. Dieses Wissen wird benutzt, um im Falle eines Fehlers in der Ausführung eine Neuplanung zu initiieren. Diese Kommunikation zwischen Suchprozeß und Ausführung ändert jedoch nichts an der prinzipiellen zeitlichen Trennung zwischen beiden Prozessen. Ein einmal „ausgegebener" Plan, kann nur dann geändert werden, wenn ein Fehler in der Ausführung auftritt.

Um das gesamte für eine Planung relevante Wissen zu strukturieren, sollte zwischen tatsächlichem und notwendigen bzw. imperativem Wissen unterschieden werden. Imperatives Wissen ist Wissen, das die Planung für die Zukunft als notwendig eingestuft hat.

---

[10] Dieses Wissen beschreibt die notwendigen Bedingungen zur Ausführung von Aktionen in Form von Dreieckstafeln.

3 Repräsentation von zeitlichem Wissen

Die zustandsorientierte Wissensrepräsentation ist in der wissensbasierten Programmierung weitverbreitet. Dabei wird der gesamte Zustand während eines Zeitraumes zu einer Situation zusammengefaßt. Parallelität, die während dieses Zeitraumes auftritt, ist nur implizit in der Situationsbeschreibung vorhanden. Diese Wissensrepräsentation ist für Echtzeitanwendungen nicht geeignet, weil wir dort parallele Vorgänge explizit repräsentieren wollen. Wir schlagen deswegen eine *ereignisorientierte Wissensrepräsentation* vor, bei der Aussagen auf eine Zeitgerade abgebildet werden.

Dieser Vorschlag ist nicht ganz neu. So zielen die Ideen von Allen [Alle 84] ebenso in diese Richtung wie die von Kowalski [Kowa 86]. Kowalski schlägt einen Ereigniskalkül (event calculus) im Gegensatz zum Situationenkalkül (situation calculus) von McCarthy [McCa 63] vor. Die Anwendungsfelder von beiden Autoren liegen aber nicht im Bereich technischer Systeme.

Das Ziel dieses Kapitels ist die Erarbeitung eines ereignisorientierten Modells zur Repräsentation von Wissen über technische Prozesse. Dieses Modell wird durch ein mathematisches System definiert, das auf einer diskreten Zeitgeraden basiert. Durch das Modell soll die Erfüllung folgender von uns aufgestellten Anforderungen geschehen:

- Repräsentation von Parallelität und zeitlicher Reihenfolge
- Repräsentation absoluter Zeiten
- Repräsentation relativer Zeiten (Dauer)
- Intervallbasierte Wissensrepräsentation
- Definition von Intervallen auf Zeitpunkten
- Hervorhebung von Zeit in Aussagen
- Repräsentation von kontinuierlichen Vorgängen

Im ersten Teil dieses Kapitels stellen wir die grundlegenden Ideen vor, auf dem das Zeitmodell basiert. Danach wird die Zeitgerade axiomatisch mit Hilfe von Granularitätsintervallen eingeführt. Intervalle werden durch Granularitätsintervalle definiert. Im dritten Teil des Kapitels werden qualitative Zeitbeschränkungen zwischen Intervallen auf der Basis von Ordnungsrelationen zwischen Granularitätsintervallen definiert.

Aussagen, die während eines Intervalls gelten, deren Gültigkeit also durch ein Intervall eingeschränkt wird, nennen wir *Erscheinungen*. Sie besitzen unterschiedliche Charakteristika. Im vierten Teil nehmen wir eine Klassifikation dieser Erscheinungen vor und definieren eine Klassenbildung für Erscheinungen.

Im fünften Teil wird ein spezielles Problem technischer Prozesse behandelt. Dort treten oft kontinuierliche Größen auf. Wir führen eine spezielle Repräsentation ein, um diese auf einem Rechner angemessen zu repräsentieren und eine Möglichkeit zu erhalten, über sie zu argumentieren. Dabei wird der kontinuierliche Prozeß als solcher repräsentiert, die interne Verarbeitung beruht dagegen auf dem diskreten Zeitmodell.

3.1 Das Zeitmodell

Bevor wir unser Zeitmodell durch ein mathematisches System definieren, möchten wir
die grundlegenden Ideen vorstellen, auf denen das Modell zur Repräsentation der Zeit beruht. Es beruht im wesentlichen auf fünf Ideen:

- Trennung zwischen Zeit und Aussage
- Diskrete und analoge Repräsentation der Zeit
- Intervallbasierte Repräsentation der Zeit
- Ungenauigkeit der Zeit
- Offenheit der Zukunft

3.1.1 Trennung zwischen Zeit und Aussage

In der traditionellen Logik wird die zeitliche Gültigkeit von Aussagen entweder überhaupt nicht oder nur implizit beschrieben. In der Prädikatenlogik kann die Zeit zwar ein
Argument eines Prädikates sein, aber es fehlt die einheitliche Form, um allgemeine
Aussagen abzuleiten. Wir könnten eine Konvention aufstellen wie z.B.: „Das letzte
Argument eines Prädikates enthält eine Zeitangabe in Minuten." Das kann aber keine
allgemeingültige Konvention sein, da nicht alle logischen Aussagen eine zeitliche Relevanz besitzen. Ebenso sind die bekannten logischen Verknüpfungen und Schlußfolgerungen für solch eine Repräsentation neu zu überdenken.

   Das Problem ist nicht nur die Darstellung der Zeit, sondern Aussageformen hinsichtlich ihrer zeitlichen Relevanz zu unterscheiden. Wir trennen deshalb Aussage und
Zeit. Beide sind Objekte in unserer Repräsentation, die durch einen Operator miteinander
verbunden sind.

   Wir können dann getrennt eine allgemeingültige Verarbeitung für die Aussagen und
die Zeit definieren. Außerdem lassen sich so leichter Definitionen angeben, welche Aussagen und Zeitausdrücke wohlgeformt sind.

3.1.2 Diskrete und analoge Repräsentation der Zeit

Für ein Modell der Zeit ist es wichtig, ob wir die Zeit als diskrete oder analoge Größe
auffassen. Wir Menschen empfinden die Zeit intuitiv als analoge Größe. Wir teilen sie
in beliebig feine Zeiträume auf. Analoge Uhren täuschen uns eine analoge Größe vor, da
sich die Zeiger quasi kontinuierlich fortbewegen. Aber die Modellierung von kontinuierlichen Größen auf Digitalrechnern bereitet Probleme.

   Technische Uhren beruhen in Wirklichkeit aber auf einem digitalen Prinzip. Sie benutzen das Prinzip der Schwingung einer Unruh. Die Pendelbewegung der Unruh ist
zwar analog, aber es werden nur die zwei Extremstellungen der Unruhe weiter betrachtet.

Wir haben dargestellt, daß die Repräsentation der Realität durch Zustände Nachteile besitzt, so daß es sinnvoll wäre, ein *analoges Zeitmodell* zu entwerfen. Da das Modell auf konkrete physikalische Prozesse angewandt werden soll, wir mit Uhren die Zeit aber nur diskret messen können, basiert das Modell auf der unterster Abstraktionsebene doch auf einer diskreten Sichtweise. Unser *diskretes Zeitmodell* basiert auf einer diskreten Zeitgerade. Auf einer höheren Abstraktionsebene soll ein Benutzer des Modells mit Hilfe von Intervallen ein analoges Verständnis von Zeit bekommen. Durch qualitative Aussagen zwischen Zeiten und dem Fehlen von exakten Zeiten entsteht diese Sichtweise.

3.1.3 Intervallbasierte Repräsentation der Zeit

Wir definieren Intervalle als Zeitgrößen. Intervalle besitzen immer eine diskrete Länge. Auf der untersten Abstraktionsebene kann immer ein nachfolgendes Intervall bestimmt werden, und zwischen zwei aufeinanderfolgenden Intervallen existiert kein weiteres Intervall.

Obwohl Vorgänge der Realität manchmal so aussehen, als ob sie kontinuierlich und nicht diskret teilbar wären, können wir sie bei genauerem Hinsehen weiter diskret gliedern. Das ist vom Grad der Abstraktion abhängig. Es erscheint wahrscheinlich, daß wir die Sichtweise beliebig verfeinern und dabei immer wieder eine Struktur eines Ereignisses erkennen können. Die Länge der kürzesten Intervalle wird deshalb davon abhängen, wie stark wir abstrahieren.

Wenn wir Zeit repräsentieren, dann wollen wir auch über Zeiträume abstrahieren. Betrachten wir z.B. Eigenschaften von Objekten, erscheint es einleuchtend, daß wir den Zeitraum, in dem eine Eigenschaft gilt, auch unterteilen können. Die Einführung einer Zeitgröße, die teilbar ist, erscheint also sinnvoll. Eine Einführung von Zeitpunkten (anstatt Intervallen), die nicht weiter teilbar sind, erscheint deswegen unwichtig. Wenn wir bei der Repräsentation einer Erscheinung aus unserer Umwelt einen Zeitpunkt modellieren wollen, ist dessen Beschreibung durch ganz kleine Intervalle möglich.

Würde ein Modell der Zeit auf *Zeitpunkten* basieren, so müßten wir trotzdem Vorgänge repräsentieren, die für einen längeren Zeitraum andauern. Dafür könnte aus Zeitpunkten ein Intervall gebildet werden. Ein Modell der Zeit, gestützt auf Zeitpunkte, impliziert einige Schlußfolgerungen, die uns nicht natürlich erscheinen. Zeitpunkte besitzen, der Idee nach, keine Länge (Dauer). Wird nun eine Situation modelliert, in der eine Eigenschaft gilt, dann existiert ein Zeitraum, in dem die Eigenschaft noch nicht galt, und ein Zeitraum, in dem die Eigenschaft gilt. Hier tritt nun die Frage auf, ob die beiden Zeiträume durch offene oder geschlossene Intervalle darzustellen sind. Sind die Intervalle offen, dann existiert zwischen den beiden Intervallen ein Zeitpunkt, an dem die Eigenschaft weder gilt, noch nicht gilt. Sind die Intervalle aber geschlossen, dann würde ein Punkt existieren, an dem die Eigenschaft gleichzeitig gilt und nicht gilt.

Wir könnten Intervalle per Konvention am unteren Ende (Beginn des Intervalls) geschlossen und an ihrem oberen Ende offen darstellen. Die Intervalle würden sich dann berühren und nicht überschneiden, besäßen jedoch nur einen Endpunkt. Die Künstlichkeit dieser Lösung zeigt, daß ein auf Zeitpunkten beruhendes Modell nicht unserem intuitiven Gefühl von Zeit entspricht. Als Konsequenz schlagen viele Wissenschaftler ein Modell der Zeit vor, das auf Intervallen als Primitiven der Zeitrepräsentation basiert.

Bilden Zeitpunkte die Primitiven des Zeitmodells, so können Intervalle daraus aufgebaut werden. Nehmen wir ein Modell der Zeit mit vollständig geordneten Zeitpunkten an, so ist ein Intervall ein geordnetes Paar von Zeitpunkten, wobei der eine Punkt das untere Ende und der andere das obere Ende des Intervalls anzeigt. Die Repräsentationsebene liegt hier zu niedrig, um übliche Schlußfolgerungen zu unterstützen. Wissen wir, daß ein Ereignis während eines anderen Ereignisses auftritt, so können wir die Wahrheit eines Faktes zur Zeit des anderen Ereignisses beweisen, indem wir zeigen, daß der Fakt während des ersten Ereignisses gilt. Wenn wir nun diese Schlußfolgerung mit Zeitpunkten darstellen, ergibt sich eine sehr komplizierte Beschreibung der zeitlichen Beziehung zwischen den Aussagen.

Des weiteren erlaubt eine Hierarchie von eingeschlossenen Intervallen eine Fokussierung auf relevantes Wissen. Wenn wir uns mit dem gestrigen Tag beschäftigen, untersuchen wir nur Intervalle, die durch das Intervall gestern eingeschlossen sind. Wir werden deshalb im folgenden ein intervallbasiertes Modell der Zeit entwickeln.

3.1.4 Ungenauigkeit der Zeit

Zum Messen von Zeitpunkten oder Intervallen benötigen wir Meßinstrumente, die wir Uhren nennen. Eine physikalische Uhr – im Gegensatz zu einer astronomischen Uhr – ist ein Zeitmeßgerät, dessen Arbeitsprinzip auf periodischen physikalischen Schwingungen beruht. Die prinzipielle Arbeitsweise ist das Zählen von Schwingungen und damit diskreter und nicht analoger Natur. Dieses wird bei analogen Uhren durch das fast kontinuierliche Vorrücken eines Zeigers verdeckt.

Digitale Meßgeräte sind mit *Digitalisierungsfehlern* bzw. Meßungenauigkeiten behaftet. Die Zeit, wie wir sie uns intuitiv vorstellen, schreitet während einer Schwingung zwar voran, aber das Meßinstrument zeigt während des gesamten Schwingungsintervalls den gleichen Wert. Den Übergang von einem Wert zum nächsten nennen wir Tick. Die Länge des Intervalls, in dem der Wert unverändert bleibt, nennen wir *Granularität*. Diese Granularität ist das Maß für die Digitalisierungsfehler.

Das *Granularitätsintervall* ist für uns die Basiszeiteinheit. Unsere Repräsentation von Zeit basiert also nicht auf theoretischen Zeitpunkten, sondern auf Granularitätsintervallen. In technischen Systemen liegt die Länge des Granularitätsintervalls oft in der Größenordnung von Millisekunden. Wir gehen aber im weiteren von frei wählbaren Granularitätsintervallen aus. So könnten z.B. betriebswirtschaftliche Anwendungen auf einer Granularität von Stunden oder Tagen beruhen und volkswirtschaftliche auf noch größeren Granularitäten.

3.1.5 Offenheit der Zukunft

Wir setzen das Modell der verzweigenden Zeit für die Modellierung einer ungewissen Zukunft ein. Dies ermöglicht es, verschiedene Ausprägungen der Zukunft oder auch der Vergangenheit zu repräsentieren. Diese Modellierung der Zukunft basiert darauf, daß bei der Planung auch die unterschiedlichen Möglichkeiten, ein Ziel zu erreichen, modelliert werden. Das bedeutet, daß sich ein planender Akteur verschiedene Ausprägungen der Zukunft vorstellt und sich dann eine auswählt, indem er die entsprechend notwendigen Aktionen durchführt.

Ähnlich wie McDermott [McDe 82] gehen wir von einer Zeitrepräsentation aus, die sich verzweigt. Wir können damit alternative Ausprägungen der Zukunft darstellen. Die Darstellungsmittel (modallogische Ausdrücke) stellen wir später vor. Zwei Punkte sollten aber bereits hier darüber gesagt werden.

Wir gehen nicht von einem Baum von Chroniken aus, weil wir auch modellieren wollen, daß wir durch verschiedene Ausprägungen der nahen Zukunft eine gemeinsame Situation in der späteren Zukunft erreichen können. Intervalle, die zu unterschiedlichen Zweigen gehören, werden wir nicht in Beziehung setzen.

3.2 Quantitative Repräsentation der Zeit

Wichtiges Ziel dieser Arbeit ist die explizite Darstellung der Zeit. In technischen Anwendungen ist eine quantitative Darstellung der Zeit unerläßlich, da wir die reale Welt
mit dem Rechner beeinflussen. Hier ist es nun wichtig, daß quantitative Restriktionen
eingehalten werden. Es soll damit möglich sein, daß der Rechner mit der realen Welt
synchronisiert wird. So soll z.B. eine Aktion zu einer bestimmten Uhrzeit ausgeführt
werden. Ebenso sollen relative Zeiten benutzt werden (z.B. vor der nächsten Aktion soll
drei Minuten gewartet werden).

In Intervallogik wird die Gültigkeit einer Aussage auf ein Intervall bezogen. Ein
Intervall ist bei uns ein Zeitraum, der mit einem Granularitätsintervall beginnt und mit
einem endet. Das beendende Granularitätsintervall ist nicht mehr im Intervall enthalten.

Der Zeitraum, in dem eine Erscheinung in unserer Anwendung tatsächlich stattfindet,
nennen wir das *wahre Zeitintervall*. Es ist immer kleiner als oder gleich lang wie das
im Rechner dargestellte Intervall, da wir stets einen Digitalisierungsfehler mit einbe-
ziehen.

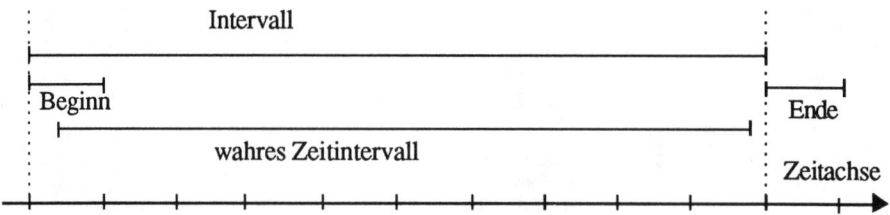

Bild 13: Verhältnis zwischen Intervall und wahrem Zeitintervall

Die Tatsache, daß das beendende Granularitätsintervall außerhalb des Intervalls liegt, hat
rein pragmatische Gründe.

Stellen wir zeitliche Aspekte mit Intervallogik dar, dann gehen wir von der Annahme
ab, daß wir immer einen exakten Zeitpunkt bestimmen können, an dem eine Aussage
wahr oder falsch ist. Das heißt, wir können die Endpunkte des Intervalls nicht immer
exakt bestimmen.

3.2.1 Die Zeitgerade

Wir definieren ein mathematisches System (die Zeitgerade), das ähnlich wie die natürlichen Zahlen aufgebaut ist. Die Menge der Granularitätsintervalle G bilden diese lineare
Zeitgerade, die mit dem Granularitätsintervall 0 beginnt. Die Zeitgerade ist nicht
zirkular. Für jedes Granularitätsintervall existiert genau ein nachfolgendes Granularitätsintervall. 0 ist kein Nachfolger. Die folgende Axiomatik der Zeitgeraden ist entsprechend
den Peano-Axiomen in [Rein 87] aufgebaut.

Axiom 1: Jedes Granularitätsintervall hat einen Nachfolger

$\forall\, G_1\ (G_1 \in$ Zeitgerade $\rightarrow \exists\, G_2\ (G_2 =$ nachfolger$(G_1) \wedge G_2 \in$ Zeitgerade$))$

Axiom 2: Es existiert ein Granularitätsintervall 0

$0 \in$ Zeitgerade

Axiom 3: Das Granularitätsintervall 0 ist kein Nachfolger

$\forall\, G\ (G \in$ Zeitgerade $\rightarrow 0 \neq$ nachfolger$(G))$

Axiom 4: Granularitätsintervalle mit gleichem Nachfolger sind gleich

$\forall\, G_1, G_2\ (G_1 \in$ Zeitgerade $\wedge G_2 \in$ Zeitgerade $\wedge$
$\qquad\qquad$ nachfolger$(G_1) =$ nachfolger$(G_2) \rightarrow G_1 = G_2)$

Axiom 5: Verallgemeinerung von Eigenschaften

$\forall\, p\ (p(0) \wedge \forall\, G\ (G \in$ Zeitgerade $\wedge p(G) \rightarrow p($nachfolger$(G))) \rightarrow$
$\qquad\qquad\qquad \forall\, G\ (G \in$ Zeitgerade $\rightarrow p(G)))$

Wir führen eine Konstante „∞" ein, die Element der Zeitgeraden ist. Das Element zeigt an, daß eine Zeit sehr weit in der Zukunft liegt und kein Wert dafür existiert. Alle anderen Granularitätsintervalle sind kleiner als diese Zeit. Der Nachfolger von ∞ ist ∞.

Definition 1: Unendlichkeitssymbol

$\forall\, G\ (G < \infty \wedge$ nachfolger$(\infty) = \infty)$

Für Granularitätsintervalle sind die Addition, die Subtraktion und zwei Ordnungsrelationen definiert.

Definition 2: Addition von Granularitätsintervallen

$0 + G_1 = G_1 \wedge G_1 +$ nachfolger$(G_2) =$ nachfolger$(G_1 + G_2)$

Definition 3: Die Ordnungsrelation „<" und „$\leq$" auf Granularitätsintervallen

$G_1 \leq G_2 \leftrightarrow \exists\, G_3\ (G_1 + G_3 = G_2)$
$G_1 < G_2 \leftrightarrow \exists\, G_3\ (G_3 \neq 0 \wedge G_1 + G_3 = G_2)$

Definition 4: Subtraktion von Granularitätsintervallen

$$G_3 - G_1 = X \leftrightarrow (G_1 \leq G_3 \wedge G_1 + X = G_3)$$

Zur Vereinfachung von späteren Definitionen stellen wir noch zwei Funktionen zur Verfügung, die von zwei Granularitätsintervallen das jeweils minimale bzw. maximale Granularitätsintervall bestimmen.

Definition 5: Minimales und maximales Granularitätsintervall

$$min(G_1, G_2) = \begin{cases} G_1 & \text{für } G_1 \leq G_2 \\ G_2 & \text{für } G_1 > G_2 \end{cases}$$

$$max(G_1, G_2) = \begin{cases} G_1 & \text{für } G_1 \geq G_2 \\ G_2 & \text{für } G_1 < G_2 \end{cases}$$

3.2.2 Die Darstellung der Gegenwart

Wir führen eine Variable „Jetzt" ein, deren Ausprägung ein Granularitätsintervall sein kann. Das Granularitätsintervall stellt die *Gegenwart* dar und teilt die Zeitgerade in *Vergangenheit* und *Zukunft*. Es stellt damit die aktuelle Uhrzeit dar.

Definition 6: Die Variable „Jetzt"

$$\text{Jetzt} \in \text{Zeitgerade} \wedge \text{Vergangenheit} < \text{Jetzt} < \text{Zukunft}$$

Wir definieren das Verhältnis der Variablen „Jetzt" zur Vergangenheit und Zukunft, ohne daß wir die beiden festgelegt hätten.

Wir stellen uns nun vor, daß während des Ablaufs einer Planung oder der Ausführung eines Planes die Variable hochgezählt wird. Dadurch werden Intervalle, die bisher in der Zukunft lagen, zur Vergangenheit. Damit wird das, was für die Zukunft ungewiß war, zur Gewißheit.

3.2.3 Zeitschranken

Die Endpunkte von Intervallen sind Granularitätsintervalle. Da Intervalle häufig nicht vollständig bestimmt sind, können Intervallattribute deshalb auch durch Wertebereiche eingeschränkt sein. Wir sprechen hier von *Zeitschranken*. Das Attribut eines Intervalls kann durch einen Wert nach unten oder auch oben eingeschränkt sein. Während der späteren Verarbeitung kann der Wertebereich der Endpunkte sukzessive weiter eingeschränkt werden. Wenn eine Zeitschranke noch nicht genau bestimmt ist, enthält sie eine Spezifikation ihres Wertebereichs. Die Wertebereichsdefinition ist ein Paar, dessen

Elemente gültige Endpunkte darstellen. Das Paar wird mit Hilfe eines Infix-Operators (zwei aufeinanderfolgende Punkte) dargestellt.

Definition 7: Definition von Zeitschranken

$$Z = G_1 .. G_2 \leftrightarrow istZeitschranke(Z)$$

Ist eine Zeitschranke völlig unbestimmt, so ist das Objekt auf die gesamte Zeitgerade eingeschränkt. Wir beschreiben das durch: $0 .. \infty$. Ist die Zeitschranke auf einen festen Wert begrenzt, benutzen wir diesen Wert als untere und obere Schranke: $G_1 .. G_1$.

Die Addition, Subtraktion und die Ordnungsrelationen lassen sich für Zeitschranken aus den entsprechenden Definitionen der Granularitätsintervall herleiten:

Satz 1: Addition und Subtraktion von Zeitschranken

$$G_1 .. G_2 + G_3 .. G_4 = G_1 + G_3 .. G_2 + G_4$$
$$G_1 .. G_2 - G_3 .. G_4 = G_1 - G_3 .. G_2 - G_4 \wedge G_3 \leq G_1 \wedge G_4 \leq G_1$$

Satz 2: Ordnungsrelationen von Zeitschranken

$$G_1 .. G_2 < G_3 .. G_4 = G_1 < G_3 \wedge G_2 < G_4$$
$$G_1 .. G_2 \leq G_3 .. G_4 = G_1 \leq G_3 \wedge G_2 \leq G_4$$

Die Schnittmenge von zwei Zeitschranken ist die Menge aller Granularitätsintervalle, die in beiden Zeitschranken enthalten sind.

Satz 3: Schnittmenge von Zeitschranken

$$\forall\ G_2, G_3\ (G_2 < G_3)\ (G_1 .. G_2 \cap G_3 .. G_4 = max(G_1, G_3) .. min(G_2, G_4)$$

3.2.4 Definition von Intervallen

Ein *Intervall* ist formal ein Zeitraum, der mit einer Zeitschranke beginnt und mit einer endet. Die Granularitätsintervalle der beendenden Zeitschranke sind nicht mehr im Intervall enthalten. Intervalle besitzen neben ihrem Namen drei charakteristische Attribute: den Beginn, die Dauer und das Ende. Diese drei sind Zeitschranken. Wir definieren dafür drei Funktionen, wobei I ein Intervall ist.

dauer(I)	=	Dauer bzw. Länge des Intervalls, eine Zeitschranke, die angibt, wie viele Granularitätsintervalle im Intervall I minimal bzw. maximal enthalten sind.
beginn(I)	=	Beginn des Intervalls, eine Zeitschranke, die angibt, wie viele Ticks seit der Zeit 0 vergangen sind, bis das Intervall frühestens bzw. spätestens beginnt.
ende(I)	=	Ende des Intervalls, eine Zeitschranke, die angibt, wie viele Ticks seit der Zeit 0 vergangen sind, bis das Intervall frühestens bzw. spätestens endet. Dabei ist das entsprechende Granularitätsintervall im Intervall nicht mehr enthalten.

Tafel 4: Teile eines Intervalls

Intervalle sind Objekte in unserer Logik. Durch Klassifikation von Objekten erhalten wir eine Sprache, in der wir einfach darstellen können, welche Aussagen erlaubt sind. Ein Intervall ist ein Objekt, das aus einem Namen und drei Zeitschranken erzeugt wird. Die Funktion „intervall" stellt die Generierungsfunktion dar. Sie erzeugt ein Objekt vom Typ Intervall und besitzt die vier Attribute eines Intervalls als Argumente. Die Funktion „istIntervall" stellt die Klassifikationsfunktion dar.

Definition 8: Intervall

$$\text{istIntervall}(I) \leftrightarrow I = \text{intervall}(\text{Name}, \text{Beginn}, \text{Ende}, \text{Dauer}) \wedge$$
$$\text{istZeitschranke}(\text{Beginn}) \wedge \text{istZeitschranke}(\text{Ende}) \wedge \text{istZeitschranke}(\text{Dauer})$$

Beginn und Ende eines Intervalls heißen *Endpunkte* des Intervalls. Aus den beiden Endpunkten kann eine Dauer des Intervalls berechnet werden. Die Angabe eines dritten Attributes ist immer redundant. Wir gehen aber davon aus, daß Intervalle oft nur unvollständig bestimmt sind. So können wir z.B. von einem Prozeß sagen, wie lange er dauert, aber nicht, wann er beginnen und wann er enden wird. Hat er einmal begonnen, dann kann das Ende mit Hilfe der Dauer bestimmt werden. Sind die Attribute eines Intervalls unterschiedlich stark eingeschränkt, können diese durch die interne Struktur eines Intervalls weiter eingeschränkt werden.

Axiom 6: Verhältnis der Intervallattribute

$$I = \text{intervall}(\text{Name}, \text{Beginn}, \text{Ende}, \text{Dauer}) \rightarrow \text{Beginn} + \text{Dauer} = \text{Ende}$$

Im weiteren werden wir für Intervalle eine abkürzende Schreibweise einführen. Wir stellen Intervalle als Quadrupel dar.

Definition 9: Darstellung von Intervallen als Quadrupel

intervall(Name, Beginn, Ende, Dauer) = ⟨ Name, Beginn, Ende, Dauer ⟩

Zwei Intervalle sind *identisch*, wenn deren einzelne Attribute die gleiche Ausprägung besitzen. Die Gleichheit der drei Attribute „Beginn", „Ende" und „Dauer" ist nicht ausreichend, da es sich um zwei verschiedene Intervalle handeln könnte, die zwei verschiedenen Erscheinungen zugeordnet sind, die zur gleichen Zeit stattfinden. Zur Identität gehört aber auch die Bedeutung, wofür wir das Intervall benutzen. Die Bedeutung der beiden Erscheinungen ist nicht gleich. Also sind die beiden Intervalle nicht identisch. Wir setzen deshalb auch die Namensgleichheit als notwendige Bedingung für die Identität von Intervallen voraus.

Definition 10: Identität von Intervallen

identisch(I_1, I_2) ↔ name(I_1) = name(I_2) ∧

beginn(I_1) = beginn(I_2) ∧ ende(I_1) = ende(I_2) ∧ dauer(I_1) = dauer(I_2)

Wenn Intervalle unifiziert werden und ein Attribut des einen Intervalls unbestimmt ist und das des anderen zumindest eingeschränkt ist, übernimmt das erste Intervall das Attribut des zweiten Intervalls. Dazu werden die Zeitschranken geschnitten. Wir sprechen von einer *Unifikation des Intervalls*.

Definition 11: Unifizieren von Intervallen

unifiziere(I_1, I_2) = I_3 ↔ name(I_1) = name(I_2) = name(I_3) ∧
beginn(I_3) – beginn(I_1) ∩ beginn(I_2) ∧ ende(I_3) – ende(I_1) ∩ ende(I_2) ∧
dauer(I_3) = dauer(I_1) ∩ dauer(I_2)

Das folgende Beispiel verdeutlicht dies:

$$I_1 = ⟨ i_1, 1, 2 .. 6, 0 .. ∞ ⟩ ∧ I_2 = ⟨ i_1, 0 .. ∞, 3, 0 .. ∞ ⟩ ∧$$
$$unifiziere(I_1, I_2) = I_3 → I_3 = ⟨ i_1, 1 .. 1, 3 .. 3, 2 .. 2 ⟩$$

Auf der Axiomatik der Zeitgeraden und der Definition von Intervallen werden die speziellen Intervalle „immer" und „nie" definiert. Es erstreckt sich über die gesamte Zeit.

Definition 12: Die Intervalle „immer" und „nie"

immer = intervall(immer, 0..0, ∞..∞, ∞..∞)
∀ I in(I, nie)

3.3 Qualitative Zeitbeschränkungen

Qualitative Beschränkungen zwischen Zeiten können auch dann aufgestellt werden, wenn quantitative Angaben über die Zeit noch fehlen. Wenn also die Attribute von zwei Intervallen unbekannt sind, kann trotzdem etwas über die Reihenfolge der Intervalle ausgesagt werden. Damit kann eine relative Ordnung zwischen Intervallen spezifiziert werden, die später der Synchronisation sowie der Spezifikation der Reihenfolge von Erscheinungen dient.

3.3.1 Beschränkungen zwischen Zeitschranken

Wir definieren nun ein Objekt „Beschränkung", das eine Menge von gültigen Ordnungsrelationen zwischen zwei Zeitschranken enthält. Zwischen zwei Zeitschranken sind zwei Ordnungsrelationen („<", „≤") definiert. Fügen wir noch deren Umkehrrelationen („≥", „>") und die Gleichheitsrelation („=") hinzu, dann existiert eine Menge von fünf möglichen Relationen. Die Relationen „≤" und „≥" stellen in unserer Menge die Disjunktionen von jeweils einer der Relationen „<", „>" und der Relation „=" dar.

Mit der Funktion „beschränkung(Z_1, Z_2)" erzeugen wir ein Objekt, das die Menge aller Relationen, die zwischen den Zeitschranken Z_1 und Z_2 gelten, enthält. Die Menge { <, > } ist nicht erlaubt.

Definition 13: Die Funktion „beschränkung"

$$\forall\ b_i \in B\ (Z_1\ b_i\ Z_2) \leftrightarrow \text{beschränkung}(Z_1, Z_2) = B$$

Kann keine Aussage über die Beschränkung gemacht werden, dann ist die Beschränkung zwischen den Zeitschranken unbekannt und wir schreiben „-".

Definition 14: Unbekannte Beschränkung zwischen Zeitschranken

$$\text{unbekannt}(\text{beschränkung}(Z_1, Z_2)) \leftrightarrow Z_1 - Z_2 \leftrightarrow Z_1 < Z_2 \vee Z_1 > Z_2 \vee Z_1 = Z_2$$

Um Disambiguierungen und Verträglichkeitstests vornehmen zu können, ist eine Operation notwendig, die aus zwei gegebenen Beschränkungen den Durchschnitt bildet. Aus $Z_1 \leq Z_2$ und $Z_1 < Z_2$ beispielsweise muß der Durchschnitt $Z_1 < Z_2$ gebildet werden können. Diese Operation „∩" wird durch die Infimumsbildung im Alternativenverband realisiert, einem Verband, der entsprechend dem Hasse-Diagramm im folgenden Bild definiert ist. Die unbekannte Beschränkung „-" ist das Einselement und die leere Menge „∅" stellt das Nullelement des Verbandes dar. Die leere Menge gehört dabei nicht zu den möglichen Beschränkungen, sondern wird für Widerspruchsfälle benutzt. Ergibt sich diese Beschränkung, so liegt eine Inkonsistenz in den Beschränkungen vor. Wir werden später auch eine Operation benötigen, die die Vereinigung von zwei gegebenen Beschränkungen bildet. Diese Operation ($\cup$) wird durch die Supremumsbildung im Alternativenverband realisiert. Die Transitivität wird durch den Kompositionsverband im folgenden Bild realisiert und durch die Supremumsbildung abgeleitet.

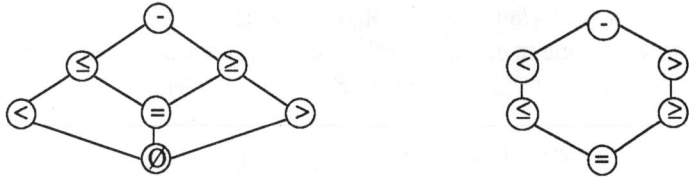

Bild 14: Alternativenverband und Kompositionsverband

Definition 15: Transitive Beschränkung zwischen Zeitschranken

$$\text{transitiveBeschränkung}(B_1, B_2) = \text{beschränkung}(Z_1, Z_2) \leftrightarrow$$
$$\text{beschränkung}(Z_1, Z_3) = B_1 \wedge \text{beschränkung}(Z_3, Z_2) = B_2$$

Die folgenden drei Tabellen verdeutlichen die Verknüpfungen. In der dritten Tabelle, die die Transitivität darstellt, wähle man in der ersten Spalte die Beschränkung B_1 und in der ersten Zeile die Beschränkung B_2, dann befindet sich im Schnittpunkt der entsprechenden Spalte und Zeile die Beschränkung B_3.

$\cap$	<	>	=	≤	≥	-
<	<	∅	∅	<	∅	<
>	∅	>	∅	∅	>	>
=	∅	∅	=	=	=	=
≤	<	∅	=	≤	=	≤
≥	∅	>	=	=	≥	≥
-	<	>	=	≤	≥	-

$\cup$	<	>	=	≤	≥	-
<	<	-	≤	≤	-	-
>	-	>	≥	-	≥	-
=	≤	≥	=	≤	≥	-
≤	≤	-	≤	≤	-	-
≥	-	≥	≥	-	≥	-
-	-	-	-	-	-	-

T	<	>	=	≤	≥	-
<	<	-	<	<	-	-
>	-	>	>	-	>	-
=	<	>	=	≤	≥	-
≤	<	-	≤	≤	-	-
≥	-	>	≥	-	≥	-
-	-	-	-	-	-	-

Tafel 5: Verknüpfungen zwischen den Beschränkungen von Zeitschranken

Für spätere Berechnungen definieren wir nun noch die inverse Beschränkung.

Definition 16: Inverse Beschränkung zwischen Zeitschranken

$$\text{inverseBeschränkung}(B_1) = B_2 \leftrightarrow$$
$$\text{beschränkung}(Z_1, Z_2) = B_1 \wedge \text{beschränkung}(Z_2, Z_1)$$

3.3.2 Intervallrelationen

Intervalle können in verschiedenen zeitlichen Relationen zueinander stehen. Diese Relationen werden durch ein Objekt beschrieben, das *Zeitbeschränkung* heißt. Sie werden mit Hilfe der Endpunkte von Intervallen, also auf den Beschränkungen der Zeitschranken definiert. Eine *Intervallrelation* ist ein Objekt, das sich aus einer Zeitbeschränkung und den zwei Intervallen, die in dieser Zeitbeschränkung zueinander stehen, zusammensetzt. Es kann durch die Funktion „intervallrelation" erzeugt werden.

Definition 17: Intervallrelationen

$$\text{istIntervallrelation(R)} \leftrightarrow \text{R} = \text{intervallrelation}(I_1, \text{ZB}, I_2) \wedge \text{istIntervall}(I_1) \wedge$$
$$\text{istIntervall}(I_2) \wedge \text{istZeitbeschränkung(ZB)}$$

Wir definieren eine Reihe von Funktionen, mit denen Intervallrelationen einfacher erzeugt werden können. Bei diesen Funktionen ist die Zeitbeschränkung implizit in der Definition enthalten.

Wir definieren die inversen Funktionen für Intervallrelationen nicht, da die inversen Zeitbeschränkungen nur für die interne Verarbeitung relevant sind und auf der Ebene der Intervallrelationen durch Vertauschen der beiden Argumente der Intervallrelation beschreiben lassen. Wir führen für diese Funktionen ein zweistelliges Prädikat und für einige einen Infixoperator ein. Die Darstellung wird zur Verarbeitung in eine interne Repräsentation gewandelt, die auf Beschränkungen zwischen Zeitschranken beruht. Die Semantik unserer Intervallrelationen ist ähnlich der von Allen mit dem einen wichtigen Unterschied, daß wir auf Granularitätsintervallen aufbauen und Digitalisierungsfehler berücksichtigen.

Zwei Intervalle treffen aufeinander, wenn genau das Ende des ersten Intervalls gleich dem Beginn des zweiten Intervalls ist. Dieses Granularitätsintervall heißt *Treffpunkt* der Intervalle. Diese Zeitbeschränkung dient der Beschreibung von Intervallen, die ohne eine Verzögerung direkt hintereinander folgen. Der mögliche Digitalisierungsfehler bedingt jedoch, daß die beiden wahren Intervalle sich nicht genau treffen müssen, sondern um einen Zeitraum voneinander abweichen können, der kleiner einem Granularitätsintervall ist. Hiermit wird auch dem Problem der Nichtbeobachtbarkeit von Gleichzeitigkeit Rechnung getragen. Die Zeitbeschränkung wird durch das Prädikat „trifft" beschrieben.

Die *strenge Reihenfolge* von zwei Intervallen, die durch das Prädikat „bevor" dargestellt wird, besagt, daß das Ende des ersten Intervalls kleiner ist als der Beginn des zweiten Intervalls. Das Intervall zwischen den beiden wahren Intervallen ist im Extremfall genau ein Granularitätsintervall.

Zwei Intervalle sind gleich groß, wenn sie die gleichen Endpunkte besitzen. Das wird durch das Prädikat „gleich" gekennzeichnet. Auf beiden Seiten ist der Digitalisierungsfehler kleiner als ein Granularitätsintervall. Ein Intervall ist „eingeschlossen" durch ein anderes, wenn die Endpunkte des einen zwischen den Endpunkten des anderen liegen.

Ein Intervall startet ein Intervall genau dann, wenn der Beginn gleich, aber das Ende des ersten Intervalls kleiner ist als das des anderen. Analog ist das Beenden eines Intervalls definiert. Die Beschränkung „startet" ist sinnvoll, um z.B. das Anfahren von Chargenprozessen zu beschreiben, wobei das erste Intervall die Anfahrphase und das zweite die Laufzeit des gesamten Chargenprozesses darstellt. Das Prädikat „beendet" kann dann dazu benutzt werden, um einen Abfahrvorgang im Chargenprozeß zu beschreiben.

Beginnt ein Intervall vor einem zweiten und endet während des zweiten, wird von überlappenden Intervallen gesprochen. Diese „überlappt"-Zeitbeschränkung stellt eine weitere Art von Parallelität dar.

Im folgenden Bild sind die angesprochenen einfachen Intervallrelationen ohne Berücksichtigung der Digitalisierungsfehler graphisch dargestellt.

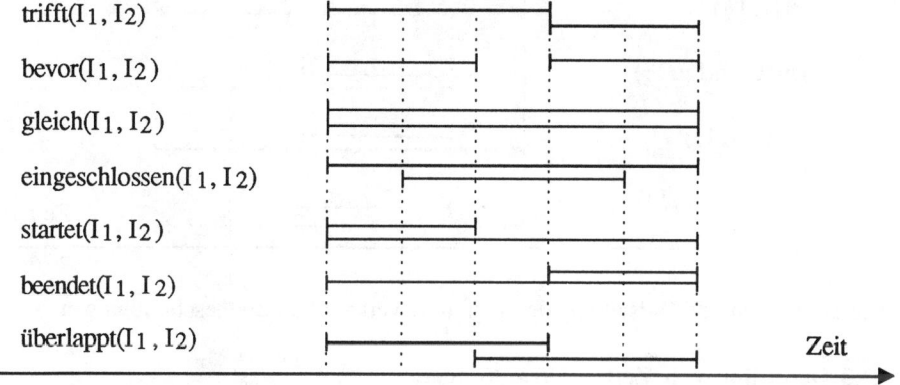

Bild 15: Graphische Darstellung der einfachen Zeitbeschränkungen

Komplexe Zeitbeschränkungen setzen sich aus Disjunktionen der oben dargestellten einfachen Zeitbeschränkungen zusammen. Die Disjunktion der „bevor"- und „trifft"-Relation bildet die „vor"-Relation. Diese heißt im Gegensatz zur strengen *einfache Reihenfolge*.

Gilt für ein Intervall, daß es in einem anderen liegt, wird von einem *Teilintervall* gesprochen. Diese „in"-Relation stellt die Disjunktion der „gleich"-, „eingeschlossen"-, „startet"- und „beendet"-Relation dar.

Wird später über Kausalität gesprochen, dann werden Aussagen formuliert, wie: „damit X_1 auftritt, muß vorher X_2 auftreten". Voraussetzung dabei ist, daß X_2 zeitlich unmittelbar vor X_1 gilt. Wann X_1 endet, ist irrelevant. Die Zeitbeschränkung heißt „leitet_ein".

Die Zeitbeschränkung „folgt" wird für eine andere Form der Kausalität benutzt, bei der eine Erscheinung aus einer anderen folgt, wobei der Beginn des Folgeintervalls vor dem Ende des anderen liegen muß.

Wenn später über Widersprüche von Aussagen gesprochen wird, dann muß darüber argumentiert werden, ob die Aussagen sich zeitlich überschneiden. Das heißt, es ist gefragt, ob die beiden Intervalle der Aussagen sich überschneiden. Diese Zeitbeschränkung, die eine Disjunktion der „überlappt", „gleich", „startet", „beendet", „eingeschlossen" und der jeweils inversen Zeitbeschränkung darstellt, heißt „schneidet".

Die komplexen Zeitbeschränkungen zeigt die folgende Graphik. Die Pfeile in der Graphik bedeuten, daß sich das Intervall in dieser Richtung bis höchstens zur Spitze erstrecken kann. Das erste Intervall I_1 ist immer fest. Um die Zeitbeschränkung jeweils zu erfüllen, kann das Intervall I_2 verschiedene Ausprägungen besitzen.

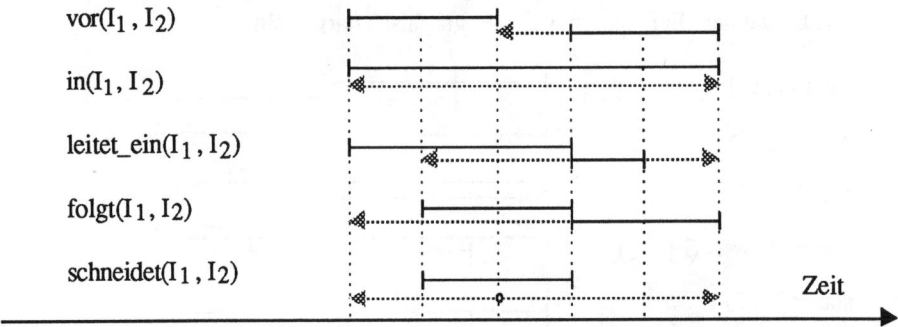

$vor(I_1, I_2)$

$in(I_1, I_2)$

$leitet\_ein(I_1, I_2)$

$folgt(I_1, I_2)$

$schneidet(I_1, I_2)$

Zeit

Bild 16: Graphische Darstellung der disjunktiv verknüpften Zeitbeschränkungen

3.3.3 Definition von Zeitbeschränkungen

Bisher haben wir Zeitbeschränkungen nur implizit behandelt. Sie werden aber auch durch Objekte beschrieben. Sie werden durch die Funktion „zeitbeschränkung" mit vier Argumenten erzeugt. Die Argumente stellen die Beziehungen zwischen den vier Endpunkten von zwei Intervallen dar.

Definition 18: Interne Repräsentation

$$intervallrelation(I_1, \langle B_1, B_2, B_3, B_4 \rangle, I_2) \leftrightarrow$$
$$beschränkung(beginn(I_1), beginn(I_2)) = B_1 \wedge$$
$$beschränkung(ende(I_1), ende(I_2)) = B_2 \wedge$$
$$beschränkung(beginn(I_1), ende(I_2)) = B_3 \wedge$$
$$beschränkung(ende(I_1), beginn(I_2)) = B_4$$

Das erste Argument beschreibt, in welcher zeitlichen Reihenfolge der Beginn der beiden Intervalle steht. Die Intervallrelation $\langle =, -, -, - \rangle$ besagt z.B., daß der Beginn des ersten Intervalls gleich dem Beginn des zweiten Intervalls ist. Sind die anderen Argumente unbekannt, kann die Relation zwischen den beiden Intervallen entweder „startet", die

Umkehrrelation von „startet" oder „gleich" sein. Werden Argumente nicht spezifiziert, so erhalten wir eine Disjunktion von einfachen Zeitbeschränkungen.

Die zweite Komponente einer Zeitbeschränkung beschreibt das Verhältnis der beiden Enden zueinander, die dritte das Verhältnis des Beginns des ersten Intervalls zum Ende des zweiten Intervalls und die vierte das Verhältnis des Endes des ersten Intervalls zum Beginn des zweiten Intervalls. Das folgende Bild verdeutlicht diese Definition:

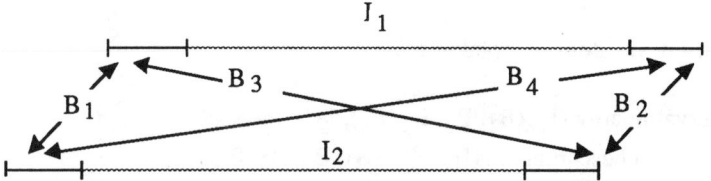

Bild 17: Verhältnis der Endpunkte zweier Intervall

Anstatt die Zeitbeschränkungen generierende Funktion zu benutzen, werden wir in Zukunft der Einfachheit halber Zeitbeschränkungen als Quadrupel darstellen.

Definition 19: Quadrupelnotation von Zeitbeschränkungen

$$\text{zeitbeschränkung}(B_1, B_2, B_3, B_4) = \langle B_1, B_2, B_3, B_4 \rangle$$

Definition 20: Definition der Intervallrelationen

Intervallrelationen	Operator	Zeitbeschränkung
trifft(I_1, I_2)	<	$\langle <,<,<,= \rangle$
bevor(I_1, I_2)	<<	$\langle <,<,<,< \rangle$
vor(I_1, I_2)	<=	$\langle <,<,<,\leq \rangle$
in(I_1, I_2)	<>	$\langle \geq,\leq,<,> \rangle$
gleich(I_1, I_2)	=	$\langle =,=,<,> \rangle$
eingeschlossen(I_1, I_2)		$\langle >,<,<,> \rangle$
startet(I_1, I_2)		$\langle =,<,<,> \rangle$
beendet(I_1, I_2)		$\langle >,=,<,> \rangle$
überlappt(I_1, I_2)		$\langle <,<,<,> \rangle$
leitet_ein(I_1, I_2)		$\langle <,-,<,\geq \rangle$
folgt(I_1, I_2)		$\langle -,<,<,\geq \rangle$
schneidet(I_1, I_2)		$\langle -,-,<,> \rangle$

Für einige Intervallrelationen führen wir Infix-Operatoren ein. Damit erleichtert sich die Notation von transitiven Ketten von Intervallrelationen. Existiert für eine Intervallrelationen eine Infix-Notation, dann erlauben wir im weiteren folgende transitive Notation:

Definition 21: Transitive Notation von Intervallrelationen

$$I_1 < I_2 < I_3 \leftrightarrow I_1 < I_2 \wedge I_2 < I_3$$

Mit der zweistelligen Funktion „zeitbeschränkung(I_1, I_2)" erzeugen wir für zwei Intervalle I_1 und I_2 ein Objekt, das die Zeitbeschränkung zwischen den Intervallen I_1 und I_2 darstellt.

Definition 22: Zeitbeschränkung

$$\text{intervallrelation}(I_1, \langle B_1, B_2, B_3, B_4 \rangle, I_2) \leftrightarrow$$
$$\text{zeitbeschränkung}(I_1, I_2) = \langle B_1, B_2, B_3, B_4 \rangle$$

Unsere Funktionen zur Erzeugung von Intervallrelationen sind abkürzende Schreibweisen für die in ihrer Darstellung unübersichtliche Repräsentation von Zeitbeschränkungen. Stellt sich heraus, daß weitere Funktionen zur Erzeugung von Intervallrelationen benötigt werden, so lassen sich diese auch einfach definieren. Wir haben jedoch nur die wichtigsten, bzw. die, die wir später für weitere Definitionen benötigen, definiert.

Bei *einfachen Zeitbeschränkungen* sind die einzelnen Komponenten des Quadrupel einfach, d.h., sie enthalten keine Disjunktion.

Definition 23: Einfache Zeitbeschränkung

$$\text{einfach}(\langle B_1, B_2, B_3, B_4 \rangle) \leftrightarrow$$
$$B_1 \in \{<,>,=\} \wedge B_2 \in \{<,>,=\} \wedge B_3 \in \{<,>,=\} \wedge B_4 \in \{<,>,=\}$$

Entsprechend Allens Relationen existieren genau 13 einfache Zeitbeschränkungen.

Satz 4: Mögliche einfache Zeitbeschränkungen

$$\text{einfach}(\langle B_1, B_2, B_3, B_4 \rangle) \rightarrow \langle B_1, B_2, B_3, B_4 \rangle \in$$
$$\{\langle =, =, <, > \rangle, \langle <, <, <, < \rangle, \langle >, >, >, > \rangle, \langle <, <, <, = \rangle, \langle >, >, =, > \rangle,$$
$$\langle =,<, <, > \rangle, \langle =, >, <, > \rangle, \langle <, =, <, > \rangle, \langle >, =, <, > \rangle, \langle <, >, <, > \rangle,$$
$$\langle >, <, <, > \rangle, \langle <, <, <, > \rangle, \langle >, >, <, > \rangle\}$$

Komplexe Zeitbeschränkungen sind wohlgeformt, wenn sie eine Disjunktion von einfachen Zeitbeschränkungen darstellen. Von den durch Kombination 81 möglichen Tupeln scheiden die meisten wegen algebraischer Restriktionen aus.

Definition 24: Wohlgeformte Zeitbeschränkungen

$$\text{wohlgeformt}(\langle B_1, B_2, B_3, B_4\rangle) \leftrightarrow \text{einfach}(\langle B_1, B_2, B_3, B_4\rangle) \vee$$
$$[\langle B_1, B_2, B_3, B_4\rangle = ZB_1 \cup ZB_2 \wedge \text{wohlgeformt}(ZB_1) \wedge \text{wohlgeformt}(ZB_1)]$$

Für manche Vorgänge in der Realität reicht diese Darstellung nicht aus. So ist die Darstellung einer „disjunkt"-Relation entsprechend Allens „{< >}"-Relation unmöglich. Da wir die „<>"-Beschränkung zwischen Granularitätsintervallen nicht definieren, kann diese auch bei den Zeitbeschränkungen zwischen Intervallen nicht definiert sein. Diese Art des Wissens stellen wir durch modale Ausdrücke dar. Diese einander ausschließenden Zeitbeschränkungen stellen zwei Chroniken dar, wie sich die Zukunft entwickeln könnte.

Allen kann die disjunkte Relation von drei Intervallen nicht darstellen. Das ist in der Planung jedoch keine unübliche Forderung. Allen müßte für solche Beziehungen weitere Darstellungsmittel zur Verfügung stellen. Unser Ansatz stellt also keine prinzipielle Einschränkung zu Allens Ansatz dar[11].

3.3.4 Eine Mengenalgebra für Zeitbeschränkungen

Jede Komponente des Quadrupels einer internen Zeitbeschränkung besteht aus einem Element von $\{<, =, >, \leq, \geq, -\}$. Um die Verarbeitung zu gewährleisten, wird eine Mengenalgebra für Zeitbeschränkungen mit den üblichen Operationen definiert. Die Operationen basieren auf den Beschränkungen zwischen Zeitschranken.

Die Schnittmenge der Zeitbeschränkungen wird auf die Berechnung der Schnittmenge der Beschränkungen zwischen Zeitschranken zurückgeführt.

Satz 5: Schnittmenge von Zeitbeschränkungen

$$\langle B_{11}, B_{12}, B_{13}, B_{14}\rangle \cap \langle B_{21}, B_{22}, B_{23}, B_{24}\rangle =$$
$$\langle (B_{11} \cap B_{21}), (B_{12} \cap B_{22}), (B_{13} \cap B_{23}), (B_{14} \cap B_{24}) \rangle$$

Die Vereinigung der Zeitbeschränkungen kann auf die Berechnung der Vereinigungsmenge von Beschränkungen zwischen Zeitschranken zurückgeführt werden.

---

[11] Mit dem Kalkül von Allen kann z.B. nicht dargestellt werden, daß drei Intervalle entweder in der Reihenfolge $I_1 < I_2 < I_3$ oder $I_3 < I_2 < I_1$ auftreten. Wir können die Aufeinanderfolge von drei Intervallen später mit Hilfe von modalen Ausdrücken darstellen.

Satz 6: Vereinigung von Zeitbeschränkungen

$$\langle B_{11}, B_{12}, B_{13}, B_{14}\rangle \cup \langle B_{21}, B_{22}, B_{23}, B_{24}\rangle =$$
$$\langle (B_{11} \cup B_{21}), (B_{12} \cup B_{22}), (B_{13} \cup B_{23}), (B_{14} \cup B_{24})\rangle$$

Eine *transitive Zeitbeschränkung* erhalten wir, wenn wir die Zeitbeschränkung B_1 zwischen den Intervallen I_1 und I_2 und die Zeitbeschränkung B_2 zwischen den Intervallen I_2 und I_3 miteinander kombinieren und daraus eine Zeitbeschränkung zwischen I_1 und I_3 berechnen können.

Wenn eine alte Zeitbeschränkung existiert, wird diese mit der transitiven geschnitten. Die transitiv berechnete Zeitbeschränkung ist ebenso wie die alte Zeitbeschränkung oft eine komplexe Zeitbeschränkung. Existiert keine Schnittmenge, so liegt ein inkonsistenter Zustand vor, da ja mindestens eine Beziehung erlaubt sein muß. Die transitive Zeitbeschränkung wird auf die transitive Beschränkung von Zeitschranken zurückgeführt.

Satz 7: Die transitive Zeitbeschränkung

$$\text{transitiveZeitbeschränkung}(\langle B_{11}, B_{12}, B_{13}, B_{14}\rangle, \langle B_{21}, B_{22}, B_{23}, B_{24}\rangle) =$$
$$\langle (\text{transitiveBeschränkung}(B_{11}, B_{21}) \cap \text{transitiveBeschränkung}(B_{13}, B_{24})),$$
$$(\text{transitiveBeschränkung}(B_{12}, B_{22}) \cap \text{transitiveBeschränkung}(B_{14}, B_{23})),$$
$$(\text{transitiveBeschränkung}(B_{13}, B_{22}) \cap \text{transitiveBeschränkung}(B_{11}, B_{23})),$$
$$(\text{transitiveBeschränkung}(B_{14}, B_{21}) \cap \text{transitiveBeschränkung}(B_{12}, B_{24}))\rangle$$

Die transitive Schlußfolgerung kann nicht durchgeführt werden, wenn eine der beiden Zeitbeschränkungen zum falschen Intervall gerichtet ist. Die Zeitbeschränkung muß deswegen erst umgedreht werden. Die umgekehrte Zeitbeschränkung heißt *inverse Zeitbeschränkung* und wird auf die inverse Beschränkung von Zeitschranken zurückgeführt.

Satz 8: Inverse Zeitbeschränkung

$$\text{inverseZeitbeschränkung}(\langle B_1, B_2, B_3, B_4\rangle) =$$
$$\langle \text{inverseBeschränkung}(B_1), \text{inverseBeschränkung}(B_2),$$
$$\text{inverseBeschränkung}(B_4), \text{inverseBeschränkung}(B_3)\rangle$$

Für spätere Anfragen an die Wissensbasis, in der die Zeitbeschränkungen gehalten werden, wird die Teilmengenrelation auf Zeitbeschränkungen definiert.

Satz 9: Teilmenge über Zeitbeschränkungen

$$\text{teilmenge}(\langle B_{11}, B_{12}, B_{13}, B_{14}\rangle, \langle B_{21}, B_{22}, B_{23}, B_{24}\rangle) \leftrightarrow B_1 \supseteq B_2 \leftrightarrow$$
$$B_{11} \supseteq B_{21} \wedge B_{12} \supseteq B_{22} \wedge B_{13} \supseteq B_{23} \wedge B_{14} \supseteq B_{24}$$

3.3.5 Beispiel

Angenommen, es existieren die Intervalle I_1, I_2 und I_3 sowie die Zeitbeschränkungen überlappt(I_1, I_2) und bevor(I_1, I_3). Die Zeitbeschränkungen lassen sich auf folgende Beschränkungen zwischen Granularitätsintervallen (bzw. Zeitschranken) abbilden:

$$\text{beginn}(I_1) < \text{beginn}(I_2) \wedge \text{ende}(I_1) < \text{ende}(I_2) \wedge$$
$$\text{beginn}(I_1) < \text{ende}(I_2) \wedge \text{ende}(I_1) < \text{beginn}(I_2) \wedge$$
$$\text{beginn}(I_1) < \text{beginn}(I_3) \wedge \text{ende}(I_1) < \text{ende}(I_3) \wedge$$
$$\text{beginn}(I_1) < \text{ende}(I_3) \wedge \text{ende}(I_1) < \text{beginn}(I_3)$$

Soll die Zeitbeschränkung zwischen I_2 und I_3 berechnet werden, bedeutet das für das Beispiel, daß zuerst die Zeitbeschränkung zwischen I_2 und I_1 berechnet wird (d.h. die inverse Zeitbeschränkung von I_1 und I_2 unter Benutzung von Satz 8) und dann die zwischen I_1 und I_3. Auf die beiden gefundenen wird Satz 7 angewandt.

R_1 = zeitbeschränkung(I_1, I_2) = $\langle <,<,<,> \rangle$
R_{1I} = zeitbeschränkung(I_2, I_1) = $\langle >,>,<,> \rangle)$
R_2 = zeitbeschränkung(I_1, I_3) = $\langle <,<,<,< \rangle$.
R_3 = $\langle$ transitive($>$, $<$) $\cap$ transitive($<$, $<$), transitive($>$, $<$) $\cap$ transitive($>$, $<$),
  transitive($<$, $<$) $\cap$ transitive($>$, $<$), transitive($>$, $<$) $\cap$ transitive($>$, $<$)$\rangle$ = $\langle <,-,<,- \rangle$

Mit Hilfe von Satz 9 finden wir alle einfachen Zeitbeschränkungen, die zwischen I_2 und I_3 gelten. Die transitive Zeitbeschränkung zwischen I_2 und I_3 wird durch die Disjunktion der folgenden fünf einfachen Zeitbeschränkungen dargestellt:

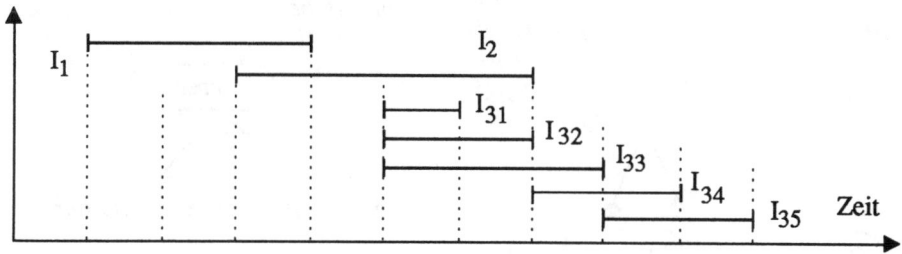

Bild 18: Alternative Schlußfolgerungen

Die Intervalle I_{31} bis I_{35} stellen die fünf Alternativen dar, in welcher Beziehung das Intervall I_2 zum Intervall I_3 stehen kann. Diese Alternativen sind die Zeitbeschränkungen „eingeschlossen" (I_{31}), die Umkehrung von „beendet" (I_{32}), „überlappt" (I_{33}), „trifft" (I_{34}) und „bevor" (I_{35}).

3.4 Erscheinungen und Erscheinungsformen

Die *Erscheinung* benutzen wir, um Aussagen über die Umwelt darzustellen, denen ein zeitlicher Aspekt anhaftet. Dieses kann bedeuten, daß dieser zeitliche Aspekt die Lebensdauer eines Objektes ist, der Zeitraum, in dem die Eigenschaft eines Objektes gilt oder einfach der Zeitraum, in dem irgend etwas passiert. Trat gestern eine Erscheinung auf, dann wollen wir notieren, daß die Erscheinung gestern auftrat. Andererseits trat die Erscheinung nicht während des gesamten Intervalls „gestern" auf. Deshalb muß zwischen dem exakten Intervall, in dem eine Erscheinung auftritt, und dem Intervall, das bekannt ist und das deshalb auch nur angegeben werden kann, unterschieden werden.

Wir unterscheiden zwischen der zeitbehafteten individuellen Erscheinung und dem Typ einer Erscheinung. Diese *Erscheinungsform*, die beschreibt, wie die individuelle Erscheinung auftritt, ist zeitlos. Die Erscheinungsform ist die Vorstellung von einer Erscheinung. Immer wenn etwas tatsächlich festgestellt wird (z.B. wenn der technische Prozeß Phänomene durch Sensoren erkennt), liegt auch eine konkrete Zeit vor, so daß es sich um eine Erscheinung handelt. Wir wollen uns hier aber nur mit der Zeit beschäftigen.

Erscheinungen sind für uns immer Vorgänge oder Situationen, die etwas mit Zeit zu tun haben. Es gibt auch zeitlose Aussagen, die keine Erscheinungsformen sind. Mathematische oder physikalische Gesetze stellen solche Aussagen dar. Stellen wir den Satz von Pythagoras in einem Programm dar, so wird die Gültigkeit nicht zeitlich eingeschränkt, und es existiert auch keine Individualausprägung des Satzes.

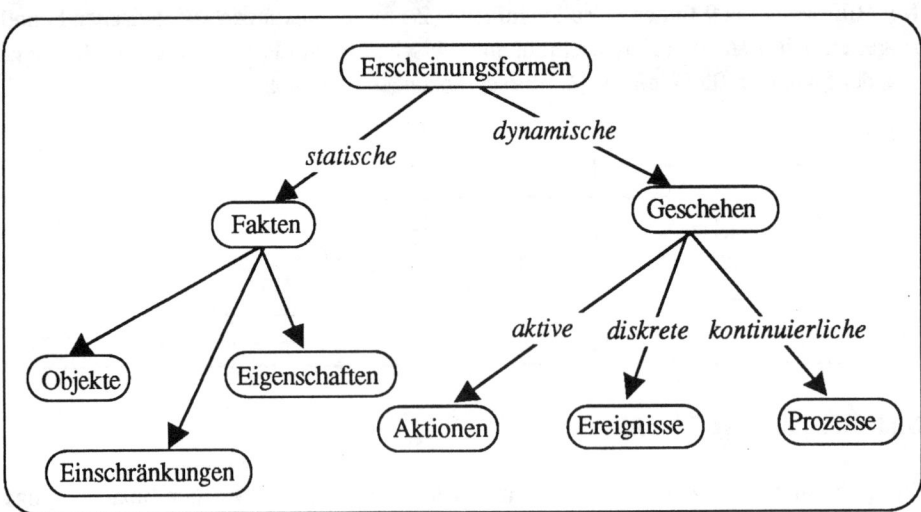

Bild 19: Hierarchie der Erscheinungsformen

Wir unterscheiden verschiedene Erscheinungsformen und definieren deren spezielle Charakteristika. Die vorgestellte Graphik gibt einen ersten Überblick. Die Begrifflichkeit ist frei gewählt und entspricht nicht ganz der Begrifflichkeit, die in der Prozeßdatenverarbeitung üblich ist. So entspricht z.B. Prozeß- oder Ereignisbegriff nicht der üblichen Begrifflichkeit in der Prozeßdatenverarbeitung.

3.4.1 Syntax von Erscheinungen

Eine Erscheinung (XI) ergibt sich dadurch, daß einer Erscheinungsform (X) ein Intervall (I) zugeordnet wird, welches die Gültigkeitszeit der Erscheinung spezifiziert. Mittels des Operators @ wird an die Erscheinungsform ein Intervall gebunden. Dieser Operator ist nur anwendbar auf Erscheinungsformen. Eine Erscheinung ist dann wie folgt definiert:

Definition 25: Erscheinung

$$\text{istErscheinung}(XI) \leftrightarrow XI = X @ I \wedge \text{istErscheinungsform}(X)$$

Dieser Operator hat die höchste Priorität aller eingeführten Operatoren, so daß die Bindung zwischen Erscheinungsform und Intervall stärker ist als alle anderen Bindungen.

3.4.2 Statische Erscheinungen

Die erste Gruppe von Erscheinungsformen, die die statischen Erscheinungen umfaßt, heißt *Fakten*. Fakten sind in drei Erscheinungsformen untergliedert. Das Charakteristische von Fakten, das sie von anderen Erscheinungsformen unterscheidet, wird in einem Axiom festgehalten. Gilt ein Faktum in einem Intervall, dann gilt dieses Faktum in allen Teilintervallen.

Axiom 7: Charakteristikum von Fakten

$$\text{in}(I_2, I_1) \wedge (F @ I_1) \rightarrow F @ I_2$$

Die gesamte Umgebung unserer Anwendung besteht aus vielen Objekten. Wir unterscheiden streng zwischen Objekten im logischen Formalismus und Objekten der Umwelt, die wir beschreiben. *Objekte auf der Repräsentationsebene* sind für uns sinnlich feststellbare Gegenstände, die eine Lebenszeit besitzen. Diese Objekte werden irgendwann erzeugt oder produziert und existieren begrenzt lange. Deshalb versehen wir die Existenz von Objekten mit einem Zeitattribut.

Eigenschaften sind Aussagen, die veränderbare Attribute eines Objektes beschreiben. Der Zeitraum der Gültigkeit ist im Extremfall gleich der Lebenszeit des Objektes. Der Standort eines Objekts ist z.B. eine Eigenschaft, da der Standort von der Zeit abhängig ist. Eigenschaften einer Instanz werden durch die Funktion „gilt" mit drei Argumenten erzeugt, wobei das erste Argument der Name des Objekts, das zweite der Name der Eigenschaft und das dritte die Ausprägung der Eigenschaft ist. Diese Notation ist bekannt aus MYCIN als Objekt-Attribut-Wert-Tripel [Shor 76]. Es gibt auch Eigenschaften, die während der Existenz des Objektes nicht veränderbar sind. Diese Eigenschaften werden durch das zweistellige Prädikat „gilt" dargestellt.

Definition 26: Eigenschaften eines Objektes

$$\text{istEigenschaft}(T) \leftrightarrow (T = \text{gilt}(O, N, W)) \lor T = \text{gilt}(O, N))$$
$$\text{istEigenschaft}(T, O) \leftrightarrow (T = \text{gilt}(O, N, W)) \lor T = \text{gilt}(O, N))$$

Die Ausprägung eines Objektes (W) kann ein Objekt vom Typ Bool, Rationale Zahl (Q) oder Name (N) sein. Wir gehen davon aus, daß diese Objekte ähnlich wie in einer Programmiersprache definiert sind.

Objekte der Umwelt fassen wir zu *Klassen* zusammen. Klassen sind die Erscheinungsformen von Objekten. Die Erscheinungsform einer Eigenschaft, mit der Klassen beschrieben werden, heißt Attribut. Die Menge aller Roboter beschreiben wir z.B. durch *Attribute* einer Klasse. Attribute von Klassen gelten für alle Instanzen. Da die Klassenattribute immer gelten, existiert eine Unterscheidung zwischen festen Attributen und Attributen, die eine individuelle Ausprägung haben. Feste Attribute einer Klasse gelten für alle Instanzen einer Klasse. Instanzen besitzen oft Eigenschaften, die nur eine eingeschränkte Zeit gelten. Das bedeutet, daß wir die Ausprägung des Attributes noch nicht in der Klassendefinition festhalten. Das dritte Argument des Prädikates „gilt" kann eine Ausprägung des Attributes enthalten. Ein Objekt einer Klasse wird durch die Funktion „existiert" erzeugt, wobei das erste Argument den Namen des Objektes und das zweite den Namen der Klasse enthält. Eine Klasse wird durch die Funktion „klasse" erzeugt.

Definition 27: Erzeugung von Objekten

$$\text{istObjekt}(O) \leftrightarrow O = \text{existiert}(N_1, \text{klasse}(N_2))$$

Axiom 8: Eigenschaften von Objekten

$$O = \text{existiert}(N, K) \land O @ I \land \text{gilt}(K, T) \rightarrow \text{gilt}(O, T) @ I$$

Klassen werden wir zu Hierarchien von Klassen zusammengefaßt, die *Objekttaxonomie* genannt werden. Entlang dieser Hierarchie findet eine *Vererbung* von Attributen statt. Die Hierarchiebeziehung von Klassen werden durch die Relation „unterklasse" beschrieben, die Klassen aus Oberklassen erzeugt. So werden Attribute, die für die Oberklasse (das zweite Argument der Funktion) definiert sind, an die Klasse, die erzeugt wird, vererbt. Ein Individuum der Klasse übernimmt somit das Attribut der Oberklasse. So können wir über die Taxonomie auf Eigenschaften von Instanzen schließen. Die Attribute eines Objektes können selbst wieder Objekte sein.

Axiom 9: Vererbung in einer Objekttaxonomie

$$gilt(K, T) \wedge existiert(N_1, unterklasse(N_2, K)) @ I \rightarrow gilt(O, T) @ I$$

Einschränkungen sind Beziehungen zwischen Objekten bzw. deren Eigenschaften. Wir unterscheiden sie von den Zeitbeschränkungen, obwohl sie diesen sehr ähnlich sind. Einschränkungen beziehen sich auf Objekte der Repräsentationsebene, während sich Zeitbeschränkungen auf logische Objekte (Intervalle) beziehen. Einschränkungen bestehen aus einer Relation und einem oder zwei Objekten bzw. Eigenschaften von Objekten. Die Wahrheit wird *extensional* oder *intensional* beschrieben. Extensional heißt, daß gültige Beziehungen aufgezählt, und intensional, daß die Beziehung durch die Relation eingeschränkt wird. Eine spezielle intensionale Einschränkung ist die, bei der zwei Objekte durch die Relation „=" bzw. „≠" eingeschränkt werden.

Definition 28: Extensionale Einschränkung

$$einschränkung(T, \{a_1, a_2, ..., a_n\}) @ I \leftrightarrow$$
$$T = gilt(O, N) \wedge gilt(O, N, W) @ I \wedge W \in \{a_1, a_2, ..., a_n\}$$
$$einschränkung(T_1, T_2, \{\langle a_{11}, a_{21}\rangle, \langle a_{12}, a_{21}\rangle, ..., \langle a_{1n}, a_{2m}\rangle\}) \leftrightarrow$$
$$T_1 = gilt(O_1, N_1) \wedge T_2 = gilt(O_2, N_2) \wedge (gilt(O_1, N_1, W_1) \wedge$$
$$gilt(O_2, N_2, W_2) \wedge (\langle W_1, W_2 \rangle \in \{\langle a_{11}, a_{21}\rangle, \langle a_{12}, a_{21}\rangle, ..., \langle a_{1n}, a_{2m}\rangle\}))$$

Definition 29: Intensionale Einschränkung

$$einschränkung(T_1, T_2, relation) \leftrightarrow$$
$$T_1 = gilt(O_1, N_1) \wedge T_2 = gilt(O_2, N_2) \wedge gilt(O_1, N_1, W_1) \wedge$$
$$gilt(O_2, N_2, W_2) \wedge relation(W_1, W_2))$$

3.4.3 Dynamische Erscheinungen

Geschehen sind dynamische Erscheinungsformen, die eine Zustandsveränderung beschreiben. Es wird zwischen *aktiven Geschehen* – einer *Aktion*, – und *passiven Geschehen* unterschieden.

Bei den passiven Geschehen läßt sich oft auch ein Verursacher ermitteln, aber im aktuellen Kontext wird er aus Abstraktionsgründen nicht dargestellt. Aktive und passive Geschehen lassen sich in diskrete und kontinuierliche Geschehen gliedern. *Kontinuierliche Geschehen* basieren auf andauernden Veränderungen. Die *diskreten Geschehen* basieren auf einer Abstraktion, bei der die vielen einzelnen Zustandsübergänge eines kontinuierlichen Geschehens ausgefiltert werden und nur eine einzige Zustandsänderung gesehen wird, die jedoch auch in einem längeren Intervall stattfinden kann.

Die Unterscheidung in diskrete und kontinuierliche Geschehen ist eine Entscheidung, die davon abhängt, wie im Modell abstrahiert wird und worüber geschlossen werden soll. Ein diskretes, passives Geschehen heißt *Ereignis*, ein kontinuierliches heißt *Prozeß*.

Ereignisse beschreiben Veränderungen, die eine gewisse Zeit dauern. Diese Vorgänge stellen meist Änderungen von Eigenschaften eines Objektes dar. Ein Ereignis kann durch die beiden Ausprägungen der Eigenschaft beschrieben werden. Ein Ereignis wird mit der Funktion „tritt_auf" erzeugt. Dabei existiert ein Intervall, in dem noch die alte Ausprägung gilt und ein Intervall, in dem schon die neue Ausprägung gilt.

Definition 30: Erzeugung eines Ereignisses aus der Änderung einer Eigenschaft

$$E @ I_0 = (\text{tritt\_auf}(O, T, Q_1, Q_2) @ I_0) \leftrightarrow$$
$$\text{istEreignis}(E) \wedge$$
$$\exists I_1 ((\text{gilt}(O, T, Q_1) @ I_1) \wedge \text{startet}(I_1, I_0)) \wedge$$
$$\exists I_2 ((\text{gilt}(O, T, Q_2) @ I_2) \wedge \text{beendet}(I_2, I_0))$$

Ereignisse resultieren aber nicht immer aus diesen Änderungen. Auch ein Phänomen, wie z.B. ein Alarmsignal, wird durch ein Ereignis dargestellt. Das Alarmsignal wird vielleicht aufgrund der Änderung einer Temperatur oder einer anderen Zustandsgröße verursacht, aber die Änderung der Zustandsgröße und das Signal sind zwei verschiedene Erscheinungen.

Ereignisse dauern über das gesamte Intervall an und füllen das gesamte Intervall aus. Daraus resultiert die spezielle Eigenschaft von Ereignissen, daß in keinem Teilintervall das gleiche Ereignis stattfindet.

Axiom 10: Charakteristikum von Ereignissen

$$\forall I_2 ((\text{in}(I_2, I_1) \wedge E @ I_1) \rightarrow \neg (E @ I_2) \vee \text{gleich}(I_2, I_1)$$

Prozesse stellen in ihrem Charakter eine Zwischenform von Fakten und Ereignissen dar. Sie beschreiben nicht die Veränderung von einem bekannten Zustand zu einem anderen, sondern nur, daß eine gewisse Veränderung stattfindet. Kann diese Veränderung quantifiziert werden, kann ein Prozeß durch die Funktion „findet_statt" erzeugt werden.

Definition 31: Erzeugung eines Prozesses aus der Änderung einer Eigenschaft

$P @ I_0 = (\text{findet\_statt}(O, T, Q) @ I_0) \leftrightarrow$

    $\text{istProzeß}(P) \wedge$

        $\exists I_1 ((\text{gilt}(O, T, Q_1) @ I_1) \wedge \text{startet}(I_1, I_0)) \wedge$

        $\exists I_2 ((\text{gilt}(O, T, Q_2) @ I_2) \wedge \text{beendet}(I_2, I_0)) \wedge Q_2 - Q_1 = Q$

Im Gegensatz zu Ereignissen können Teilintervalle des Intervalls existieren, in dem der Prozeß definiert ist, in denen die Aussage (der Prozeß) auch definiert ist.

Axiom 11: Charakteristikum von Prozessen

$\exists I_2 ((\text{in}(I_2, I_1) \wedge P @ I_1) \rightarrow P @ I_2)$

In den technischen Prozessen, die wir mit unserer Prozeßdefinition nachbilden wollen, findet oft eine kontinuierliche Veränderung einer Größe, bzw. der Eigenschaft eines Objektes statt. Diese veränderlichen Größen behandeln wir später.

Bei Aktionen modellieren wir neben dem Geschehen immer auch einen *Akteur*, der das Geschehen verursacht oder veranlaßt. Wird der Aktion ein Akteur zugeordnet, so handelt es sich um eine Erscheinung, also eine konkrete Instanz einer Erscheinungsform. Eine Aktion hat also eine Syntax, die ein wenig von anderen Erscheinungen abweicht. Sic wird durch die Funktion „führt_aus(O, H)" erzeugt, wobei das Objekt den Akteur der Aktion darstellt und H das Geschehen. Aus einem anderen Blickwinkel sehen Aktionen wie Ereignisse oder Prozesse aus. Dann nämlich, wenn wir von dem ausführenden Akteur abstrahieren.

Durch Aktionen wird auch eine Art Kausalität ausgedrückt; der Akteur verursacht das Geschehen. Später werden noch komplexere Aktionen und spezielle Prädikate vorgestellt, die auf Aktionen angewandt werden können. In komplexen Aktionen werden manchmal mehrere Akteure verwickelt sein. Damit eine Aktion ausgeführt werden kann, muß der Akteur bereit sein. Wird eine Aktion ausgeführt, dann findet das Geschehen statt.

Axiom 12: Charakteristikum von Aktionen

$A = \text{führt\_aus}(O, X) @ I \rightarrow (\text{bereit}(O) @ I \wedge X @ I) \wedge \text{istAktion}(A)$

3.5 Kontinuierliche Zustandsgrößen

Eine wissensbasierte Planung für technische Anwendungen kann nicht realistisch über Zeit schließen, wenn keine Repräsentation und Verarbeitung von kontinuierlichen Veränderungen berücksichtigt wird. Die Annahme in dem Modell der zustandsorientierten Wissensrepräsentation, daß Aktionen oder Ereignisse eine augenblickliche Änderung von einen Zustand in einen anderen Zustand darstellen, leugnet diese Tatsache.

Wenn kontinuierliche Prozesse modelliert werden, dann sollen die kontinuierlichen Zustandsgrößen auch explizit repräsentiert werden. Daß diese Größen im Rechner nur diskret verarbeitet werden können, ist eine andere Sache. Aus der Tatsache, daß eine Größe kontinuierlich ist, lassen sich aber auch bei einer diskreten Verarbeitung noch spezielle Ergebnisse ableiten.

Was ist mit der Flüssigkeitsmenge in einem Behälter? Es gibt unendlich viele Zustände des Flüssigkeitsstandes. Es wäre nicht sinnvoll, Zwischenzustände, geschweige denn alle möglichen Zwischenzustände zu speichern. Unendlich viele Ereignisse, die in einem begrenzten Intervall hintereinander auftreten, sind in dem vorgestellten Modell unmöglich, da keine beliebig kleinen Intervalle bzw. Punkte zugelassen sind. Aber auch in Modellen, die auf Zeitpunkten beruhen, wäre es unmöglich, alle Zwischenzustände auf einem Rechner darzustellen. Wenn wir aber z.B. darstellen, daß eine Größe streng monoton steigt, können wir Aussagen darüber machen, daß sie in einer gewissen Zeit einen bestimmten Wert erreicht.

3.5.1 Flußgrößen

Zur Modellierung von kontinuierlichen Größen werden *Flußgrößen* eingeführt. Eine Flußgröße ist ein Objekt, das sich mit der Zeit kontinuierlich ändern kann. Der Wert einer Flußgröße in einem gegebenen Intervall I wird durch die Funktion „fluß(T, I)" dargestellt.

Definition 32: Flußgrößen

   fluß(T, I) = V

Mit der Funktion wird im Prinzip eine Eigenschaft eines Objektes beschrieben. Flußgrößen besitzen die reellen Zahlen als Wertebereich und können sich kontinuierlich ändern. Der Wert der Funktion kann der durchschnittliche Wert im Intervall oder eine explizite Funktion mit der Zeit als Argument sein. Die Flußgröße ist keine Erscheinung, obwohl sie ein Zeitargument besitzt. Wir verwenden Flußgrößen für die Darstellung von physikalischen Zustandsgrößen wie Temperatur, Heizleistung, Flüssigkeitsstand oder von räumlichen Angaben. Oft sind Schlußfolgerungen über Flußgrößen möglich, ohne daß der quantitative Wert benennbar ist.

3.5.2 Die Änderung von Flußgrößen

Bewegt sich der Wert einer Flußgröße in bestimmten Regionen, können manchmal über die *Änderung* der Flußgröße gewisse Schlußfolgerungen gezogen werden. Eine Grundlage dieser Schlußfolgerung ist die Änderung der Flußgröße von einem Wert zum anderen. Eine Änderung liegt immer dann vor, wenn ein Intervall I existiert, zu dessen Beginn die Flußgröße den Wert Q_1 hat und an dessen Ende sie den Wert Q_2 hat. Sie wird durch das Ereignis „änderung(V, Q_1, Q_2)" beschrieben.

Beginn und Ende des Intervalls sind Granularitätsintervalle. Werden in einem technischen Prozeß Werte gemessen, werden diese Meßwerte meist als augenblicklichen Zustand interpretiert. Andererseits verstehen wir den gesamten Vorgang als kontinuierlichen Prozeß. Für die Definition der Änderung einer Flußgröße ist es unerheblich, ob das Meßintervall gleich einem Granularitätsintervall oder aber größer ist.

Definition 33: Definition der Änderung einer Flußgröße

$$\text{änderung}(\text{fluß}(T, I_0), Q_1, Q_2) @ I_0 \leftrightarrow$$
$$\exists\, I_1, I_2\ (\text{startet}(I_1, I_0) \land \text{beendet}(I_2, I_0) \land$$
$$\text{fluß}(T, I_1) = Q_1 \land \text{fluß}(T, I_2) = Q_2)$$

Trat das Ereignis „änderung" auf, sagt das noch nichts darüber aus, wie es auftrat, es sei denn, es ist bekannt, daß die betrachtete Flußgröße kontinuierlich ist. Wir müssen hier wieder beachten, daß das Modell, das wir als Menschen von der Größe haben und das wir durch Prädikate auch beschreiben, sich von der Größe unterscheidet, die intern verarbeitet wird. Bei der Verarbeitung werden Granularitätsintervalle benutzt, so daß dort die Größe nicht mehr kontinuierlich sein kann. Wird aber festgelegt, daß eine Flußgröße monoton steigend oder monoton fallend ist, kann mehr darüber ausgesagt werden, wie sie sich in Teilintervallen verhält.

Definition 34: Monotonieeigenschaft von Flußgrößen

$$\text{monoton\_steigend}(\text{fluß}(T, I_1)) \leftrightarrow$$
$$\text{änderung}(T, Q_1, Q_4) @ I_1 \land \forall\, I_2\ (\text{in}(I_2, I_1) \land$$
$$\text{änderung}(T, Q_2, Q_3) @ I_2 \rightarrow (Q_1 \leq Q_4 \rightarrow Q_1 \leq Q_2 \leq Q_3 \leq Q_4))$$

$$\text{monoton\_fallend}(\text{fluß}(T, I_1)) \leftrightarrow$$
$$\text{änderung}(\text{fluß}(T, I_1), Q_1, Q_4) @ I_1 \land \forall\, I_2\ (\text{in}(I_2, I_1) \land$$
$$\text{änderung}(\text{fluß}(T, I_2), Q_2, Q_3) @ I_2 \rightarrow$$
$$(Q_1 \geq Q_4 \rightarrow Q_1 \geq Q_2 \geq Q_3 \geq Q_4))$$

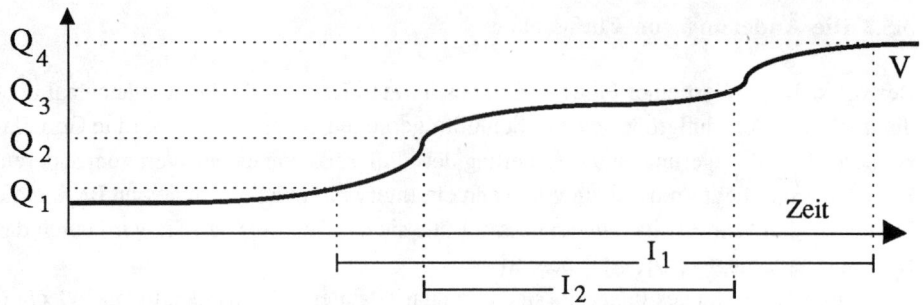

Bild 20: Monoton steigende Flußgröße

Die Definition bedeutet: Wenn sich eine Flußgröße in einem Intervall I_1 monoton von einem Wert Q_1 nach Q_4 ändert, dann liegen für jedes Teilintervall I_2, in dem eine Änderung von Q_2 nach Q_3 stattfindet, diese beiden Werte zwischen Q_1 und Q_4. Die erste Konklusion der Definition beschreibt den Fall einer monoton steigenden und die zweite den einer monoton fallenden Flußgröße. Dabei muß bedacht werden, daß die Größe intern diskret verarbeitet wird. Eine kontinuierliche Änderung ist auf der Repräsentationsebene konzeptionell ein Prozeß und eine nicht kontinuierliche Änderung ein Ereignis.

3.5.3 Aktive Veränderung von Flußgrößen

Zur Modellierung der aktiven Veränderung einer Flußgröße dient das Prädikat „veränderung". Veränderungen sind Aktionen, die von einem Objekt, das wir *Kanal* nennen, verursacht werden. Kanäle besitzen Eigenschaften. Das Ereignis „öffnet(O, F)" ordnet einer Flußgröße F einen Kanal O zu, der für eine Änderung der Flußgröße verantwortlich ist. Geschieht im Intervall I_1 die Öffnung des Kanals, dann verursacht die Aktion „veränderung(O, V, Q) @ I_2", daß die Flußgröße durch den Kanal um den Wert Q im Intervall I_2 verändert wird. Das Intervall I_1 startet I_2.

Definition 35: Aktive Veränderung einer Flußgröße

$$\text{veränderung(O, fluß(T, } I_1\text{), Q) @ } I_1 =$$
$$\exists\, I_2\ (\text{startet}(I_2, I_1) \land \text{öffnet(O, fluß(T, } I_1\text{))) @ } I_2)$$
$$\text{änderung(fluß(T, } I_1\text{), } Q_1, Q_2\text{) @ } I_1 \land Q_2 - Q_1 = Q$$

$$\text{veränderung(K, F, } Q_1\text{) @ } I \land \text{veränderung(K, F, } Q_2\text{) @ } I \rightarrow Q_1 = Q_2$$

Eine Öffnung des Kanals K der Flußgröße V während des Intervalls I_2 bedeutet, daß ein $Q \neq 0$ existiert, so daß „veränderung(K, V, Q) @ I_1" gilt, das heißt, daß eine Veränderung der Flußgröße im Intervall I_1 stattfindet, sobald der Kanal geöffnet wird. Der zweite Teil besagt, daß ein Kanal in einem Intervall genau eine Veränderung bewirkt.

3.5.4 Der Gradient von Flußgrößen

Das charakteristische an kontinuierlichen Größen ist, daß sie nicht für längere Zeit auf dem gleichen Stand bleiben. Diese Änderungen sind in einem diskreten Zeitmodell nicht durch Werte darstellbar. Der Wert der Flußgröße ändert sich jeden Augenblick. Wir können diese Feststellung aber durch ein Prädikat explizit (qualitativ) repräsentieren und dieses Wissen in späteren Schlußfolgerungen benutzen. Wissen wir, daß sich die Flußgröße innerhalb eines Intervalls I mit einer bekannten Dauer um einen bekannten Wert verändern kann, können wir daraus berechnen, wie sich die Größe in einem Teilintervall verhält. Der Gradient der Änderung einer Flußgröße über die Zeit ist quantifizierbar.

Definition 36: Gradient der Veränderung

$$\text{gradient}(V, Q) \ @ \ I \leftrightarrow \frac{\text{fluß}(T, \text{beginn}(I)) - \text{fluß}(T, \text{ende}(I))}{\text{dauer}(I)} = Q$$

Das Prädikat „gradient" beschreibt den durchschnittlichen Gradienten der Veränderung der Größe fluß(T, I) in einem beliebigen Intervall I. Wichtiger als diese mittlere Änderung ist die maximale oder minimale Veränderung. Damit lassen sich wichtige Voraussagen für die Steuerung und Überwachung machen. Wir definieren eine Gradienteneinschränkung für die Veränderung, die durch einen Kanal verursacht wird.

Definition 37: Gradienteneinschränkung

$$\text{maximaler\_fluß}(K, V, Q_1) = \text{veränderung}(K, V, Q_2) \ @ \ I \rightarrow \frac{Q_2}{\text{dauer}(I)} \leq \frac{Q_1}{1}$$

$$\text{minimaler\_fluß}(K, V, Q_1) = \text{veränderung}(K, V, Q_2) \ @ \ I \rightarrow \frac{Q_2}{\text{dauer}(I)} > \frac{Q_1}{1}$$

3.6 Modellierung von technischen Prozessen mit Erscheinungen

Wir wollen nun an einem Beispiel illustrieren, wie mit den verschiedenen Erscheinungsformen ein technischer Prozeß beschrieben werden kann.

In unserer Planungsumgebung existiert ein Förderband, das Objekte transportiert. Das Förderband, das wir im weiteren nur noch Band nennen, kann in zwei Richtungen laufen. Am linken Ende des Bandes werden die Objekte in eine flexiblen Arbeitszelle bearbeitet. Roboter 1 bedient diese Zelle und bewegt die Objekte vom Band zur Zelle und umgekehrt. Am anderen Ende bewegt Roboter 2 die Objekte von einem automatischen Lager zum Band und umgekehrt. Die Konstellation wird durch folgendes Bild illustriert:

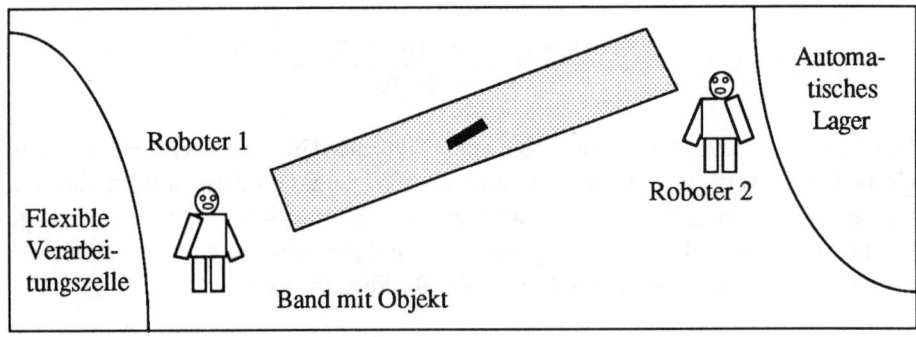

Bild 21: Beispiel mit Förderband

3.6.1 Eine „diskrete" Repräsentation

Es wird vorerst davon ausgegangen, daß immer nur ein zu verarbeitendes Objekt existiert und dieses genau einmal vom Lager zur Zelle hin und zurück transportiert wird. Die flexible Verarbeitungszelle und das automatische Lager werden hier nicht näher betrachtet. An dem Transportvorgang zwischen Lager und Zelle soll der Einsatz von Erscheinungen dargestellt werden. Die Anwendung kann „diskret" beschrieben werden, weil auf dem Band nur ein Objekt existiert und das Band auf beiden Seiten angehalten wird, wenn das Objekt die Endstellung erreicht hat und ein Roboter es greifen soll. In der Anwendung existieren vier relevante Objekte:

$$\text{existiert(b, BAND)} @ I_{O1} \qquad \text{existiert}(r_1, \text{ROBOTER}) @ I_{O2}$$
$$\text{existiert}(r_2, \text{ROBOTER}) @ I_{O3} \qquad \text{existiert}(o_1, \text{OBJEKT}) @ I_{O4}$$

Da nur der Transportvorgang eines Objektes betrachtet wird, können die vier Intervalle gleichgesetzt werden:

$$I_{O1} = I_{O2} = I_{O3} = I_{O4}$$

Das Band hat die veränderbaren Eigenschaften „Bewegungsrichtung" und „Zustand". Das zu befördernde Objekt die Eigenschaft „STELLUNG". Die Eigenschaft kann in einer einfachen Repräsentation die diskreten Ausprägungen „LAGER", „ANFANG", „ENDE" und „ZELLE" besitzen.

Wird der Transport des Objektes „diskret" interpretiert, dann treten zwei Ereignisse auf, die die Stellungsänderung des Objektes beschreiben:

$$\text{tritt\_auf}(o, \text{STELLUNG}, \text{ANFANG}, \text{ENDE}) @ I_{Eo1}$$
$$\text{tritt\_auf}(o, \text{STELLUNG}, \text{ENDE}, \text{ANFANG}) @ I_{Eo2}$$

Die Übernahme des Objektes durch die Roboter wird durch vier Aktionen beschrieben :

$$\text{führt\_aus}(r1, \text{tritt\_auf}(o1, \text{STELLUNG}, \text{LAGER}, \text{ANFANG})) @ I_{A1}$$
$$\text{führt\_aus}(r2, \text{tritt\_auf}(o1, \text{STELLUNG}, \text{ENDE}, \text{ZELLE})) @ I_{A2}$$
$$\text{führt\_aus}(r2, \text{tritt\_auf}(o1, \text{STELLUNG}, \text{ZELLE}, \text{ENDE})) @ I_{A3}$$
$$\text{führt\_aus}(r1, \text{tritt\_auf}(o1, \text{STELLUNG}, \text{ANFANG}, \text{LAGER})) @ I_{A4}$$

Für diese Geschehen kann eine Reihenfolge angegeben werden. Zeitlich optimal wäre, wenn die Intervalle sich treffen. Das ist aber nicht notwendig. Für alle Intervalle gilt außerdem, daß sie während I_{O4} auftreten. Dies kann sogar noch soweit eingeschränkt werden, daß die Lebenszeit des Objektes genau mit der ersten Aktion beginnt und mit der letzten endet.

$$I_{A1} \leq I_{Eo1} \leq I_{A2} \leq I_{A3} \leq I_{Eo2} \leq I_{A4} \wedge \text{startet}(I_{A1}, I_{O4}) \wedge \text{beendet}(I_{A4}, I_{O4})$$

Die folgenden Fakten (Eigenschaften des Objektes) treten auf, wenn das Objekt ganz normal ohne Fehlerfälle zuerst zur Zelle hin transportiert wird und später wieder zurück. Die Notation von Ereignissen und Fakten ist teilweise redundant. Wenn der Übergang einer Eigenschaft von einem Wert zum anderen jedoch eine gewisse Zeit dauert, ist in diesem Zeitraum die Eigenschaft undefiniert. Für Argumentationen kann nun wichtig sein, daß die Zwischenzeiträume explizit repräsentiert sind. Die Fakten stellen im Prinzip die Verzögerungen zwischen den einzelnen Geschehen dar.

$$\text{gilt}(o, \text{STELLUNG}, \text{LAGER}) @ I_{F1} \qquad \text{gilt}(o, \text{STELLUNG}, \text{ANFANG}) @ I_{F2}$$
$$\text{gilt}(o, \text{STELLUNG}, \text{ENDE}) @ I_{F3} \qquad \text{gilt}(o, \text{STELLUNG}, \text{ZELLE}) @ I_{F4}$$
$$\text{gilt}(o, \text{stellung}, \text{ende}) @ I_{F5} \qquad \text{gilt}(o, \text{STELLUNG}, \text{ANFANG}) @ I_{F6}$$
$$\text{gilt}(o, \text{STELLUNG}, \text{LAGER}) @ I_{F7}$$

Es gelten nun folgende Zeitbeschränkungen:

$$I_{F1} < I_{A1} < I_{F2} < I_{Eo1} < I_{F3} < I_{A2} < I_{F4} < I_{A3} < I_{F5} < I_{Eo2} < I_{F6} < I_{A4} < I_{F7}$$

3.6.2 Eine „kontinuierliche" Repräsentation

Wenn mehrere Objekte gleichzeitig auf dem Band transportiert werden, reicht eine diskrete Repräsentation der Stellung nicht mehr aus. Die Stellung des Objektes ändert sich laufend.

Das Beispiel kann nun so modelliert werden, daß zwei Prozesse stattfinden. Der eine beschreibt eine Vorwärtsbewegung des Bandes vom Lager zur Zelle und der andere eine Bewegung in Richtung von der Zelle zum Lager. Diese Prozesse können natürlich beliebig oft auftreten. Wir interpretieren die beiden Erscheinungen als Prozeß, weil sie keinen einfachen Zustandsübergang darstellen wie ein Ereignis. Das Band läuft immer weiter bis es angehalten wird und verursacht eine andauernde Veränderung (der Stellung der Objekte). Diese Erscheinungen gehören gemäß Axiomatik zu den Prozessen, weil es Teilintervalle gibt, in denen auch gilt, daß der Prozeß stattfindet. Die Erscheinung kann kein Faktum sein, weil eine laufende Veränderung stattfindet. Zu den Prozessen gehören Ein- und Ausschaltvorgänge, sowie das Umschalten der Laufrichtung des Bandes.

$$
\begin{aligned}
&\text{findet\_statt}(p_1) @ I_{P1} &&\text{findet\_statt}(p_2) @ I_{P2} \\
&\text{tritt\_auf}(b, \text{ZUSTAND, AUS, EIN}) @ I_{Eb1} &&\text{tritt\_auf}(b, \text{zustand, ein, aus}) @ I_{Eb2} \\
&\text{tritt\_auf}(b, \text{RICHTUNG, VOR, ZURÜCK}) @ I_{Eb3} \\
&\text{tritt\_auf}(b, \text{ZUSTAND, AUS, EIN}) @ I_{Eb4} &&\text{tritt\_auf}(b, \text{ZUSTAND, AUS, EIN}) @ I_{Eb5} \\
&\text{gilt}(b, \text{RICHTUNG, VORWÄRTS}) @ I_{Fr1} &&\text{gilt}(b, \text{RICHTUNG, RÜCKWÄRTS}) @ I_{Fr2} \\
&\text{gilt}(b, \text{ZUSTAND, AN}) @ I_{Fz1} &&\text{gilt}(b, \text{ZUSTAND, AUS}) @ I_{Fz2} \\
&\text{gilt}(b, \text{ZUSTAND, AN}) @ I_{Fz3}
\end{aligned}
$$

Für einen normalen Transportvorgang gelten dann folgende Zeitbeschränkungen:

$$
\text{startet}(I_{Eb1}, I_{p1}), \text{beendet}(I_{Eb2}, I_{p1}), \qquad \text{startet}(I_{Eb4}, I_{p2}), \text{beendet}(I_{Eb5}, I_{p2}),
$$

$$
I_{Fz1} < I_{Eb2} < I_{Fz2} <= I_{Eb3} <= I_{Eb4} < I_{Fz3} \wedge I_{Fr1} < I_{Eb3} < I_{Fr2}
$$

Um die Stellung eines Objektes zu bestimmen, wird das Band, bzw. die Stellung des Bandes als Flußgröße beschrieben. Wenn die Länge und die Geschwindigkeit des Bandes bekannt ist, dann kann berechnet werden, wie lange der Transport eines Objektes dauert. Das Band sei 300 cm lang und laufe mit einer Geschwindigkeit von maximal 20 cm/ms und minimal mit einer Geschwindigkeit von 15 cm/ms. 1 ms sei die Granularität.

$$
\left.
\begin{aligned}
&V_1 = \text{fluß}(\text{STELLUNG}, I_{p1}), \text{monoton\_steigend}(V_1) \\
&\text{gilt}(b, \text{LÄNGE, 300}), \\
&\text{maximaler\_fluß}(b, V_1, 20), \text{minimaler\_fluß}(b, V_1, 15)
\end{aligned}
\right\} \quad \text{dauer}(I_{Eo1}) = 15 \,..\, 20
$$

Das Beispiel hat deutlich gemacht, wie mit Erscheinungen und Intervallen ein technischer Prozeß dargestellt werden kann. Was im ganzen Beispiel aber noch fehlt, damit auch dieses Wissen wirklich benutzt werden kann, ist die Darstellung von Kausalität. Damit wollen wir uns nun im nächsten Kapitel beschäftigen.

4 Repräsentation von kausalem Wissen

Wir haben dargestellt, daß zwischen zeitlichem und kausalem Wissen unterschieden werden sollte. Zeitliches Wissen kann durch Intervalle und Erscheinungen repräsentiert werden. Zeitliche Abhängigkeiten werden durch Zeitbeschränkungen ausgedrückt.

Das kausale Wissen soll nun durch Modallogik repräsentiert werden. Modaloperatoren sollen als Mittel zur Repräsentation von deterministischem Wissen, der ungewissen Zukunft, sowie der *Kausalität* zwischen Aussagen benutzt werden. Dabei interessieren in der wissensbasierten Echtzeitplanung von technischen Prozessen insbesondere die ontischen und die temporalen Modalitäten.

Die sogenannte *ontische Modalität*, bei der der Operator „□" vor einer Aussage so interpretiert wird, daß er die Notwendigkeit der Aussage beschreibt, stellt die Grundlage des Systems dar. Deshalb wird für Erscheinungen die bekannte Definition des Notwendigkeitsoperators auf Basis des Möglichkeitsoperator übernommen.

Auf dieser Definition ist die kausale Abhängigkeit definiert. Die temporalen Modalitäten werden auf der Basis von Intervallen und der ontischen Interpretation des Möglichkeitsoperators „◇" definiert. Neben die ontische und temporale Interpretation werden die planungsbezogenen Interpretationen „ausführbar" und „erreichbar" gestellt. Auf dieser Interpretation werden die zugehörigen dualen Modalitäten „eingeplant" und „gefordert" definiert. Für Fakten sind die Modalitäten „erreichbar" und „gefordert", für Aktionen die Modalitäten „ausführbar" und „eingeplant" definiert.

Wir können uns vorstellen, daß in komplexen zukünftigen Anwendungen auch andere Modalitäten eine Rolle spielen. Vielleicht ist es für einen mobilen Roboter der Zukunft einmal wichtig zu wissen, daß man Menschen nicht umbringen darf. Ebenso muß er dann verstehen, daß es vorkommt, daß doch Menschen getötet werden. Für heutige Anwendungen spielt diese Interpretation jedoch keine Rolle.

Durch das in diesem Kapitel vorgestellte Teilmodell zur Wissensrepräsentation sollen folgende Anforderungen erfüllt werden:

- Repräsentation von möglichen Ausprägungen der Zukunft
- Repräsentation von Kausalität
- Unterscheidung zwischen tatsächlichem und imperativem Wissen

Im ersten Teil dieses Kapitels wird eine kleine Einführung in die Modallogik gegeben. Danach wird ein modales System für Erscheinungen definiert. Dieses System ist analog zum Modalsystem S_4 von Lewis definiert, wobei Aussagen bei Lewis hier Erscheinungen entsprechen. Aufbauend darauf wird im dritten Teil eine planungsspezifische Interpretation eingeführt. Diese Interpretation wird im vierten Teil durch ein Beispiel erläutert.

4.1 Modallogik

Modallogische Ausdrücke werden benutzt, um die Notwendigkeit einer Erscheinung in der Umwelt von tatsächlichen oder faktischen Erscheinungen zu unterscheiden. So ist ein Ziel in der Planung nicht faktisch gegeben, sondern es ist notwendig. Die Aussage über die Umgebung (das Ziel) soll irgendwann einmal gelten. Bisher ist die Aussage noch ungültig. Außerdem sollen durch den Möglichkeitsoperator der Modallogik die verschiedenen möglichen Verläufe der Zukunft modelliert werden. Im folgenden werden neue modallogische Ausdrücke definiert, die auf den bekannten Definitionen beruhen.

Zuerst werden hier die grundlegenden Ideen der *Modallogik* vorgestellt. Neben der axiomatischen Sicht wird die wichtigste semantische Interpretation vorgestellt. Die Modallogik erweitert die Logik um die Begriffe Möglichkeit und Notwendigkeit. Sie kann damit für die Repräsentation von Freiheit und Determinismus in der Planung eingesetzt werden. Diese Erweiterung ist jedoch tiefer greifend als es etwa die Erweiterung der Aussagenlogik zur Prädikatenlogik ist. Auf der Ebene der Symbolisierung betrachtet, kommen bloß einige neue Funktoren und entsprechende Schlußregeln hinzu. Inhaltlich liegt jedoch der Unterschied in der Tatsache, daß die Modallogik nicht mehr wahrheitsfunktional ist. Es kann zwischen modallogischer Aussagenlogik und modallogischer Prädikatenlogik unterschieden werden. Hier wird nur die Modallogik der Aussagen betrachtet.

Unter Modalitäten werden Ausdrücke wie „notwendig" und „möglich" verstanden. Sie haben Ähnlichkeit mit Wahrheitsfunktoren der Aussagenlogik und stimmen in Hinsicht auf gegenseitige Definierbarkeit, nach Art der Funktoren „∧", „→", „↔", überein.

Der Modallogik wird der Begriff der Möglichkeit zugrundegelegt. Er wird einer Aussage oder Proposition vorangestellt und gibt ihr dann die entsprechende *Modalität*. Für die Möglichkeit wird meist der *Möglichkeitsoperator* „$\Diamond$ " eingeführt. Es gibt die folgenden vier Kombinationsmöglichkeiten mit der Negation:

$$\Diamond p \qquad\qquad \Diamond \neg p \qquad\qquad \neg \Diamond p \qquad\qquad \neg \Diamond \neg p$$

Der letztgenannte Ausdruck ist gleichbedeutend mit: „Es ist notwendig, daß p". Dafür wird der *Notwendigkeitsoperator* eingeführt. Als Symbol wird „$\Box$" benutzt. Das Verhältnis der beiden dualen Funktoren ist so definiert:

$$\Box p =_{def} \neg \Diamond \neg p$$

Die dualen Begriffe Notwendigkeit und Möglichkeit werden unterschiedlich interpretiert:

- die ontischen Modalitäten (es ist notwendig, daß p; es ist möglich, daß p)
- die epistemischen Modalitäten (ich weiß, daß p; ich glaube, daß p)
- die deontischen Modalitäten (es ist vorgeschrieben, daß p; es ist erlaubt, daß p)
- die temporalen Modalitäten (es gilt immer, daß p; es gilt manchmal, daß p)
- die evaluativen Modalitäten (es ist gut, daß p; es ist schlecht, daß p)

4.1.1 Axiomatik

In der Literatur über *Modalsysteme* [Hugh 78] wird zwischen vielen Systemen unterschieden. Ihre Abweichungen lassen sich am besten von der Axiomatik verstehen. Lewis [Lewi 18] geht von 10 Axiomen aus. Die ersten fünf sind die des Aussagenkalküls ergänzt um die strikte Implikation. Sie sind durch andere bewährte Systeme ersetzbar.

A_1 : $(p_1 \land p_2) \Rightarrow (p_2 \land p_1)$ Kommutativgesetz

A_2 : $(p_1 \land p_2) \Rightarrow p_1$ Simplifikation

A_3 : $p_1 \Rightarrow (p_1 \land p_1)$ Idempotenz

A_4 : $((p_1 \land p_2) \land p_3) \Rightarrow (p_1 \land (p_2 \land p_3))$ Assoziativgesetz

A_5 : $((p_1 \Rightarrow p_2) \land (p_2 \Rightarrow p_3)) \Rightarrow (p_1 \Rightarrow p_3)$ Hypothetischer Syllogismus

Wird diesen Axiomen das Möglichkeitsaxiom hinzugefügt, ergibt sich das System S_1.

A_6 : $p_1 \Rightarrow \Diamond\, p_1$ Möglichkeitsaxiom

S_1 ist unvollständig in dem Sinn, daß sich weitere Axiome und Schlußregeln hinzufügen lassen, ohne daß es widersprüchlich wird. Lewis definierte auf der Basis von S_1 die Systeme $S_2 - S_5$. Dabei wird alternativ eines der Axiome $A_7 - S_{10}$ zu S_1 hinzugefügt.

A_7 : $\Diamond\, (p \land q) \Rightarrow \Diamond\, p$ (S_2)

A_8 : $(p \Rightarrow q) \Rightarrow (\Diamond\, p \Rightarrow \Diamond\, q)$ (S_3)

A_9 : $\Box\, p \Rightarrow \Box\,\Box\, p$ (S_4)

A_{10} : $\Diamond\, p \Rightarrow \Box\, \Diamond\, p$ (S_5)

Die Strenge der Systeme nimmt von $A_7 - A_{10}$ zu. Lewis hat S_2 als das eigentliche System der strikten Implikation angesehen. Aber darin folgen ihm nicht alle Logiker. Analog der Paradoxie der materialen Implikation, tritt in S_2 eine Paradoxie bei der strikten Implikation auf. Viele Logiker halten deswegen diese Sätze für falsch. Es gibt noch viele Zwischenstufen und Ergänzungen, die hier aber nicht weiter dargestellt werden.

Die Systeme S_1 bis S_3 enthalten keine *Reduktionssätze*. So heißen die logischen Gesetze, mit denen Anhäufungen von Modaloperatoren vereinfacht werden. Deshalb kann es in den Systemen S_1 bis S_3 eine unendliche Anzahl distinkter Modalitäten geben. Das System S_4 läßt *iterierte* Modalitäten zu. Darunter werden Folgen von mehreren Modaloperatoren hintereinander verstanden. Um solche Modalhäufungen zu vereinfachen, werden Reduktionsgesetze benötigt. Das sind Anweisungen, wie iterierte Modalitäten zu eliminieren sind. Das System S_4 besitzt ein Reduktionsgesetz, um eine Kette gleicher Modaloperatoren auf einen einzigen Modaloperator zu reduzieren. $\Box\Box\, p$ wird zu $\Box\, p$.

Im System S_5 lassen sich nicht nur gleiche Modaloperatoren reduzieren, sondern auch vermischte. Die für S_5 charakteristische Regel heißt starkes Reduktionsprinzip, während die von S_4 als schwaches Reduktionsprinzip gilt.

4.1.2 Semantik

Modalsysteme sind von Hughes und Cresswell in drei Richtungen untersucht worden:
axiomatisch, semantisch und algebraisch. Nachdem erste Einsichten in die axiomatische
Sicht gegeben wurden, wird nun eine semantische Deutung der Modallogik vorgestellt.

Die vorgestellte semantische Interpretation geht auf Leibniz zurück. Er sprach von
verschiedenen möglichen *Welten*. Wenn der Verlauf einer Geschichte oder komplexen
Aktion betrachtet wird, so existiert zum einen der tatsächliche Verlauf der Geschichte,
zum anderen meist eine ganze Reihe von anderen Verläufen der Geschichte, die vorstellbar sind, wenn irgendwann innerhalb der Geschichte etwas anders gemacht worden wäre.
Eine Formulierung wie „denkbarer oder vorstellbarer Sachverhalt" würde besser treffen,
was eine Welt sein soll. Der Begriff „Welt" ist jedoch allgemein anerkannt.

Die verschiedenen Welten sind über eine *Zugänglichkeitsrelation* verbunden. Wenn
eine Welt durch eine Relation mit einer anderen verbunden ist, kann von der einen Welt
gesehen werden, welche Sachverhalte in der anderen Welt gültig sind.

Der Möglichkeitsoperator wird dann so interpretiert, daß $\Diamond p$ in einer Welt w_1 gilt,
wenn eine Welt w_2 existiert, die von w_1 zugänglich ist und in der p wahr ist. Die Notwendigkeit eines Sachverhaltes gilt dann für die Welt w_1, wenn in allen Welten, die zugänglich von w_1 sind, p gilt.

Ein Modalsystem wird als ein geordnetes Tripel $<w_0, W, Z>$ interpretiert, bei dem
w_0 eine ausgezeichnete Welt darstellt, W die Menge aller Welten und Z die Zugänglichkeitsrelation. Die verschiedenen Modalsysteme lassen sich nun anhand von Eigenschaften der Zugänglichkeitsrelation, wie Reflexivität, Symmetrie und Transitivität
unterscheiden.

Im System S_5 gelten alle drei Eigenschaften für die Zugänglichkeitsrelation, im System S_4 ist die Zugänglichkeitsrelation nicht symmetrisch. Dieser Unterschied kann ein
wichtiges Kriterium für die Wahl eines Systems darstellen. Wenn durch die Welten beispielsweise verschiedene Zeiträume dargestellt werden, dann kann meist aus der „früheren" Welt nicht entschieden werden, was notwendigerweise in der „späteren" Welt gelten wird. Umgekehrt ist die Vergangenheit meist entscheidbar. Die Zugänglichkeitsrelation sollte deshalb nicht symmetrisch sein.

Es lassen sich intuitiv verschieden strenge Modalausdrücke unterscheiden. Schon
Leibniz hat auf den Unterschied zwischen logischer und physikalischer Notwendigkeit
aufmerksam gemacht. Zu den logischen Notwendigkeiten gehören logische oder mathematische Gesetze, zu den physikalischen die Gesetze der Experimentalwissenschaften.

Deshalb werden unterschiedliche Modelle mit bestimmten Eigenschaften entwickelt,
zu denen etwa die Widerspruchsfreiheit gehört. Für die Modallogik gibt es keine Ent-
scheidungsverfahren, wonach sich die Wahrheit von Aussagen eines Systemes nach einer
Anzahl endlicher Schritte bestimmen läßt wie bei der Aussagenlogik. Mit vierwertigen
Wahrheitsmatrizen können aber bestimmte Aussagenverknüpfungen als nicht logische
Wahrheiten ausgeschlossen werden. Diese und andere Verifikationstechniken sind bei
Hughes und Cresswell [Hugh 78] beschrieben.

4.2 Ein Modalsystem für Erscheinungen

Im dritten Kapitel wurden unter anderem logischen Objekte (Intervalle) und Beziehungen zwischen diesen Objekten (Zeitbeschränkungen) betrachtet. Objekte sowie Beziehungen haben zeitliches Wissen repräsentiert. Nun soll kausales Wissen repräsentiert werden. Dabei wird wiederum von der Dualität zwischen dem Objekt und der Beziehung zwischen Objekten ausgegangen. Die Objekte sind nun Erscheinungen mit einer Qualifikation hinsichtlich ihrer kausalen Bedeutung. Die Beziehungen sind kausale Abhängigkeiten zwischen Erscheinungen.

4.2.1 Kausale Abhängigkeiten

Temporale Abhängigkeiten werden durch Zeitbeschränkungen dargestellt. Es soll aber zwischen temporalen und *kausalen* Abhängigkeiten unterschieden werden, wobei eine Zuordnung nicht immer ganz leicht fällt. Die Aussage „Wenn die Maschine läuft, fließt Strom" kann als temporale oder kausale Abhängigkeit gedeutet werden. Temporal interpretiert, wird ein Intervall $I_{MASCHINE}$ definiert, in dem die Erscheinung «Maschine läuft», und ein Intervall I_{STROM}, in dem die Erscheinung «Strom fließt» auftritt, und dann wird durch die Beschränkung „gleich($I_{MASCHINE}$, I_{STROM})" die temporale Abhängigkeit zwischen beiden Intervallen dargestellt. Diese Aussage hilft, wenn gefragt ist, wann Strom fließt. Meist wird die Aussage aber kausal gedeutet und durch eine Implikation dargestellt:

$$\text{MASCHINE-LÄUFT} @ I_{MASCHINE} \rightarrow \text{STROM-FLIEßT} @ I_{STROM}$$

Dabei wird nicht über die Beziehung der Intervalle, sondern über eine Ursache geschlossen. Die Maschine kann nur laufen, wenn Strom fließt. Der Strom kann jedoch auch fließen, ohne daß die Maschine läuft. Aus einer zeitlichen Repräsentation kann also nicht immer auf eine kausale Ursache geschlossen werden. Manchmal lassen sich zeitliche Schlußfolgerungen auf kausale abbilden. Dagegen enthält die Aussage „Nachdem der Strom eingeschaltet wurde, wurde die Maschine eingeschaltet" eine typisch zeitliche Folgerung. Daraus einen kausalen Schluß zu bilden, wäre nicht sinnvoll.

Beide Sätze beinhalten Erscheinungen in unserem Sinne, aber unterschiedliche Abhängigkeiten. Beide Abhängigkeiten drücken wir durch eine Implikation aus. Die normale Implikation (auch materiale oder philonische Implikation genannt) reicht nicht aus, da eine Paradoxie auftritt. Die folgende Schlußfolgerung ist logisch immer wahr, obwohl sie für uns keine gültige Schlußfolgerung darstellt, da die Konklusion (Roboter sind keine Menschen) immer wahr ist.

Der Roboter ist rot $\rightarrow$ Roboter sind keine Menschen

Lewis [Lewi 20] definierte deshalb auf der Basis von Modallogik die strikte Implikation: $p \Rightarrow q =_{def} \square (p \to q)$. Auf dieser Basis werden nun Abhängigkeiten dargestellt. Mit der Definition halten wir uns im Bereich des Alltagsverstandes auf. Und dennoch gibt es in diesem Rahmen eine Verknüpfung, die häufig fehlerhaft gedeutet wird. Man sollte jedoch beachten, daß „$\square (p \to q)$" nicht mit „$p \to \square q$" gleichwertig ist. In der Umgangssprache werden häufig irreführende Wendungen wie „Wenn ein Kurzschluß vorliegt, dann läuft die Maschine notwendigerweise nicht" benutzt. Was aber tatsächlich nur gesagt werden darf, ist: „Es ist notwendig, daß die Maschine nicht läuft, wenn ein Kurzschluß vorliegt". Im anderen Fall wird nämlich streng logisch gesehen behauptet, daß die Maschine notwendigerweise nicht läuft, egal ob ein Kurzschluß vorliegt oder nicht.

Die *strenge* Implikation von Erscheinungen wird auf der Basis des Notwendigkeitsoperators definiert, um Abhängigkeiten zwischen Erscheinungen darzustellen.

Definition 38: Die notwendige Folge von Erscheinungen

$$(X_1 @ I_1) \Rightarrow (X_2 @ I_2) = \square ((X_1 @ I_1) \to (X_2 @ I_2))$$

Bezogen auf Erscheinungen interpretieren wir die strenge Implikation wie folgt: Es ist notwendig, daß X_2 auftritt, wenn X_1 auftritt. Die Aussage stellt eine unidirektionale kausale Abhängigkeit dar. Das heißt, es wird dadurch ausgedrückt, daß genau in eine Richtung geschlossen wird. Diese unidirektionale Abhängigkeit wird später eine wichtige Rolle bei der Aufdeckung von Zyklen in Schlußfolgerungsprozessen spielen.

Synonym wird dazu die strenge Äquivalenz definiert, die die gegenseitige Abhängigkeit von Erscheinungen repräsentiert.

Definition 39: Die gegenseitige Abhängigkeit

$$(X_1 @ I_1) \Leftrightarrow (X_2 @ I_2) = \square ((X_1 @ I_1) \leftrightarrow (X_2 @ I_2))$$

Wir interpretieren diese gegenseitige Abhängigkeit so: Die Erscheinungen X_1 und X_2 treten immer gemeinsam auf, wobei das jedoch nicht zeitlich gleichzeitig geschehen muß. Stellen wir fest, daß X_1 aufgetreten ist, dann ist notwendig, daß auch X_2 auftritt. Aus der strengen Äquivalenz kann nicht die notwendige Folge abgeleitet werden.

Die notwendige Folge von Erscheinungen sowie die gegenseitige Abhängigkeit bilden ein Objekt in unserer Logik, das wir *Abhängigkeit* nennen.

Definition 40: Definition von Abhängigkeit

$$\text{istAbhängigkeit}(M) \leftrightarrow M = (XI_1 \Rightarrow XI_2) \lor M = (XI_1 \Leftrightarrow XI_2)$$

4.2.2 Wahl eines modallogischen Systems

Um ein modallogisches System für Erscheinungen auf einen fundierten Grundbau zu setzen, soll unter den bekannten Modalsystemen eines ausgesucht werden, das den gestellten Anforderungen genügt. Dabei muß beachtet werden, daß verschiedene Interpretationen auf einen Modaloperator zurückgeführt werden sollen.

Wir entscheiden uns für das System S_4 und übernehmen für Erscheinungen neben dem sechsten auch das neunte Axiom von Lewis. Um die Notation von modallogischen Ausdrücken verständlicher zu machen, werden im folgenden Erscheinungen geklammert. Logisch gesehen ist dies nicht nötig, da der '@'- Operator stärker bindet als die modalen Operatoren.

Das System S_4 wird ausgewählt, weil in unserer Interpretation der modallogischen Operatoren für Erscheinungen das System S_4 das strengste System ist, das alle Interpretationen ermöglicht. Das System S_5 erscheint nicht adäquat, da eine Reduktion der Modaloperatoren, wie sie in S_5 geschieht, für Erscheinungen nicht notwendig ist.

Außerdem wurde bereits bei der Vorstellung der Modallogik angedeutet, daß für temporale Modalitäten die Zugänglichkeitsrelation nicht symmetrisch ist. Wahre Aussagen über die Vergangenheit lassen sich leichter feststellen als über die Zukunft. Zwischen den Welten in der Vergangenheit und denen in der Zukunft kann keine symmetrische Zugänglichkeitsrelation existieren.

Im System S_5 sind alle Welten durch die symmetrische Zugänglichkeitsrelation sichtbar. Wir gehen aber davon aus, daß nicht alle Welten sichtbar sind, da wir die Planungsumgebung nicht vollständig beschrieben haben. Das ist ein weiterer Grund, S_5 abzulehnen.

Rescher und Urquart [Resc 71] stellen weitere temporale Systeme vor. Wir haben das System S_4 pragmatisch gewählt, da es alle beabsichtigten Interpretationen unterstützt. Es ist nicht auszuschließen, daß andere Systeme dies noch eleganter erlauben würden. Da unsere Sätze gültigen Theoremen des Systemes S_4 entsprechen und deren Gültigkeit gezeigt ist, übernehmen wir dieses System.

Eine der grundlegenden Definitionen des Modalsystems ist die Dualität von Möglichkeit und Notwendigkeit, die wie üblich definiert ist.

Definition 41: Dualität von Möglichkeit und Notwendigkeit

$$\Diamond X = \neg \, \Box \, \neg X$$

Die nächsten fünf Axiome stellen eine mögliche axiomatische Basis des Aussagenkalküls dar:

Axiom 13: Kommutativität

$$((X_1 @ I_1) \wedge (X_2 @ I_2)) \Rightarrow ((X_2 @ I_2) \wedge (X_1 @ I_1))$$

Axiom 14: Simplifikation

$$((X_1 @ I_1) \wedge (X_2 @ I_2)) \Rightarrow X_1 @ I_1$$

Axiom 15: Idempotenz

$$(X_1 @ I_1) \Rightarrow ((X_1 @ I_1) \wedge (X_1 @ I_1))$$

Axiom 16: Assoziativität

$$(((X_1 @ I_1) \wedge (X_2 @ I_2)) \wedge (X_3 @ I_3)) \Rightarrow$$
$$((X_1 @ I_1) \wedge ((X_2 @ I_2) \wedge (X_3 @ I_3)))$$

Axiom 17: Hypothetischer Syllogismus

$$(((X_1 @ I_1) \Rightarrow (X_2 @ I_2)) \wedge ((X_2 @ I_2) \Rightarrow (X_3 @ I_3))) \Rightarrow$$
$$((X_1 @ I_1) \Rightarrow (X_3 @ I_3))$$

Eine tatsächliche Erscheinung ist möglich. Dies besagt das Möglichkeitsaxiom, das Grundlage fast aller Modalsysteme ist und in der Systematik von Lewis das sechste Axiom ist.

Axiom 18: Eine tatsächliche Erscheinung ist möglich

$$X @ I \Rightarrow \Diamond (X @ I)$$

Das sogenannte Notwendigkeitsaxiom läßt sich in S_4 als Satz ableiten.

Satz 10: Eine notwendige Erscheinung wird tatsächlich ausgeführt

$$\Box (X @ I) \Rightarrow X @ I$$

Axiom 19: Iterierte Modalitäten

$$\Box\, (X @ I) \Rightarrow \Box\Box(X @ I)$$

Für das System S_4 sind folgende Reduktionssätze bewiesen. Dabei wird die Aussage p bei Hughes und Cresswell [Hugh 78] durch X @ I ersetzt. Diese Ersetzung ist möglich, da die Aussage p beliebig sein kann.

Satz 11: Reduktion von Möglichkeitsoperatoren

$$\Diamond\Diamond\, (X @ I) \leftrightarrow \Diamond\, (X @ I)$$

Satz 12: Reduktion von Notwendigkeitsoperatoren

$$\Box\, (X @ I) \leftrightarrow \Box\Box\, (X @ I)$$

4.2.3 Temporale Modalitäten

Temporale Modalitäten werden benutzt, um veraltetes oder zukünftiges Wissen von aktuellem Wissen zu unterscheiden. Interpretieren wir die temporalen Modalitäten basierend auf der semantischen Deutung mit Welten, so beschreiben wir mit Intervallen Welten, in denen Erscheinungen gelten. Die Relation „wahr" stellt dann die *Zugänglichkeitsrelation* dar.

Definition 42: Immer wahre Aussagen

$$\text{immer\_wahr}(X @ I_2) \leftrightarrow \Box\, (\text{wahr}(X @ I_2) @ I_1) \leftrightarrow$$
$$(\text{wahr}(X @ I_2) @ I_1) \wedge (I_1 = \text{immer})$$

Definition 43: Irgendwann wahre Aussagen

$$\text{irgendwann\_wahr}(X @ I_2) \leftrightarrow \Diamond\, (\text{wahr}(X @ I_2) @ I_1) \leftrightarrow$$
$$(\text{wahr}(X @ I_2) @ I_1) \wedge (I_1 \neq \text{nie})$$

Das Prädikat „immer_wahr" bedeutet nicht, daß die Erscheinung immer auftritt. Sie bedeutet, daß die Aussage, daß die Erscheinung während des Intervalls I_2 auftritt, immer wahr ist. Erscheinungen, die nicht mit der Relation „wahr" eingeschränkt werden, gelten immer.

Satz 13: Aktuelle Wahrheit

$$X @ I \rightarrow \text{wahr}(X @ I) @ \text{immer}$$

4.3 Modale Erscheinungen in der Planung

Wir unterscheiden beim Planen drei *Arten von Wissen*. Wird ein Problem gelöst, ma
chen wir uns Gedanken darüber, was eine Aktion, die wir ausführen, für Folgen haber
könnte. Diese Gedanken – im Gegensatz z.B. zu einem Ereignis, das tatsächlich auftriti
– bezeichnen wir als *hypothetisches* Wissen. Auf der anderen Seite haben wir meist
konkretes Wissen über die Umgebung unserer Anwendung. Hier sprechen wir von *faktischem* Wissen. Ziele und Aktionen sind weder faktisch vorgegeben noch hypothetisch,
sondern sie sind notwendig. Wir sprechen von *imperativem* Wissen.

Wird eine explizite Wissensrepräsentation gefordert, so sollte aus der Darstellung des
Wissens eindeutig hervorgehen, zu welcher Art das Wissen gehört. Da die Art nicht an
der Erscheinungsform erkennbar ist, muß die Art durch ein eigenes Ausdrucksmittel repräsentiert werden.

In den bekannten Planungsprogrammen ist diese Unterscheidung z.B. nicht explizit
repräsentiert. McDermott [McDe 82] weist auf dieses Problem hin. Er schreibt:

> ... *Many researchers have compensated by modelling the course of ex-
> ternal time with the program's own internal time, changing the world
> model to reflect changing reality. This leads to a confusion between
> correcting a mistaken belief and updating an outdated belief. Most AI
> data bases have some sort of operator for removing formulas. This
> Operator has tended to be used for two quite different purposes: get-
> ting rid of tentative or hypothetical assertions that turned out not to
> be true, and noting that an assertion is no longer true.* (Seite 102)

Diese fehlende Unterscheidung führt leicht zu Anomalien. Die Schlußfolgerungskomponente behandelt alle Wissensarten gleich und entsprechend sehen die Verarbeitungstechniken für alle gleich aus, obwohl spezielle Techniken anwendbar wären.

Angenommen, es existiert der kausale Zusammenhang: „Damit die Maschine läuft,
muß Strom fließen". Wenn nun das Wissen, daß der Strom fließt, ungültig wird, dann
kann es gelöscht werden. Eine Schlußfolgerungskomponente kann nun auch das Wissen
löschen, daß die Maschine läuft. Soll aber das Faktum, daß die Maschine läuft, ein Ziel
sein, darf dieses nicht einfach gelöscht werden, weil der Strom nicht fließt.

Eine Aufgabe der Wissensverarbeitung ist das Löschen von Wissen. Wenn Wissen
veraltet ist, dann wird es z.B. gelöscht. Hypothetisches Wissen, das in der Wissensbasis
eingetragen wurde, muß wieder gelöscht werden, wenn z.B. Backtracking durchgeführt
wird. Manchmal muß auch veraltetes faktisches Wissen gelöscht werden. Imperatives
Wissen soll genauso in die Wissensbasis eingefügt werden wie faktisches Wissen, deshalb muß auch eine Löschoperation für imperatives Wissen implementiert werden. (z.B.
weil ein Plan geändert wurde).

Die Operation des Löschens ist für die drei Wissensarten unterschiedlich. Es wird aus unterschiedlichen Gründen gelöscht, und das hat unterschiedliche Auswirkungen. Auf der Ebene der Repräsentation ist dieses Problem auch mit nichtmonotoner Prädikatenlogik nicht lösbar. Deshalb wird zwischen faktischem, hypothetischem und imperativem Wissen streng unterschieden. Für alle Wissensarten wird eine individuell ausgeprägte Löschoperation definiert. Einfüge- und Änderungsoperationen müssen natürlich genauso differenziert werden. Wir beschäftigen uns im folgenden nicht mehr mit Einfüge-, Änderungs- oder Löschoperationen, sondern nur noch mit der Unterscheidung des Wissens.

4.3.1 Ausführbare und eingeplante Aktionen

Vorgestellt wird nun eine Interpretation des modallogischen Systems bezüglich Aktionen. Das Prädikat „führt_aus(O, X) " wurde für Aktionen eingeführt. Wenn eine Aktion zur Vergangenheit geworden ist, wird sie zur *ausgeführten Aktion* und damit zu faktischem Wissen über die Vergangenheit.

Definition 44: Definition „ausgeführt"

$$\text{ausgeführt}(O, X @ I_1) \leftrightarrow (\text{wahr}(\text{führt\_aus}(O, X) @ I_1) @ I_2) \wedge I_2 <= I_1 <= \text{Jetzt}$$

Eine Aktion ist ausgeführt, wenn das beigestellte Intervall in der Vergangenheit liegt. Eine *ausführbare Aktion* ist eine Aktion, von der bekannt ist, daß nichts gegen ihre Ausführung in der Zukunft spricht. Wenn Voraussetzungen dafür existieren, daß die Erscheinung ausgeführt wird, so müssen diese erfüllt sein, damit die Erscheinung die Modalität „ausführbar" erhalten kann. Aber daraus folgt nicht die Notwendigkeit, daß die Erscheinung ausgeführt wird; es ist lediglich möglich, sie auszuführen.

Definition 45: Ausführbare Aktionen

$$\text{ausführbar}(O, X @ I_1) \leftrightarrow \Diamond(\text{wahr}(\text{führt\_aus}(O, X) @ I_1) @ I_2) \wedge$$
$$\text{Jetzt} <= I_1 \wedge \text{Jetzt} <= I_2$$

Eine *eingeplante Aktion* ist notwendigerweise auszuführen, damit die Ziele erfüllt werden. Eine eingeplante Erscheinung ist nicht automatisch wahr. Da Planen sich auf die Zukunft bezieht, wurde zwar gesagt, daß die Erscheinung in der Zukunft gelten muß, aber es könnte Unerwartetes geschehen. Das verarbeitende Programm (ein Programmteil, der den technischen Prozeß überwacht) muß während der gesamten Zeit darauf achten, daß die eingeplante Erscheinung auch ausgeführt wird.

Definition 46: Eingeplante Aktionen

eingeplant(O, X @ I) = $\neg$ ausführbar(O, $\neg$X @ I) $\wedge$ Jetzt <= I

Satz 14: Eine eingeplante Erscheinung muß ausführbar sein

$\Box$(eingeplant(O, X @ I) $\rightarrow$ ausführbar(O, X @ I))

Soll eine Aktion als eingeplant eingestuft werden, muß bewiesen werden, daß sie ausführbar ist. Das ist eine Aufgabe der Planung. Eine tatsächlich ausgeführte Aktion war notwendig ausführbar, sie muß aber nicht notwendig eingeplant gewesen sein.

Satz 15: Eine ausgeführte Erscheinung war ausführbar

$\Box$ (ausgeführt(O, X @ I_1) $\rightarrow$ wahr(ausführbar(O, X @ I_1) @ I_2) $\wedge$
I_2 <= I_1 <= Jetzt)

Satz 16: Eine ausgeführte Erscheinung war möglicherweise eingeplant

$\Diamond$ (ausgeführt(O, X @ I_1) $\rightarrow$ wahr(eingeplant(O, X @ I_1) @ I_2) $\wedge$
I_2 <= I_1 <= Jetzt)

Eine *ausführbare* Erscheinung tritt möglicherweise im Intervall I auf. Mit dieser Aussageform werden in der Planung Auswahlfreiheiten für Aktionen beschrieben.

4.3.2 Eingeplante Fakten

In der Planung werden sich später auch *eingeplante Fakten* ergeben. Das sind Fakten, die kausal aus der Einplanung einer Aktion folgen und deshalb die Qualifikation eingeplant erlangen. Dabei folgen einer Aktion oft zwei oder mehrere Fakten kausal. Die Aktion wurde vielleicht eingeplant, weil ein Faktum gewünscht wurde; die anderen Fakten sind dann Nebeneffekte der eingeplanten Aktion und werden mit der Qualifikation „eingeplant" versehen.

Definition 47: Eingeplante Fakten

(A @ I_1 $\rightarrow$ F @ I_2) $\wedge$ eingeplant(A @ I_1) $\rightarrow$ eingeplant(F @ I_2)

Ausführbare Fakten sind dann Fakten, die aus einer ausführbaren Aktion folgen. Diese spielen im Planungsprozeß jedoch keine Rolle.

4.3.3 Erreichbare und geforderte Fakten

Vorgestellt wird nun eine Interpretation des modallogischen System bezüglich Fakten. Fakten können erreichbar oder gefordert sein. Es könnte auch sinnvoll sein, Geschehen zu fordern, aber wir wollen hier die Komplexität unseres System einschränken.

Das typische an *geforderten Fakten* ist, daß sie nicht per Definition gelten. Wenn etwas dafür getan werden muß, damit das Faktum F auftritt und F bisher noch nicht gilt, dann wird das Faktum F im Intervall I gefordert.

Definition 48: Erreichbare Fakten

$$\text{erreichbar}(F @ I_1) \leftrightarrow \Diamond (\text{wahr}(F @ I_1) @ I_2) \wedge \text{Jetzt} <= I_1 \wedge \text{Jetzt} <= I_2$$

Definition 49: Verhältnis der Modalitäten „gefordert" und „erreichbar"

$$\text{gefordert}(F @ I) = \neg \, \text{erreichbar}(\neg F @ I)$$

Satz 17: Ein gefordertes Faktum muß erreichbar sein

$$\text{gefordert}(F @ I) \rightarrow \text{erreichbar}(F @ I)$$

Dieser Satz läßt sich leicht aus dem Möglichkeitsaxiom ableiten. Diese Aussageform dient zur Spezifikation von Zielen und Unterzielen in der Planung. Für ein gefordertes Faktum muß bewiesen werden, daß es ein *erreichbares Faktum* ist. Dieser Prozeß ist der zentrale Planungsprozeß.

Bei der Überwachung von Fakten ist die Zielspezifikation faktisch schon erfüllt, aber es muß zugesichert werden, daß dieses Faktum Tatsache wird. Hier ist darauf zu achten, daß keine Aktion ausgeführt wird, die das geforderte Faktum unmöglich macht. Passiert etwas, das nicht unter der Kontrolle der Planung liegt, muß ein Plan ausgeführt werden, der das geforderte Faktum wieder herbeiführt.

4.3.4 Tatsächliche Erscheinungen

Tritt eine *tatsächliche Erscheinung* X im Intervall I auf, so ist das Auftreten von X weder frei wählbar noch zu erzwingen. Die tatsächliche Erscheinung hat einen Anstrich von etwas Definitorischem. Dies sind meist Erscheinungen, die entweder nicht beeinflußbar sind oder die während der Planungszeit nicht geändert werden können.

Alle Erscheinungen in der Vergangenheit sind tatsächliche Erscheinungen. Trotzdem kann das Wissen über die Vergangenheit vage sein. Das liegt aber an der Unwissenheit. Die Unsicherheit in der Zukunft liegt dagegen häufig in der Freiheit bei der Auswahl von Aktionen.

4.3.5 Hypothetisches Wissen in der Planung

Die Planungsumgebung läßt sich nicht allein durch kausale Zusammenhänge beschreiben. Viele Erscheinungen im technischen Prozeß treten zufällig auf oder ihre kausalen Ursachen sind unbekannt. So können Roboter mit Hilfe von Sensoren nicht alle Erscheinungen feststellen und es entsteht dadurch eine Unsicherheit. Wenn nicht alles Wissen existiert, das notwendig ist, um Folgesituationen zu berechnen, dann ist die Folgesituation im Modell nicht determiniert.

Nichtdeterminiertheit wird in logischen Systemen oft durch eine Disjunktion dargestellt: $X_1 \vee X_2$. Diese Disjunktion stellt aber nicht dar, was hier ausgedrückt werden soll, nämlich eine ausschließende Disjunktion, die die beiden Alternativen ausschließt. Es soll entweder die Erscheinung X_1 oder die Erscheinung X_2 auftreten. Aber auch die in der Logik bekannte ausschließende Disjunktion würde nicht ausreichen. Wenn z.B. die zweite Alternative nicht bekannt ist, kann nicht ausgedrückt werden, daß etwas nur möglich ist. Wenn bekannt ist, daß ein Fehler in der Anwendung auftreten kann. Was ist die Alternative? Die Verneinung der Erscheinung, daß also kein Fehler auftritt? Wenn geschrieben wird: „Es tritt ein Fehler auf $\vee$ es tritt kein Fehler auf", wird eine Tautologie dargestellt, die für alle Erscheinungen gilt. Es soll aber dargestellt werden, daß normalerweise keine Fehler auftreten und entsprechend die Zukunft geplant wird. Es sollte in der Planung aber auch berücksichtigt werden, daß manchmal Fehler auftreten und dafür dann eine spezielle Planung durchgeführt werden muß. Wir könnten also einfach schreiben: „Es ist möglich, daß ein Fehler auftritt".

Die Bedeutung dieser Notation ist die Fokussierung auf relevantes Wissen. Dadurch, daß eine Möglichkeit notiert wird, wird die Planung auf diese Möglichkeit gestoßen. Andere, nicht so wahrscheinliche Möglichkeiten, werden nicht notiert. Daß etwas möglicherweise passiert, ruft in unserer Planung wichtige Änderungen hervor. Wir unterstützen die Planung mit der expliziten Repräsentation von Handlungsalternativen. Die Planungskomponente muß nicht in einer Wissensbasis nach relevanten Operatoren suchen, sondern bekommt Hinweise auf mögliche Aktionen.

Die mögliche Folge von Erscheinungen entspricht dem für Expertensysteme charakteristischen vagen Wissen über Abläufe. Damit werden Heuristiken, Erfahrungsregeln und ähnliches dargestellt. Wir schreiben: „$\Diamond (X_1 \rightarrow X_2)$". Diese vagen Angaben, bzw. Annahmen dienen bei der Lösung von Problemen (das heißt, der Planerstellung), indem eine erfahrungsgemäße Vorgehensweise modelliert werden kann. Sie dient unter anderem zum Auffinden und Beseitigen von Fehlern.

Bei der Überwachung von Plänen werden mit dem Möglichkeitsoperator Ereignisse beschrieben, die zufällig auftreten können und meist asynchron zu anderen Erscheinungen auftreten. Die mögliche Erscheinung ist eine Erscheinung, von der wir wissen, daß sie auftreten könnte. Wir schreiben: „$\Diamond X$". Auch Fehler, von denen wir wissen, daß sie manchmal auftreten, stellen wir durch mögliche Erscheinungen dar. Diese können synchron oder asynchron zur Verarbeitung auftreten.

Die mögliche, zeitliche Beschränkung hat eine ähnliche Bedeutung wie die mögliche Folge:

$$(X_1 @ I_1) \wedge (X_2 @ I_2) \rightarrow \Diamond B(I_1, I_2).$$

Es ist möglich, daß die temporale Beziehung B gilt, wenn X_1 und X_2 auftreten. Dies kann als Vorschlag für eine Konfliktlösung benutzt werden. Stellt sich im Planungs-prozeß heraus, daß die Erscheinungen X_1 und X_2 auftreten müssen, aber keine Reihen-folge zwingend ist, dann wird die mögliche Reihenfolge standardmäßig ausgewählt.

Die Disjunktion von Zeitbeschränkungen entspricht mehreren möglichen Zeitbe-schränkungen:

$$I_1 <= I_2 \rightarrow \Diamond I_1 < I_2 \vee \Diamond I_1 = I_2.$$

4.3.6 Ablauf der Zeit

Das Intervall „Jetzt" wandert stetig weiter auf der Zeitgeraden. Aussagen über die Zu-kunft veralten. Während Aussagen über die Zukunft oft vage sind, verliert das Wissen seine Vagheit, wenn es zur Vergangenheit gehört.

Imperatives Wissen verliert seine Qualifikation „imperativ", sobald die beschriebene Erscheinung zur Vergangenheit gehört. Nun haftet dem Wissen nichts Notwendiges mehr an, und das Verarbeitungssystem muß nichts mehr für die Gültigkeit tun. Die Erscheinung ist zum faktischen Wissen geworden. Die eingeplante Aktion wird, falls sie tatsächlich ausgeführt wurde, zur „ausgeführten" Aktion und die geforderte Erscheinung, (ein Ziel), wird zur einfachen, „wahren" Erscheinung.

Das Verarbeitungssystem überwacht regelmäßig in äquidistanten Abständen (im Normalfall nach jedem Tick), ob imperatives Wissen gelöscht werden kann. Um über vergangene Erscheinungen noch schließen zu können, ist es oft sinnvoll, dieses Wissen als faktisches Wissen neu zu speichern.

Der folgende Algorithmus spezifiziert das näher. Dabei ist das Prädikat „wait(tick)" ein Systemprädikat, das die Verarbeitung solange verzögert, bis wieder ein Tick (ein Granularitätsintervall) abgelaufen ist. Mit den Prädikaten „insert" und „replace" werden Intervalle in die Wissensbasis eingefügt bzw. geändert. Das Prädikat „newName(Name)" erzeugt einen neuen synthetischen Namen.

Die Ausführung des Algorithmus geschieht parallel zur Ausführung von anderen Aktivitäten, wie überwachen oder planen.

```
aktualisiere :-
    wait(tick),
    startet(Jetzt, I),
    aktualisiere(I),
    fail.
aktualisiere :-
    aktualisiere.

aktualisiere(I) :-
    gefordert(F @ I),
    aktualisiereIntervall(F @ I).
aktualisiere(I) :-
    eingeplant(A @ I),
    aktualisiereIntervall(A @ I).

aktualisiereIntervall(X @ [N1, B1, E1, D1]) :-
    call(X @ [N2, B2, E2, D2]), !,
    trifft([N2, B2, E2, D2], [N1, B1, E1, D]),
    NB1 is Jetzt + 1,
    ND1 is D1 - 1,
    replace([N1,B1,E1,D1], [N1, NB1, ND1, E1]),
    ND2 is D2 + 1,
    replace(I2, [N2, B2, ND2, Jetzt]).
aktualisiereIntervall(X @ [N1, B1, E1, D1]) :-
    NB1 is Jetzt + 1,
    ND1 is D1 - 1,
    replace([N2, B2, E2, D2], [N1, NB1, ND1, E1]),
    B2 is Jetzt - 1,
    newName(N2),
    insert([N2, B2, 1, Jetzt]).
```

Algorithmus 1: Aktualisierung der Zeit in der Wissensbasis

Manchmal kann es auch sinnvoll sein, daß wir später noch feststellen können, ob es sich beispielsweise um ein Ziel handelte. Dann werden wir das Ziel mit Hilfe der temporalen Modalität speichern:

$$\text{wahr(gefordert}(X @ I_1) @ I_2) \wedge I_2 \ll I_1 \ll \text{Jetzt.}$$

Erscheinungen, die in der Vergangenheit möglich waren, sind entweder aufgetreten und damit zum faktischen Wissen geworden, oder sie traten nicht auf und können dann gelöscht werden. Wenn das im Modell der Chroniken dargestellt wird, dann bedeutet das, daß die alternativen Ausprägungen der Zukunft auf eine Ausprägung zusammenfallen, sobald die Gegenwart weiter nach rechts wandert.

4.4 Beispiel

Es wird nun an einem einfachen Beispiel aus der STRIPS-Planungsumgebung dargestellt, welche Vorteile die vorgestellten Techniken bieten. Dabei wird noch nicht gezeigt wie die Planung geschieht, sondern nur das Ergebnis der Planung. Diese „Pläne" sind hier auch vereinfacht dargestellt. Es sei folgende Anfangssituation in der STRIPS-Planungsumgebung gegeben:

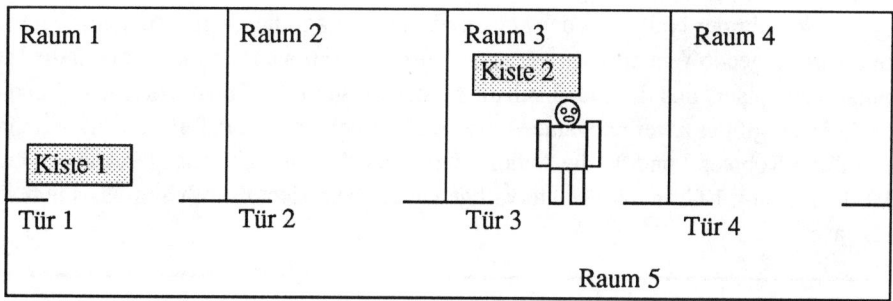

Bild 22: Planungsumgebung

An dem Beispiel soll die Bedeutung der kausalen Qualifikation von Erscheinungen verdeutlicht werden. Die Repräsentation wird deswegen vereinfacht. Weder die Erscheinungen der beteiligten Objekte noch deren Eigenschaften werden repräsentiert. Auch werden nicht alle berechneten Zeitbeschränkungen dargestellt. Es handelt sich im wesentlichen um einen Plan, bestehend aus Aktionen, Zeitbeschränkungen und kausalen Abhängigkeiten.

Die Anordnung der Erscheinungen und Beziehungen und das Layout in den Beispielen entspricht nicht der Wissensbasis, die eine konkrete Planungskomponente erstellen würde. Die vorgestellte Gliederung soll die Lesbarkeit unterstützen. So werden kausale und temporale Einschränkungen normalerweise in der Wissensbasis durch Prädikate dargestellt und nicht in Infix-Notation.

Im ersten Kasten einer Wissensbasis steht die aktuelle Zeit, bzw. der Wert des Intervalls „Jetzt". Im zweiten Kasten stehen die tatsächlichen und im dritten Kasten die möglichen Erscheinungen. Im vierten Kasten steht das wesentliche Planungsergebnis mit den Zielen. Die notwendige Implikation „$\Rightarrow$" wird darin benutzt, um die kausale Abhängigkeit der Erscheinungen darzustellen. Im fünften Kasten stehen dann die Zeitbeschränkungen.

4.4.1 Einfache zeitliche Planung

Angenommen es ist $14^{\underline{00}}$ Uhr. Die erste geforderte Erscheinung soll sein, daß der Roboter von $15^{\underline{00}}$ bis $15^{\underline{15}}$ Uhr in Raum 2 sein soll. Diese Aufgabe kann in den meisten wissensbasierten Planungssystemen nicht gelöst werden, da dort keine Spezifikation von Zeiten vorgesehen ist. Eine intervallbasierte Planung bietet hier eine Lösung an. Ein möglicher erzeugter Plan könnte dann so aussehen, daß der Roboter etwa um $14^{\underline{50}}$ losgeht um in den Raum 2 zu gelangen.

Ist $14^{\underline{00}}$ Uhr der Nullpunkt der Zeitgerade und beträgt die Granularität eine Minute, dann wird folgende Wissensbasis erzeugt, wobei die Aktionen des Planes durch die Modalität „eingeplant" und das Ziel durch die Modalität „gefordert" qualifiziert sind. Bei dieser Aufgabe gibt es zwei relevante Aktionen. Wir nehmen an, daß für die Aktion „gehe_zu" der Roboter 3 und für die Aktion „durchgehen" 2 Granularitätsintervalle benötigt. Hat die Planung 1 Granularitätsintervall gedauert, dann sieht die Wissensbasis nun wie folgt aus:

Jetzt = 1,
$in(roboter, raum_1)$ @ $\langle i_1, 0, 1, 1\rangle$, $in(kiste, raum_1)$ @ $\langle i_2, 0, 1, 1\rangle$,
$möglich(in(roboter, raum_1)$ @ $\langle i_3, 2, 53 .. 55, 51 .. 51\rangle)$, $möglich(in(kiste, raum_1)$ @ $\langle i_4, 2, 0 .. \infty, 0 .. \infty\rangle)$,
$gefordert(in(roboter, raum_2)$ @ $\langle i_9, 60, 75, 15\rangle) \Rightarrow$ $eingeplant(roboter, durchgehen(raum_5, raum_2, tür_2)$ @ $\langle i_8, 58, 60, 2\rangle) \Rightarrow$ $eingeplant(roboter, gehe\_zu(tür_2)$ @ $\langle i_7, 55, 58, 3\rangle) \Rightarrow$ $eingeplant(roboter, durchgehen(raum_1, raum_5, tür_1)$ @ $\langle i_6, 53, 55, 2\rangle) \Rightarrow$ $eingeplant(roboter, gehe\_zu(tür_1)$ @ $\langle i_5, 50, 53, 3\rangle)$
$i_5 < i_6 < i_7 < i_8 < i_9, \wedge i_1 < i_3 \wedge i_2 < i_4 \wedge$ überlappt(i_3, i_6)

Bild 23: Wissensbasis mit einfacher Zeitplanung

Die Zeitwerte der Intervalle werden normalerweise nicht so eindeutig sein, sondern sie müßten durch Wertebereichsdefinitionen eingeschränkt werden. So kann die Dauer der einzelnen Aktionen nur geschätzt werden. Da es im Beispiel nur um die Anwendung der Modalitäten geht, wird der Aspekt der ungenauen Zeitschätzung nicht betrachtet.

Die Planung, die später noch genauer betrachtet wird, hat zuerst die notwendigen Aktionen gesucht. Dabei wurden die Zeitbeschränkungen aufgestellt. Ausgehend von der Zielspezifikation, unter Zuhilfenahme der Zeitbeschränkungen, wurden dann die quantitativen Werte berechnet.

Das Ende des Intervalls, in dem die Erscheinung „$in(roboter, raum_1)$" auftritt, kann nicht genau angegeben werden, sondern nur, daß die Erscheinung irgendwann während des Durchschreitens der Tür geschieht.

4.4.2 Berücksichtigung von bekannten Zielen

Inzwischen ist es $14^{\underline{05}}$ Uhr. Der Roboter soll eine weitere Aufgabe ausführen. Er soll von $15^{\underline{40}}$ – $15^{\underline{55}}$ in Raum 4 sein. Traditionelle wissensbasierte Planungsprogramme würden den ersten Plan ausführen und um $15^{\underline{30}}$ beginnen, die neue Aufgabe zu lösen. Aufgaben können aber manchmal besser gelöst werden[12], wenn die Lösungen der verschiedenen Aufgaben gemeinsam betrachtet werden. Hat die Planung 1 Granularitätsintervall gedauert, dann sieht die Wissensbasis nun wie folgt aus:

Jetzt = 6
in(roboter, raum_1) @ $\langle i_1, 0, 6, 6 \rangle$, in(kiste, raum_1) @ $\langle i_2, 1, 0, 6, 6 \rangle$,
möglich(in(roboter, raum_1) @ $\langle i_3, 7, 53 .. 55, 46 .. 48 \rangle$), möglich(in(kiste, raum_1) @ $\langle i_4, 1, 7, 53 .. 55, 46 .. 48 \rangle$),
gefordert(in(roboter, raum_4) @ $\langle i_{13}, 100, 115, 15 \rangle$) $\Rightarrow$ eingeplant(roboter, durchgehen(raum_5, raum_4, tür_4) @ $\langle i_{12}, 98, 100, 2 \rangle$) $\Rightarrow$ eingeplant(roboter, gehe_zu(tür_4) @ $\langle i_{11}, 95, 98, 3 \rangle$) $\Rightarrow$ eingeplant(roboter, durchgehen(raum_2, raum_5, tür_2) @ $\langle i_{10}, 93, 95 \rangle, 2 \rangle$), gefordert(in(roboter, raum_2) @ $\langle i_9, 60, 75, 15 \rangle$) $\Rightarrow$ eingeplant(roboter, durchgehen(raum_5, raum_2, tür_2) @ $\langle i_8, 58, 60 , 2 \rangle$) $\Rightarrow$ eingeplant(roboter, gehe_zu(tür_2) @ $\langle i_7, 55, 58, 3 \rangle$) $\Rightarrow$ eingeplant(roboter, gehe_zu(tür_1) @ $\langle i_5, 50, 53, 3 \rangle$) $\Rightarrow$ eingeplant(roboter, durchgehen(raum_1, raum_5, tür_1) @ $\langle i_6, 53, 55, 2 \rangle$) $\Rightarrow$ möglich(in(roboter, raum_2) @ $\langle i_{14}, 76, 92, 16 \rangle$),
$i_1 < i_3 \wedge i_2 < i_4 \wedge i_5 < i_6 < i_7 < i_8 < i_9 < i_{14} \wedge \ i_9 \ll i_{10} \wedge$ $i_{10} < i_{11} < i_{12} < i_{13}, \wedge$ überlappt$(i_3, i_6) \wedge$ überlappt(i_{14}, i_{10})

Bild 24: Wissensbasis nach Planung mit Zugriff auf alte Ziele

Beide Aufgaben können jedoch gemeinsam eingeplant werden. Notwendig ist dabei, daß die Wissensbasis das erste Ziel enthält und so die Planung über dieses Ziel argumentieren kann. Das Planungsprogramm sollte wissen, daß der Roboter bis $15^{\underline{15}}$ in Raum 2 sein wird. Dafür ist die explizite Repräsentation des ersten Zieles notwendig. Der neue Plan, der nun entwickelt wird, ist eine Erweiterung des ersten Planes um eine Bewegung von Raum 2 nach Raum 4.

Zwischen der ersten Zielerscheinung und dem Beginn des zweiten Planes verstreicht eine Zeit, in der der Roboter wahrscheinlich in Raum 2 bleibt. Da das keine Tatsache ist und nicht gefordert ist, wird das als eine mögliche Ausprägung der Zukunft gespeichert.

---

[12] Wir verstehen hier unter besseren Plänen vor allem Pläne, die hinsichtlich der Anzahl von Aktionen und der Zeit optimiert sind.

4.4.3 Berücksichtigung von bereits eingeplanten Aktionen

Um $14\underline{10}$ wird eine weitere Aufgabe gestellt. Die Kiste soll um $15\underline{30}$ in Raum 3 sein. Dafür sollte das Planungsprogramm Zugriff auf die alten Pläne besitzen, um eingeplante Aktionen zu berücksichtigen und diese so ändern zu können, daß ein effizienter Plan entsteht. Dabei wird der dritte Plan so geändert, daß der Roboter die Kiste bis zur Tür 2 mitnimmt und im zweiten Teil wird eingefügt, daß er die Kiste in Raum 3 trägt. Das „mögliche" Intervall i_{13} wird verkürzt, ist aber in dieser Ausprägung der Zukunft auch noch enthalten. Für diese Aufgabe müssen noch die beiden Aktionen „nimm" und „setze_ab" eingeführt werden. Sie benötigen zur Durchführung ein Granularitätsintervall.

Jetzt = 11,
in(roboter, raum$_1$) @ $\langle i_1, 0, 11, 11 \rangle$,   in(kiste, raum$_1$) @ $\langle i_2, 0, 11, 11 \rangle$,
möglich(in(roboter, raum$_1$) @ $\langle i_3, 12, 52 .. 54, 40 .. 42 \rangle$),   möglich(in(kiste, raum$_1$) @ $\langle i_4, 12, 52 .. 54, 40 .. 42 \rangle$),
gefordert(in(roboter, raum$_4$) @ $\langle i_{13}, 100, 115, 15 \rangle$) $\Rightarrow$ eingeplant(roboter, durchgehen(raum$_5$, raum$_4$, tür$_4$) @ $\langle i_{12}, 98, 100, 2 \rangle$) $\Rightarrow$ eingeplant(roboter, gehe_zu(tür$_4$) @ $\langle i_{11}, 95, 98, 3 \rangle$) $\Rightarrow$ eingeplant(roboter, durchgehen(raum$_3$, raum$_5$, tür$_3$) @ $\langle i_{23}, 93, 95, 2 \rangle$),   gefordert(in(kiste, raum$_3$) @ $\langle i_{22}, 90, 90 .. \infty, 0 .. \infty \rangle$) $\Rightarrow$ eingeplant(roboter, setze_ab(kiste) @ $\langle i_{21}, 89, 90, 1 \rangle$) $\Rightarrow$ eingeplant(roboter, durchgehen(raum$_5$, raum$_3$, tür$_3$) @ $\langle i_{20}, 87, 89, 2 \rangle$) $\Rightarrow$ eingeplant(roboter, gehe_zu(tür$_3$) @ $\langle i_{19}, 84, 87, 3 \rangle$) $\Rightarrow$ eingeplant(roboter, nimm(kiste) @ $\langle i_{18}, 83, 84, 1 \rangle$) $\Rightarrow$ eingeplant(roboter, durchgehen(raum$_2$, raum$_5$, tür$_2$) @ $\langle i_{10}, 81, 83, 2 \rangle$) $\Rightarrow$ eingeplant(roboter, durchgehen(raum$_5$, raum$_2$, tür$_2$) @ $\langle i_8, 58, 60, 2 \rangle$),   gefordert(in(roboter, raum$_2$) @ $\langle i_9, 60, 75, 15 \rangle$) $\Rightarrow$ eingeplant(roboter, durchgehen(raum$_5$, raum$_2$, tür$_2$) @ $\langle i_8, 58, 60, 2 \rangle$) $\Rightarrow$ eingeplant(roboter, setze_ab(kiste) @ $\langle i_{16}, 57, 58, 1 \rangle$) $\Rightarrow$ eingeplant(roboter, gehe_zu(tür$_2$) @ $\langle i_7, 54, 57, 3 \rangle$) $\Rightarrow$ eingeplant(roboter, durchgehen(raum$_1$, raum$_5$, tür$_1$) @ $\langle i_6, 52, 54, 2 \rangle$) $\Rightarrow$ eingeplant(roboter, gehe_zu(tür$_1$) @ $\langle i_5, 49, 52, 3 \rangle$) $\Rightarrow$ eingeplant(roboter, nimm(kiste) @ $\langle i_{16}, 48, 49, 1 \rangle$) $\Rightarrow$ eingeplant(roboter, gehe_zu(kiste) @ $\langle i_{15}, 45, 48, 3 \rangle$),
$i_1 < i_3 \land i_2 < i_4 \; i_{15} < i_{16} < i_5 < i_6 < i_7 < i_{17} < i_8 < i_9 < i_{14} \land$ $i_9 \ll i_{10} \land i_{10} < i_{18} < i_{19} < i_{20} < i_{21} < i_{22} \land$ $i_{21} < i_{24} < i_{23} \land i_{23} < i_{11} < i_{12} < i_{13} \land$ überlappt(i_3, i_6), überlappt(i_{14}, i_{10}), überlappt(i_4, i_6)

Bild 25: Wissensbasis nach Planung mit Zugriff auf alte Ziele und Aktionen

5 Strukturierung von Erscheinungen durch Skripte

Mit *Skripten* stellen wir Wissen über Vorgänge in technischen Prozessen deskriptiv und ereignisorientiert dar. Sie basieren auf einer Zusammenfassung von *Erscheinungen* zu einer komplexen Aktion. Diese Aktion ist selbst wieder eine Erscheinung. Wenn die Menge der Erscheinungen betrachten wird, so sprechen wir von einer *zusammengesetzten Erscheinung*. Sie enthält Geschehen (Ereignisse, Prozesse und Aktionen) aber auch Fakten (Objekte und deren Eigenschaften).

Ein Skript gehört zu den dynamischen Erscheinungen, da es eine Veränderung der Umwelt beschreibt. Deswegen kann ein Skript trotzdem statische Erscheinungen enthalten. So werden die an der Veränderung beteiligten Objekte und ihre Eigenschaften beschrieben. Von der abstrakten Sicht sehen wir nur eine Veränderung, wenn wir etwas detaillierter schauen, können auch die statischen Erscheinungen innerhalb der Veränderung gesehen werden.

Da wir in Skripten auch Akteure darstellen, die diese Veränderung bewirken, gehört ein Skript zu den Aktionen. Skripte stellen aber nicht nur eine Zusammenfassung von Erscheinungen dar, sondern auch eine Zusammenfassung von Abhängigkeiten zwischen den zusammengefaßten Erscheinungen und deren Intervallen.

An Skripte sind außerdem noch Bedingungen geknüpft. Sind diese Bedingungen erfüllt, kann das entsprechende Skript ausgeführt werden. Die Bedingungen sind kausale und temporale Abhängigkeiten zwischen Skript und anderen Erscheinungen, die nicht zum Skript gehören. Die kausalen Abhängigkeiten sind notwendige oder tatsächliche Abhängigkeiten.

Es wird zwischen Skript (Erscheinungsform) und Einstellung (Erscheinung) unterschieden. Das Skript beschreibt eine Rahmenhandlung und die Einstellung ist eine konkrete Veränderung, die durchgeführt wird.

Durch das in diesem Kapitel vorgestellte Modell zur Strukturierung sollen folgende Anforderungen erfüllt werden:

- Strukturierung über Intervalle
- ereignisorientierte Strukturierung
- Strukturierung über kausales Wissen
- Unterstützung der Planung durch die Strukturierung

Im ersten Teil dieses Kapitels wird der Zusammenhang zwischen Skript und Einstellung vorgestellt. Danach werden Skripte und ihre Fächer definiert. Im dritten Teil wird die Definition und Erzeugung von Einstellungen besprochen. Dabei werden, Bedingungen, die an die Erzeugung bzw. Ausführung von Einstellungen gestellt werden, aufgestellt. Danach werden zwei Beispiele für Skripte vorgestellt. Zum Schluß wird vorgestellt, wie eine Abstraktion über mehrere Stufen möglich ist.

5.1 Skript und Einstellung

Höhere Programmiersprachen unterscheiden zwischen *Klasse* (Datentyp) und *Instanz* (Variable) eines Objektes. Wir unterscheiden zwischen Erscheinungsform und Erscheinung. In den meisten Formalismen zur Wissensrepräsentation wird ein Typen- bzw. Klassenkonzept eingeführt. Skripte stellen in diesem Zusammenhang eine Erscheinungsform dar. Wir definieren einen allgemeinen Handlungsrahmen, der durch ein Skript beschrieben wird. Hier wird eine Form angegeben, wie die einzelnen Erscheinungen der zusammengesetzten Erscheinung auftreten. Ein Skript beschreibt einen Rahmen dessen, was passieren kann. Es werden charakteristische Eigenschaften einer zusammengesetzten Erscheinung notiert. So wird die Handlung nicht so sehr detailliert definiert, sondern mehr skizziert und an einigen Stellen eingeschränkt, und von anderen Handlungen abgegrenzt. So wie in Programmiersprachen der Wertebereich einer Variablen eingeschränkt wird, werden in einem Skript einzelne Aspekte einer Handlung eingeschränkt.

In einem Skript existieren also Freiräume oder Platzhalter, in die individuelle Information eingesetzt werden kann. Diese Freiräume werden logisch als Variablen mit einem Existenzquantor interpretiert. Der Vorgang der Belegung, bzw. die Suche nach Werten, die die Platzhalter füllen sollen, heißt *Unifikation eines Skriptes*. Dabei werden Aussagen des Skriptes mit Erscheinungen, die in der Wissensbasis existieren, unifiziert.

Die Unifikation kann aus syntaktischen oder inhaltlichen Gründen scheitern. Stimmt die Form einer Aussage des Skriptes mit keiner Aussage der Wissensbasis überein, scheitert die Unifikation aus dem ersten Grund. Ein inhaltlicher Grund liegt vor, wenn an ein Platzhaltersymbol Bedingungen geknüpft sind, die kein Objekt erfüllt.

Aspekte eines Skriptes werden eingeschränkt um unerwünschte Unifikationen zu verbieten. So wird z.B. ein Skript derart eingeschränkt, daß das Objekt, das die enthaltenen Aktionen ausführt, ein Roboter sein soll. Bei der Unifikation wird aus einem Skript eine ausführbare *Einstellung* erzeugt. Aussagen in dem Skript werden dabei mit Aussagen aus der Wissensbasis sowie den Zielaussagen unifiziert. Alle Aussagen in einem Skript werden so interpretiert, als wären sie konjunktiv verknüpft. Die Belegung einer mit einem Existenzquantor versehenen Variablen gilt für das gesamte Skript.

Im Gegensatz zu traditionellen Prozeduren ist der Ersetzungsmechanismus für Parameter komplizierter, da zum Beispiel die Gültigkeit einer Eigenschaft zu überprüfen ist. Diese Überprüfung wird immer dynamisch geschehen. Das heißt, daß auch eine Compilierung von Skripten nicht sinnvoll erscheint. Skripte und ihre Bedingungen werden immer interpretiert, abhängig von der aktuellen Wissensbasis.

Die durch die Unifikation erzeugte Handlung heißt *Einstellung eines Skriptes*. Jede Einstellung ist konkret und einmalig. Trotzdem können Aspekte unvollständig sein. Aber durch festgelegte Startzeitpunkte oder andere Eigenschaften hat diese Handlung einen eindeutigen und einmaligen Charakter, die sich dadurch von dem Skript und von allen anderen Einstellungen unterscheidet.

Die folgende Graphik soll einen ersten Einblick in den Zusammenhang zwischen Skript und Einstellungen geben.

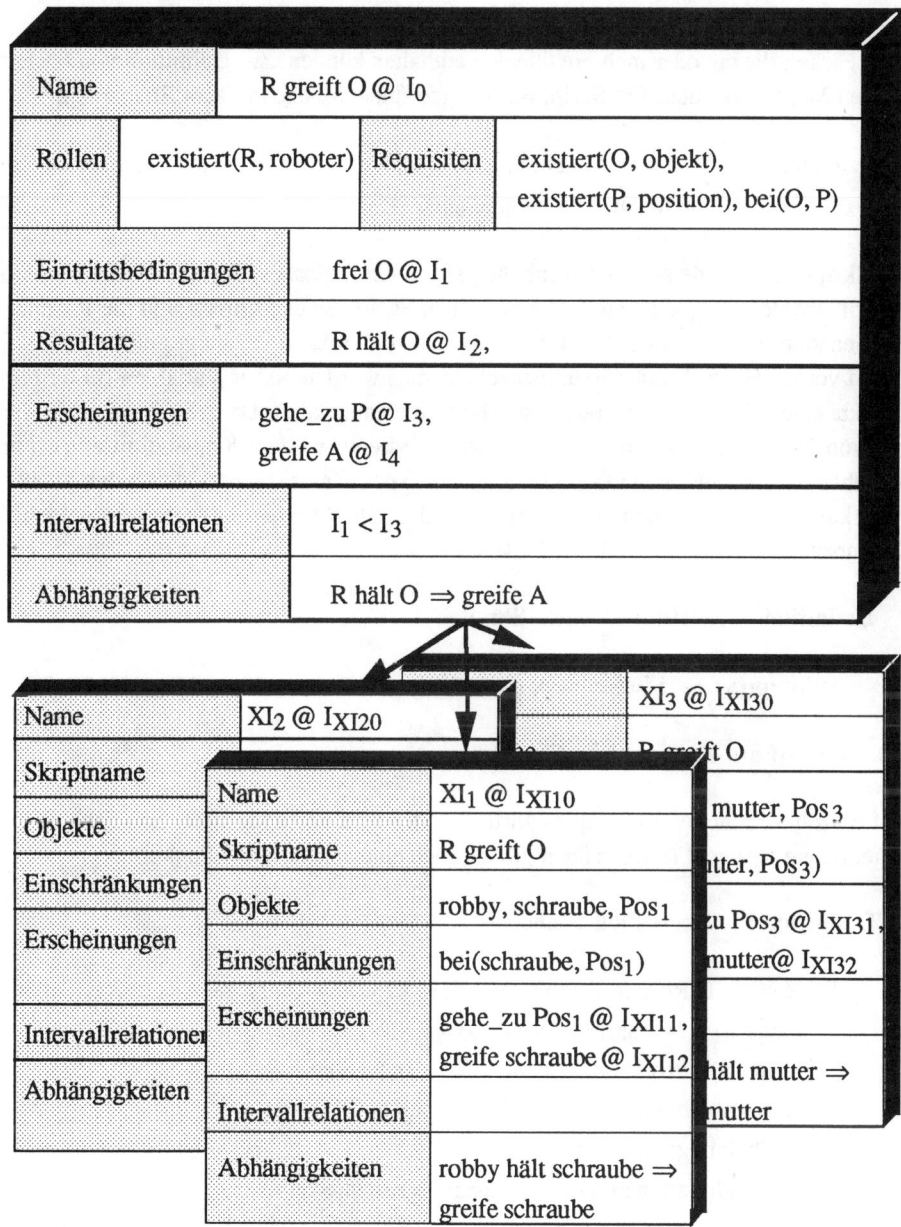

Bild 26: Skript und Einstellungen

5.2 Definition von Skripten

Skripte werden ähnlich wie Rahmen [Mins 75] dargestellt. Ein Skript besitzt verschiedene Fächer, die ein oder mehrere Objekte enthalten können. Zur Definition von Fächern werden Mengen benutzt. Ein Skript ist eine geordnete Menge mit acht Elementen:

⟨Name @ I, Rollen, Requisiten, Erscheinungen, Eintrittsbedingungen, Resultate, Intervallrelationen, Abhängigkeiten⟩.

Ein Skript ist wie jede andere Erscheinungsform ein logisches Objekt. Mit der Funktion „skript" werden Skripte erzeugt. Die einzelnen Fächer eines Skriptes sind die Parameter der Generierungsfunktion. Eine Skriptvariable wird durch ein „S" dargestellt.

Im vorgestellten Repräsentationsmechanismus wurden bisher Variablen für einzelne Objekte eines Typs durch charakteristische Namen abgekürzt. Da in Skripten auch Mengen von Objekten gleichen Typs auftreten, wird eine weitere Konvention eingeführt. Variablen für Mengen von Objekten gleichen Typs (Klasse) werden durch den gleichen charakteristischen Namen abgekürzt wie die Objekte, wobei Mengen jedoch in Konturschrift gesetzt sind (z.B. { X } $\cong \mathbb{X}$).

Definition 50: Definition eines Skriptes

istSkript(S) ↔ S = skript(N @ I, Rollen, Requisiten, $\mathbb{X}_1$, $\mathbb{X}_2$, $\mathbb{X}_3$, $\mathbb{R}$, $\mathbb{M}$).

5.2.1 Zugriff auf Fächer eines Skriptes

Auf einzelne Fächer eines Skriptes wird über den Namen zugegriffen. Ein Fach ist eine ungeordnete Menge. Für jedes Fach gibt es auch eine generierende Funktion.

Definition 51: Zugriff auf Fächer

S = ⟨ N @ I, Rollen, Requisiten, $\mathbb{X}_1$, $\mathbb{X}_2$, $\mathbb{X}_3$, $\mathbb{R}$, $\mathbb{M}$ ⟩ ↔

name(S) = N ∧ skriptintervall(S) = I ∧

rollen(S) = Rollen ∧ requisiten(S) = Requisiten ∧

eintrittsbedingungen(S) = $\mathbb{X}_1$ ∧ resultate(S) = $\mathbb{X}_2$ ∧

erscheinungen(S) = $\mathbb{X}_3$ ∧

intervallrelationen(S) = $\mathbb{R}$ ∧ abhängigkeiten(S) = $\mathbb{M}$

Der Name eines Skriptes ist ein logisches Prädikat mit beliebigen Argumenten. Variable Argumente werden bei der Unifikation des Skriptes belegt und es wird damit eine Einstellung erzeugt. Um die Lesbarkeit von Namen zu verbessern, werden wir die Prädikate

oft als Infix- oder Präfixoperatoren definieren, wie in folgendem Beispiel. Dabei besitzt
der Skriptname die drei Variablen Raum1, Raum2 und Tür.

DURCHGEHEN_VON RAUM1 NACH RAUM2 DURCH TÜR

Zu dem Namen gehört auch ein Intervall. Dieses Intervall wird im Skript benützt, um
die Dauer des Skriptes zu spezifizieren, das heißt, um zu sagen, wie lange die Handlung
dauert, die das Skript beschreibt. Beginn und Ende des Intervalls sind nicht spezifiziert,
da ein Skript eine Erscheinungsform ist. Der Intervallname ist jedoch sehr wichtig, weil
später die einzelnen Erscheinungen eines Skriptes auf das Intervall des Skriptes bzw. der
Einstellung zeitlich eingeschränkt werden. Dafür muß ein Name existieren.

5.2.2 Rollen und Requisiten

Ein Skript stellt ein Konzept dar, das auf einer Interpretation von ständigem Verändern
der Umwelt basiert, also keine zustandsorientierte Sicht hat, sondern eine ereignisorientierte. Es beschreibt eine komplexe Veränderung. Dafür wurde der Begriff des „Geschehen" eingeführt. Dagegen gibt es in unserer Umwelt viele Objekte, die wir statisch interpretieren. Das heißt jedoch nicht, daß sie keine Erscheinungen sind. Sie sind im Gegensatz zu Geschehen „anfaßbar".

   In Skripten werden zwei Arten von Objekten unterschieden – die *Rollen* und die *Requisiten*. Rollen stellen handelnde Objekte oder Agenten dar. Wird nun ein Roboter als
Subjekt dargestellt, so soll dies keine Gleichstellung mit einem Menschen sein, dies
soll lediglich so interpretiert werden, daß der Akteur aktiv das Geschehen beeinflussen
kann. Die Definition einer Rolle besteht aus einem skriptlokalen Namen und einer
Klasse, der das Objekt, das die Rolle ausfüllen soll, zugehört.

Definition 52: Rollendefinition

$$\text{istRolle}(N, S) \leftrightarrow \text{existiert}(N, K) \in \text{rollen}(S)$$

Oft reicht aber diese Einführung einer Rolle in ein Skript nicht aus. Die Rolle soll vielleicht noch auf Objekte mit bestimmten Eigenschaften eingeschränkt werden. Dafür
werden Einschränkungen für Objekte, die die Rollen füllen sollen, eingeführt.

   Mit einer einstelligen Einschränkung wird ein Attribut einer Rolle eingeschränkt.
Die zweistellige Einschränkung dient für zwei Fälle. Zwei Rollen können gegenseitig in
Beziehung gesetzt werden, oder ein Attribut der Rolle wird mit einem Requisit in Beziehung gesetzt. Für den ersten Fall wäre ein Beispiel, daß die beiden Rollen nahe
beieinander stehen sollen um etwas gemeinsam zu tun. Ein Beispiel für den zweiten Fall
wäre, daß sich die Rolle an einem bestimmten Ort befinden muß.

Definition 53: Einschränkung von Rollen

istRolleneinschränkung(C, S) $\leftrightarrow$ existiert(N$_1$, K$_1$) $\in$ rollen(S) $\wedge$

$\quad$ [(C = einschränkung(T, W) $\in$ rollen(S) $\wedge$ T = gilt(K$_1$, N$_2$)) $\vee$

$\quad$ (C = einschränkung(T$_1$, T$_2$, W) $\in$ rollen(S) $\wedge$ T$_1$ = gilt(K$_1$, N$_3$) $\wedge$

$\qquad$ (existiert(N$_2$, K$_2$) $\in$ rollen(S) $\wedge$ T$_2$ = gilt(K$_2$, N$_4$) $\vee$

$\qquad$ existiert(N$_2$, K$_2$) $\in$ requisiten(S) $\wedge$ T$_2$ = gilt(K$_2$, N$_4$))) $\vee$

$\quad$ (C = einschränkung(T$_1$, T$_2$, Rel) $\in$ rollen(S) $\wedge$ T$_1$ = gilt(K$_1$, N$_3$) $\wedge$

$\qquad$ (existiert(N$_2$, K$_2$) $\in$ rollen(S) $\wedge$ T$_2$ = gilt(K$_2$, N$_4$) $\vee$

$\qquad$ existiert(N$_2$, K$_2$) $\in$ requisiten(S) $\wedge$ T$_2$ = gilt(K$_2$, N$_4$)))]

Mit Requisiten werden passive Objekte der Umwelt modelliert. Typisches Requisit eines Robotergeschehens ist dann z.B. ein handzuhabendes Werkstück oder die Zielstellung einer Bewegung. Dargestellt werden sie ähnlich wie Rollen. Sie werden später jedoch in Handlungen nicht als Akteure auftreten, sondern als von den Rollen benutzte Objekte.

Definition 54: Requisitendefinition

istRequisit(N, S) $\leftrightarrow$ existiert(N, K) $\in$ requisiten(S)

Ebenso wie Rollen können Requisiten eingeschränkt werden. Das geschieht analog zur Einschränkung der Rollen.

Definition 55: Einschränkung von Requisiten

istRequisiteneinschränkung(C, S) $\leftrightarrow$ existiert(N$_1$, K$_1$) $\in$ requisiten(S) $\wedge$

$\quad$ [(C = einschränkung(T, W) $\in$ requisiten(S) $\wedge$ T = gilt(K$_1$, N$_2$)) $\vee$

$\quad$ (C = einschränkung(T$_1$, T$_2$, W) $\in$ requisiten(S) $\wedge$ T$_1$ = gilt(K$_1$, N$_3$) $\wedge$

$\qquad$ (existiert(N$_2$, K$_2$) $\in$ requisiten(S) $\wedge$ T$_2$ = gilt(K$_2$, N$_4$) $\vee$

$\qquad$ existiert(N$_2$, K$_2$) $\in$ rollen(S) $\wedge$ T$_2$ = gilt(K$_2$, N$_4$))) $\vee$

$\quad$ (C = einschränkung(T$_1$, T$_2$, Rel) $\in$ requisiten(S) $\wedge$ T$_1$ = gilt(K$_1$, N$_3$) $\wedge$

$\qquad$ (existiert(N$_2$, K$_2$) $\in$ requisiten(S) $\wedge$ T$_2$ = gilt(K$_2$, N$_4$) $\vee$

$\qquad$ existiert(N$_2$, K$_2$) $\in$ rollen(S) $\wedge$ T$_2$ = gilt(K$_2$, N$_4$)))]

Im STRIPS-Formalismus wurden solche Einschränkungen als normale Eintrittsbedingungen (condition list) geführt. Das bedeutet, daß aus ihnen neue Unterziele in der Planung entstehen. Unserem Verständnis nach sollten sie aber nicht als Ziele modelliert werden, da sie keine Bedingungen darstellen, die durch die Ausführung einer Aktion erreicht werden, sondern durch die korrekte Auswahl eines Objektes zugesichert werden.

5.2.3 Eintrittsbedingungen und Resultate

Eintrittsbedingungen sind Aussagen über die Umwelt (Erscheinungen), in der das Skript benutzt wird. Sie müssen wahr sein, damit das Skript bzw. die Einstellung ausgeführt werden kann. In der ursprünglichen Anwendung dienten Eintrittsbedingungen als ein Indiz dafür, daß eine Geschichte mit einem bestimmten Skript in Einklang gebracht werden kann und dann mit Hilfe dieses Skriptes verstanden werden kann.

Hier geht es aber neben der Erkennung von Zusammenhängen von Ereignissen vor allem um die „Planung von Geschichten". Eintrittsbedingungen sind Erscheinungen, die vor dem Eintreten der Einstellung gelten müssen. Oft ist die Eintrittsbedingung eine Erscheinung, die einen Zustand darstellt, dessen zeitlicher Beginn irgendwann vor dem Beginn der Einstellung liegt.

Definition 56: Eintrittsbedingungen

$$\text{istEintrittsbedingung}(X @ I, S) \leftrightarrow X @ I \in \text{eintrittsbedingungen}(S)$$

Resultate, die den durch die Ausführung des Skriptes veränderten Teilzustand der Umgebung beschreiben, sind Erscheinungen, die spätestens nach Beendigung der Einstellung gelten. Sie stellen keine notwendige, sondern eine tatsächliche Folge der Einstellung dar. Sie dienen der Planung als Indiz für die Auswahl von Skripten sowie zur Verifikation der Wissensbasis nach Ausführung einer Einstellung.

Definition 57: Resultate

$$\text{istResultat}(X @ I, S) \leftrightarrow X @ I \in \text{resultate}(S)$$

Wenn wir uns Skripte etwas vereinfacht vorstellen, erkennen wir viele Ähnlichkeiten mit den Schemata in STRIPS [Fike 71a]. Dabei ist die durch das Schema beschriebene Aktion mit dem Skriptnamen (bzw. der Menge der enthaltenen Erscheinungen) zu vergleichen. Die Bedingungsliste entspricht den Eintrittsbedingungen und die Aufhebungsliste sowie die Hinzufügungsliste den Resultaten. In einem Skript wird nicht zwischen Aufhebungsliste und Hinzufügungsliste unterschieden, weil keine Aussagen über die Umwelt hinzugefügt oder gelöscht werden, sondern nur die Gültigkeitszeiten geändert werden. Aufhebung bedeutet dann, daß das Ende eines Intervalles aus den Eintrittsbedingungen so eingeschränkt wird, daß es vor Ende der Einstellung endet.

In STRIPS gab es in Bedingungs-, Hinzufügungs- und Aufhebungsliste noch die Möglichkeit, Klauseln durch Disjunktionen zu verknüpfen. In Skripten geht das nicht. Aber in Strips ist man später wohl auch davon abgekommen, da Nilsson in seinem Buch [Nils 82] nichts mehr davon beschreibt. Die Disjunktion erhält man in Skripten dadurch, daß mehrere Skripte erzeugt werden.

5.2.4 Erscheinungen eines Skriptes

Ein Skript enthält eine komplexe zusammengesetzte Handlung. Diese besteht aus einer Menge von Erscheinungen. Vom Planungsstandpunkt aus stellen sie einen Teilplan dar, der ausgehend von Eintrittsbedingungen durch Ausführung der Aktionen, die durch die Erscheinungen beschrieben sind, spezifizierte Resultate liefert. Eine Erscheinung des Skriptes wird durch eine Erscheinungsform und ein Intervall beschrieben. Bei dem Intervall kann die Dauer, der Startzeitpunkt sowie der Endzeitpunkt spezifiziert sein.

Definition 58: Erscheinungen eines Skriptes

> istErscheinung(X @ I, S) $\leftrightarrow$
>
> X @ I $\in$ erscheinungen(S)

Hinsichtlich der Effizienz, der später noch zu beschreibenden Verarbeitung, definieren wir eine Standardreihenfolge von Erscheinungen. Vielfach werden in Skripten sequentielle Folgen von Erscheinungen auftreten, d.h., die Menge der Erscheinungen besitzt eine Teilordnung. Für diese werden nun Listen von Erscheinungen gebildet, deren Folgeglieder jeweils der „vor"-Relation entsprechen. Von zwei Gliedern in der Kette, die nicht hintereinander liegen, können wir nun ohne langwierigen Schlußfolgerungsprozeß feststellen, daß das Glied, das weiter hinten steht, später auftritt als das vordere Glied. Diese Teilmenge heißt *transitive Kette*. Erscheinungen, die als geordnete Menge zusammengefaßt werden, werden als transitive Kette interpretiert. Existiert eine Funktion „position", die angibt, an welcher Stelle ein Element in einer Liste steht, dann kann die transitive Kette wie folgt definiert werden.

Definition 59: Transitive Kette von Erscheinungen

> transitiveKette($\mathbb{X}$) $\leftrightarrow$ $\mathbb{X}$ = $\langle$ X_1 @ I_1, X_2 @ I_2, ... X_n @ $I_n \rangle$ $\wedge$
>
> (position((X_i @ I_i), $\mathbb{X}$) < position((X_j @ I_j), $\mathbb{X}$) $\rightarrow$ I_i <= I_j

5.2.5 Intervallrelationen

Zwischen Intervallen der Erscheinungen eines Skriptes wurde die vor-Zeitbeschränkung standardmäßig in transitiven Ketten definiert. Zwischen zwei Intervallen, die in der Menge der Erscheinungen eines Skriptes existieren, können aber auch andere *Zeitbeschränkungen* gelten. Deshalb enthält ein Skript das Fach „Intervallrelationen".

Definition 60: Intervallrelationen zwischen Erscheinungen eines Skriptes

$$\text{istIntervallrelation}(R, S) \leftrightarrow$$
$$R \in \text{intervallrelationen}(S) \land \exists (X_1 @ I_1), (X_2 @ I_2) \in \text{erscheinungen}(S) \land$$
$$R = \text{intervallrelation}(I_1, ZB, I_2)$$

5.2.6 Kausale Abhängigkeiten

Die Erscheinungen eines Skriptes beschreiben eine Handlung in einer Anwendung. Allein durch die Notation dieser Erscheinungen sowie der Eintrittsbedingungen und Resultate werden Beziehungen dargestellt. Manchmal sollen Beziehungen stärker herausgestellt werden, um z.B. der Planung wichtige Beziehungen zu zeigen.

Kausale Abhängigkeiten dienen der Planung zur Erzeugung von neuen Unterzielen. Ist eine Erscheinung gefordert und ist diese abhängig von einer anderen, so wird diese andere Erscheinung als neues Unterziel verfolgt. Im Fach Abhängigkeiten stehen diese expliziten kausalen Zusammenhänge.

Definition 61: Kausale Folgen

$$\text{istAbhängigkeit}(M, S) \leftrightarrow$$
$$M \in \text{abhängigkeiten}(S) \land \exists (X_1 @ I_1), (X_2 @ I_2) \in \text{erscheinungen}(S) \land$$
$$(M = (X_1 \Rightarrow X_2) \lor M = (X_1 \Leftrightarrow X_2))$$

Aussagen über die Beziehung der Intervalle sind nicht ableitbar, da die kausale Abhängigkeit hier streng von der zeitlichen Abhängigkeit getrennt werden soll. Oft tritt die Ursache zwar vor der Folge auf, aber dieses Phänomen gilt nicht immer. Wenn z.B. die Erscheinung «Es fließt kein Strom» festgestellt wurde, dann kann diese Erscheinung Ursache für die Erscheinung «Die Maschine läuft nicht» sein. Es kann aber nicht behauptet werden, daß das Intervall, in dem die erste Erscheinung auftritt, zeitlich vor dem Intervall liegt, in dem die zweite Erscheinung auftritt.

5.3 Erzeugung von Einstellungen

Die Instanz eines Skriptes – die *Einstellung* – wird durch die Funktion „einstellung"
erzeugt. Das erste Argument ist der Name der Einstellung, das zweite ein Skript, das der
Einstellung als Prototyp dient. Wenn eine Einstellung erzeugt wird, werden der Name
der Instanz und einige Eigenschaften des Skriptes in einer Datenstruktur zusammengefaßt. Eine Einstellung wird in der Wissensbasis als geordnete Menge mit sieben Elementen gespeichert.

Definition 62: Erzeugung von Einstellungen

$\text{istEinstellung}(X) @ \text{I} \leftrightarrow$

$\quad \exists \text{ S istSkript}(S) \wedge X = \text{einstellung}(N_1, S) \wedge \text{I} = \text{skriptintervall}(S) \wedge$

$\quad X = \langle N_1, N_2, \mathbb{O}, \mathbb{C}, \mathbb{XI}, \mathbb{R}, \mathbb{M} \rangle \wedge$

$\quad N_2 = \text{name}(S) \wedge$

$\quad \mathbb{O} = \{ O \mid O \in \text{rollen}(S) \vee O \in \text{requisiten}(S)\} \wedge$

$\quad \mathbb{C} = \{C \mid C \in \text{rollen}(S) \vee C \in \text{requisiten}(S)\} \wedge \mathbb{XI} = \text{erscheinungen}(S) \wedge$

$\quad \mathbb{R} = \text{intervallrelationen}(S) \wedge \mathbb{M} = \text{abhängigkeiten}(S)$

Die Variable Skriptname enthält den Namen eines in der Wissensbasis definierten
Skriptes. Der angesprochene Unifikationsprozeß geschieht nun so, daß das Skript, auf
das der Skriptname weist, und die speziellen Werte in den Fächern Rollen und Requisiten
überprüft und übereinstimmend gemacht werden. Der Name eines Skriptes kann Variablen enthalten, so daß das Skript für unterschiedliche Objekte benutzt werden kann.

Existiert eine Einstellung, so kann mit Hilfe des Skriptnamens auf weitere Informationen des Skriptes zurückgegriffen werden.

Auf einzelne Fächer einer Einstellung wird ähnlich wie bei Skripten über den Namen
zugegriffen. Ein Fach ist eine ungeordnete Menge. Für jedes Fach gibt es eine generierende Funktion.

Definition 63: Zugriff auf Fächer einer Einstellung

$\text{SI} @ \text{I} = \langle N_1, N_2, \mathbb{O}, \mathbb{C}, \mathbb{XI}, \mathbb{R}, \mathbb{M} \rangle @ \text{I} \leftrightarrow$

$\quad \text{name}(SI) = N_1 \wedge \text{skriptname}(SI) = N_2 \wedge \text{objekte}(SI) = \mathbb{O} \wedge$

$\quad \text{einschränkungen}(SI) = \mathbb{C} \wedge \text{erscheinungen}(SI) = \mathbb{XI} \wedge$

$\quad \text{intervallrelationen}(SI) = \mathbb{R} \wedge \text{abhängigkeiten}(SI) = \mathbb{M}$

5.3.1 Objekte und ihre Einschränkungen

Im Namen von Skript und Einstellung können beteiligte Objekte auftreten. So besitzt der Skriptname «DURCHGEHEN_VON RAUM1 NACH RAUM2 DURCH TÜR» drei Requisiten als Argumente. Es müssen aber nicht alle Objekte des Skriptes im Namen existieren. Die Rolle, nämlich der Roboter, der durch die Tür gehen soll, ist nicht im Namen enthalten. Deshalb existiert in einer Einstellung noch eine Liste aller am Skript beteiligten Objekte (Rollen und Requisiten), einschließlich der Objekte, die im Namen enthalten sind.

Die Definitionen der Rollen und Requisiten in einem Skript können als formale Parameter von Skripten angesehen werden. Dann sind die Rollen und Requisiten die aktuellen Parameter einer erzeugten Einstellung. Dabei existiert nicht die gesamte Beschreibung des Objektes im Skript bzw. der Einstellung, sondern Rollen und Requisiten sind im Prinzip Platzhalter für Zeiger auf Objekte, die in der Wissensbasis existieren. Wird eine Einstellung gebildet, dann müssen diese Verweise eingerichtet werden. Das geschieht dadurch, daß den Rollen- bzw. Requisitennamen ein Objekt der Wissensbasis zugeordnet wird.

In der Wissensbasis kann eine Taxonomie von Klassen definiert werden. Wird ein Objekt in einem Skript (der Rahmenhandlung) referenziert, ist die Instanz noch nicht bekannt, sondern nur die Klasse des Objektes, die mit einer Klasse der Taxonomie übereinstimmen muß. Durch Unifikation des Skriptes mit den Aussagen der Wissensbasis wird eine Referenz auf das konkrete Objekt erzeugt.

Für Rollen und Requisiten gilt, daß sie während der Zeit der Ausführung einer Einstellung existieren müssen. In der gleichen Zeit müssen auch die Rollen- und Requisiteneinschränkungen gelten.

Axiom 20: Existenz von Rollen

$$\text{istRolle}(N_1, S) \wedge SI @ I_0 = \text{einstellung}(N_2, S) \rightarrow$$
$$\exists I_1 (\text{in}(I_0, I_1) \wedge \text{existiert}(N_1, K) @ I_1))$$
$$\text{istRolleneinschränkung}(C, S) \wedge SI @ I_0 = \text{einstellung}(N, S) \rightarrow$$
$$\exists I_1 (\text{in}(I_1, I_0) \wedge C @ I_1$$

Axiom 21: Existenz von Requisiten

$$\text{istRequisit}(N, S) \wedge SI @ I_0 = \text{einstellung}(N, S) \rightarrow$$
$$\exists I_1 (\text{in}(I_0, I_1) \wedge \text{existiert}(N, K) @ I_1))$$
$$\text{istRequisitenbeschränkung}(C, S) \wedge SI @ I_0 = \text{einstellung}(N, S) \rightarrow$$
$$\exists \text{in}(I_1, I_0) \wedge C @ I_1$$

5.3.2 Erscheinungen

Das Auftreten einer Einstellung eines Skriptes ist durch ein Intervall eingeschränkt. Alle Intervalle von Erscheinungen, die zu einem Skript gehören, also Teilmenge des Faches Erscheinungen sind, müssen Teilintervall des Intervalles sein, in dem das Skript bzw. die Einstellung stattfindet. Dies gilt aber nur für den Fall, daß die Erscheinung tatsächlich auftritt.

Axiom 22: Zeitliches Auftreten von Erscheinungen eines Skriptes

$$istErscheinung(X @ I_1, S) \wedge SI @ I_0 = einstellung(N, S) \rightarrow$$
$$(X @ I_1) \wedge in(I_0, I_1)$$

Diese Einschränkung bringt wesentliche Vorteile bei der Konsistenzüberprüfung des gesamten Systems, weil immer nur eine begrenzte Anzahl von Intervallen untersucht wird. Die Erscheinungen eines Skriptes bilden eine ungeordnete Menge. Damit können sie beliebig nebenläufig auftreten. Mengen können aber auch teilweise geordnet werden, in dem transitive Ketten gebildet werden oder explizite Intervallrelationen einführt werden.

Da die Erscheinungen eines Skriptes durch ein Intervall beschrieben sind, sind den Erscheinungen die Attribute Beginn, Ende und Dauer zugeordnet. Aus spezifizierten Intervallattributen und Intervallrelationen lassen sich weitere, bisher unbestimmte Attribute berechnen.

Um die Speicherplatzanforderung zu reduzieren, schlägt Allen *Referenzintervalle* vor. Formal ist ein Referenzintervall einfach ein Intervall, auf welches sich andere Intervalle beziehen. Wir benutzen dafür Skripte. Innerhalb eines Skriptes werden alle Beschränkungen zwischen den Intervallen bestimmt. Ein Intervall einer Erscheinung des Skriptes ist nur über das Intervall der Einstellung mit dem restlichen System verbunden.

Intervalle sind nur innerhalb eines Skriptes durch andere Intervalle eingeschränkt. Wir stellen weiterhin die prinzipielle Einschränkung auf, daß alle Intervalle der Erscheinungen eines Skriptes Teilintervalle des Intervalls des Skriptes sind.

Da Skripte Erscheinungen sind und durch Intervalle attributiert sind, können sie selbst wieder Erscheinung eines weiteren Skriptes sein und so eine Hierarchie bilden. Wenn zwei Intervalle nicht explizit in einer Beziehung zueinander stehen, kann eine Beziehung gefunden werden, indem ein Weg zwischen den Skripten gesucht wird.

5.4 Ausführbarkeit von Einstellungen

Soll eine Einstellung erzeugt werden, wird also gesagt, daß die Instanz eines Skriptes in einem Intervall stattfinden soll, so bedeutet das, daß sie eingeplant werden muß.

Definition 64: Einstellungsdefinition

$$\text{einstellung}(X @ I) \rightarrow \exists O \; \text{eingeplant}(O, X @ I)$$

Eingeplante Erscheinungen müssen ausführbar sein.

Satz 18: Ausführbarkeit von Einstellungen

$$X @ I = \text{einstellung}(N, S) \rightarrow \exists O \; (\text{ausführbar}(O, X) @ I)$$

5.4.1 Eintrittsbedingungen

Eintrittsbedingungen sind Erscheinungen, die vor Ausführung einer Einstellung gelten müssen. Die zeitliche Beziehung kann durch die „leitet_ein"-Zeitbeschränkung beschrieben werden. Diese Eigenschaft wird durch das erste Planungsaxiom festgehalten.

Axiom 23: Erstes Planungsaxiom

$$X @ I = \text{einstellung}(N, S) \land \text{ausführbar}(O, X) @ I_1 \land$$
$$\text{istEintrittsbedingung}(X @ I_2, S) \rightarrow \text{leitet\_ein}(I_2, I_1)$$

Wir unterscheiden zwischen notwendigen und tatsächlichen Bedingungen. Eine Bedingung ist notwendig, wenn sie kausale Ursache für eine geforderte Erscheinung ist. Das erste Planungsaxiom wird benutzt um in der Planung neue Unterziele zu bestimmen. Skripte enthalten meist mehrere Erscheinungen im Fach „Resultate". Ein Skript bzw. eine Einstellung wird aufgrund einer dieser Erscheinungen im Fach „Resultate" ausgewählt. Diese Erscheinung ist gefordert. Die anderen Resultate werden auch auftreten, da sie ja im Skript als Resultat festgehalten sind, aber in der momentanen Planung bleiben sie erst einmal unberücksichtigt. Dieser Unterschied wird in der weiteren Planung berücksichtigt. Im Fach „Abhängigkeiten" ist spezifiziert, wovon das Resultat, das mit dem aktuellen Ziel übereinstimmt, kausal abhängt. Abhängigkeiten werden durch notwendige Implikationen dargestellt. Die Prämisse der notwendigen Konklusion wird zur notwendigen Erscheinung des Skriptes. So erhalten wir notwendige und normale Eintrittsbedingungen. Dieser Prozeß heißt *Qualifizierung der Eintrittsbedingungen*. Notwendige Eintrittsbedingungen werden im weiteren Planungsprozeß besonders behandelt.

Sie geben einen Hinweis, in welche Richtung zuerst gesucht werden soll. Die anderen Eintrittsbedingungen ergeben sich oft als Seiteneffekte von anderen Planungsschritten.

Satz 19: Qualifizierung der Eintrittsbedingungen

$$\text{gefordert}(XI_1) \wedge SI \in KM_E \wedge SI = \text{einstellung}(N, S) \wedge$$
$$\text{istEintrittsbedingung}(XI_2, S) \wedge \text{istAbhängigkeit}(XI_1 \Rightarrow XI_2, S) \rightarrow$$
$$\text{gefordert}(XI_2)])$$

5.4.2 Resultate

Resultate sind Erscheinungen, die entweder gleich oder vor dem Ende des Skriptes auftreten. Das entscheidende ist jedoch, daß ein Intervall existiert, das durch das Intervall des Skriptes getroffen wird und das eine gewisse Dauer hat. Das Ende ist oft unbestimmt, wenn nicht eine Dauer für die Erscheinung angegeben wurde.

Axiom 24: Resultatsaxiom

$$\text{istResultat}(X_1 \ @ \ I_1, S) \wedge X_2 \ @ \ I_2 = \text{einstellung}(N, S) \rightarrow$$
$$(\text{folgt}(I_2, I_1) \wedge [\text{eingeplant}(X_2 \ @ \ I_2) \rightarrow \text{eingeplant}(X_1 \ @ \ I_1)])$$

Axiom 25: Zweites Planungsaxiom

$$\text{istResultat}(X_1 \ @ \ I_1, S) \wedge X_2 \ @ \ I_2 = \text{einstellung}(N, S) \rightarrow$$
$$(\text{gefordert}(X_1) \ @ \ I_1 \Rightarrow (X_2 \ @ \ I_2))$$

Das zweite Planungsaxiom wird benutzt, um in der Planung Operatoren zu finden, die ein Ziel erfüllen. Dafür muß in der Planung das Ziel mit einem Resultat der Planung übereinstimmen.

5.5 Beispiel

Am Beispiel von zwei STRIPS-Schemata sollen Skripte näher vorgestellt werden. Danach wird noch ein Skript vorgestellt, an dem die Qualifizierung von Eintrittsbedingungen verdeutlicht werden soll.

Skripte sind nicht exakt gleich zu STRIPS-Schemata. Zum einen werden in Skripten Aussagen über das zeitliche Verhalten gemacht. So wird z.B. eine Ausführungzeit spezifiziert. Außerdem werden Aussagen über die Reihenfolge von Erscheinungen gemacht.

Das erste Skript stellt das „goto2"-Schema dar. Die Bedingung in diesem Skript, daß der Roboter im Raum ist, gilt nicht nur vor der Ausführung des Skriptes, sondern auch während der Ausführung. Ist die Einstellung ausgeführt, wird der Roboter immer noch im Raum sein. Dagegen beginnt das Resultat, daß der Roboter in der Nähe von Position X ist, erst mit Ende der Ausführung des Skriptes.

Dabei ist hier keine Verfeinerung durchgeführt worden, das heißt, das Fach Erscheinung bleibt bei beiden Skripten leer. Wir könnten uns hier auch eine detailliertere Beschreibung vorstellen.

Fächer	Einträge
Name	gehe_zu X @ [i0,0..∞,0..∞,15],
Rollen	[rolle(R, roboter), mobil(R)],
Requisiten	[requisit(X,objekt), requisit(RA,raum), X in RA],
Erscheinungen	[],
Eintrittsbedingungen	[R in RA @ I1, auf_boden R @ I2],
Resultate	[R bei X @ I3],
Intervallrelationen	[eingeschlossen(i0, I1), eingeschlossen(i0, I2), trifft(i0, I3)],
Abhängigkeiten	[R bei X ⇒ R in RA]

Bild 27: Einfaches Skript (STRIPS-Schema „goto2")

Das zweite STRIPS-Schema, das hier als Skript dargestellt wird, ist das „gothru"-Schema. Interessant ist hier die Definition der Abhängigkeiten. Es wird hier gesagt, daß es notwendig ist, daß wenn „R in R2" gelten soll, es notwendig ist, daß „R bei T" und „R in R1" gilt. In den Beispielen hat diese Definition eine ähnliche Bedeutung, wie die Bewertung der Bedingungen in ABSTRIPS [Sace 74]. Hierauf kommen wir im Kapitel über die Planung nocheinmal zurück.

Fächer	Einträge
Name	`durchgehen_von R1 nach R2 durch T @[i0,0..∞,0..∞,5]`
Rollen	`[rolle(R, roboter), mobil(R)],`
Requisiten	`[requisit(R1,raum), requisit(R2,raum),`
	`requisit(T,tuer), eingang(T,R1), eingang(T,R2),`
Erscheinungen	`[],`
Eintrittsbedingungen	`[R bei T @ I1, R in R1 @ I2, auf_boden R @ I3],`
Resultate	`[R in R2 @ I4],`
Intervallrelationen	`[eingeschlossen(i0, I1), ueberlappt(I2,i0),`
	`leitet_ein(I3, i0), trifft(i0, I4)],`
Abhängigkeiten	`[R in R2 ⇒ R bei T, R in R2 ⇒ R in R1]`

Bild 28: Einfaches Skript (STRIPS-Schema „gothru")

Am Skript „bewege Block X von Block Y nach Block Z" soll die Bedeutung der Qualifizierung der Eintrittsbedingungen gezeigt werden. Es entspricht dem STRIPS-Schema
„move(m, n, o)" zur Modellierung der „Klötzchenwelt". Es besitzt drei Resultate: Block
Y wird frei, Block X ist nach dem Loslassen des Roboters wieder frei und Block X liegt
auf Block Z. Es sind drei Ziele vorstellbar, für die dieses Skript ausgewählt wird.

Angenommen, das Planungsziel ist, daß Block X auf Block Z liegen soll. Im Fach
Abhängigkeiten steht nun, daß für dieses Resultat eine notwendige Abhängigkeit mit
den Eintrittsbedingungen „frei X" und „frei Z" besteht. Die dritte Eintrittsbedingung ist
nun keine notwendige, sondern eine „tatsächliche" Abhängigkeit. Der Block „X" steht
irgendwo drauf, aber das muß nicht eingeplant werden. Hier wird jede mögliche Ausprägung akzeptiert. Ist das Planungsziel „frei Y", werden die Eintrittsbedingungen „frei X"
und „X auf Y" qualifiziert. Existiert nicht immer ein freier Platz „Z", müßte in der
Abhängigkeitsdefinition auch noch die dritte Eintrittsbedingung enthalten sein.

Fächer	Einträge
Name	`bewege X von Y nach Z @ [i0,0..∞,0..∞,3..5],`
Rollen	`[rolle(R, roboter)],`
Requisiten	`[requisit(X, block), requisit(Y, block),`
	`requisit(Z, block)],`
Erscheinungen	`[greife X @ I1,gehe_nach Z @ I2, oeffne_Hand @ I3]`
Eintrittsbedingungen	`[frei X @ I4, X auf Y @ I5, frei Z @ I6],`
Resultate	`[frei Y @ I7, X auf Z @ I8, frei X @ I9],`
Intervallrelationen	`[trifft(I4,i0), ueberlappt(I5,I0), beendet(i0,I6)]`
Abhängigkeiten	`[frei(Y) ⇒ frei(X), frei(Y) ⇒ auf(X, Y),`
	`auf(X, Z) ⇒ frei(Z), auf(X, Z) ⇒ frei(X)]`

Bild 29: Skript „bewege Block"

5.6 Abstraktionsmechanismus

Skripte stellen eine Möglichkeit dar über Erscheinungen zu abstrahieren. Dabei werden mehrere Erscheinungen zu einem Skript zusammengefaßt. Dieser Abstraktionsprozeß kann über mehrere Ebenen gehen.

Da eine Einstellung eine Erscheinung ist und sich eine Einstellung aus verschiedenen Erscheinungen zusammensetzt, ist es sinnvoll, daß sich eine Einstellung aus anderen Einstellungen zusammensetzen läßt. Die Unterscheidung zwischen Erscheinungen und Einstellung ist ein Aspekt der Abstraktion. Beide beschreiben eine Erscheinung, die während eines Intervalls stattfindet. Eine Einstellung enthält lediglich eine detaillierte Beschreibung über Teilaktivitäten und andere Eigenschaften von Handlungen.

Hier erscheint es sinnvoll einen Abstraktionsmechanismus zu definieren, der ein Skript als einzelne Erscheinungsform interpretiert und es dann erlaubt, eine Einstellung zu definieren, die aus mehreren Einstellungen besteht.

Bedingung dafür, daß Einstellungen zusammengesetzt werden können und daraus ein neues Skript gebildet werden kann, ist, daß die Resultate einer Einstellung, die zuerst ausgeführt wird, nicht mit den Eintrittsbedingungen einer folgenden Einstellung kollidieren. Diese Zusicherung muß auch bei der Planung gemacht werden.

Definition 65: Einsetzbare Skripte

$$\text{einsetzbar}(S_2, S_1) = \diamondsuit \text{ istErscheinung}(S_2 @ I_2, S_1 @ I_1)$$

Da die Einstellungen in dem neuen Skript Erscheinungen sind, werden diese auch zeitlich eingeschränkt. Bedingung dafür ist, daß eine Einstellung tatsächlich auftritt.

Satz 20: Intervall des eingesetzten Skriptes

$$\text{einsetzbar}(S_2 @ I_2, S_1 @ I_1) \rightarrow \text{in}(I_2, I_1)$$

Damit ein Skript einsetzbar ist, müssen die Eintrittsbedingungen erfüllt sein. Dafür gibt es zwei Möglichkeiten: Eine Eintrittsbedingung ist Erscheinung oder sie ist Eintrittsbedingung des umfassenden Skriptes. Wird ein Skript eingesetzt, müssen die Resultate entweder Erscheinung oder Resultat des umfassenden Skriptes.

Satz 21: Eintrittsbedingungen und Resultate des eingesetzten Skriptes

$$\text{einsetzbar}(S_2 @ I_2, S_1 @ I_1) \wedge \text{istEintrittsbedingung}(X @ I_3, S_2) \rightarrow$$
$$\text{istErscheinung}(X @ I_3, S_1) \vee \text{istEintrittsbedingung}(X @ I_3, S_1)]$$
$$\text{einsetzbar}(S_2 @ I_2, S_1 @ I_1) \wedge \text{istResultat}(X @ I_3, S_2) \rightarrow$$
$$\text{istErscheinung}(X @ I_3, S_1) \vee \text{istResultat}(X @ I_3, S_1)]$$

Das folgende Skript besteht aus zwei Einstellungen von den vorgestellten Skripten.

Fächer	Einträge
Name	`gehe_in_raum RA2 @ [i0, 0..∞, 0..∞, 30],`
Rollen	`[rolle(R, roboter), mobil R],`
Requisiten	`[requisit(T, tuer), requisit(RA1,raum),`
	`requisit(RA2,raum),eingang(T, RA1),eingang(T, RA2)],`
Erscheinungen	`[[gehe-zu T @ I1,`
	`    durchgehen_von RA1 nach RA2 durch T @ I2]],`
Eintrittsbedingungen	`[R in RA1 @ I3, auf_boden R @ I4],`
Resultate	`[R in RA2 @ I5, R bei T @ I6],`
Intervallrelationen	`[startet(I1, I0), beendet(I2, I0]),`
	`eingeschlossen(I0, I4), trifft(I0, I3),`
	`ueberlappt(I5, I0), ueberlappt(I6, I0)],`
Abhängigkeiten	`[R in RA2 ⇒ R in RA1]`

Bild 30: Zusammengesetztes Skript

Beide Skripte folgen aufeinander und bilden eine transitive Kette. Sie können aber noch weiter eingeschränkt werden. Die erste „startet" die Einstellung und die andere „beendet" es. Die Resultate der beiden werden zusammengefaßt, weil das zweite Skript diese Erscheinung als Eintrittsbedingung besitzt, und das Intervall der Einstellung durch das Intervall der Bedingung „eingeschlossen" ist.

Erscheinungen eines Skriptes können auch modale Erscheinungen sein. Eine spezielle modale Erscheinung ist die geforderte Erscheinung, die zur Spezifikation von Zielen benutzt wird. Steht eine geforderte Erscheinung im Fach Erscheinungen eines Skriptes, bedeutet das eine abstrakte Beschreibung dessen, was hier passieren soll. Bei der Aufstellung des Skriptes konnte noch nicht angegeben werden, welche Aktionen ausgeführt werden müssen, sondern nur, was an dieser Stellung der Handlung gefordert ist.

Die Planung muß nun nach Aktionen bzw. einem Teilplan suchen, der diese geforderte Erscheinung herbeiführt. Diese geforderte Erscheinung ist nicht mit den Eintrittsbedingungen eines Skriptes zu vergleichen. Wird eine Handlung durch geforderte Erscheinungen beschrieben, handelt es sich um eine abstrakte Beschreibung der Geschichte, bei der die einzelnen Schritte noch ausführlich geplant werden müssen. Es ist jedoch unter Umständen eine zeitliche Reihenfolge gegeben, und kausale Beziehungen zwischen den einzelnen Schritten wurden festgelegt.

6 Einplanung von Erscheinungen

Unter der *Einplanung von Erscheinungen* verstehen wir die kausale und zeitliche Planung von Erscheinungen mit der Absicht, aufgestellte Anforderungen an die Zukunft zu erfüllen. Sie geschieht unter verschiedenen Gesichtspunkten.

Wir haben festgestellt, daß technische Prozesse am besten ereignisorientiert modelliert werden. Sollen technische Prozesse gesteuert werden, dann müssen Voraussagen darüber getroffen werden, wie sich die Prozesse in der nächsten Zukunft verhalten werden. Dazu dienen die kausalen und zeitlichen Einschränkungen. In Kapitel 3 wurde dargestellt, wie aufbauend auf der ereignisorientierten Repräsentation eine Voraussage über den zeitlichen Verlauf der Prozesse getroffen werden kann. Die Repräsentation und die Art und Weise, wie kausale Folgerungen gezogen werden, wurde in Kapitel 4 vorgestellt.

Der Vorgang der Planung besitzt zwei Aspekte. Der erste Aspekt ist die kausale Planung. Hier wird untersucht, welche Operatoren angewandt werden müssen, damit die Zielspezifikation kausal daraus folgt. Dabei stellen die vorgestellten Skripte die Operatoren der Planung dar. Die kausale Planung arbeitet mit den beiden Planungsaxiomen.

Die kausale Planung basiert auf der Strategie, daß nicht notwendige Entscheidungen möglichst lange hinausgezögert werden. Diese Strategie, die unter dem Begriff „least-commitment" [Rich 83] bekannt ist, realisieren wir durch ein Einschränkungsmodell. Existiert eine Auswahlfreiheit in der Planung, wird die Auswahl so lange wie möglich verzögert, um ein späteres Backtracking zu vermeiden. Dazu ist es wichtig zu unterscheiden, welche Erscheinungen kausal zwingend voneinander abhängen. Dafür wurden in Skripten spezielle Definitionen eingeführt.

Der zweite Aspekt der Planung ist die zeitliche Einplanung von Erscheinungen. Hier soll der Beginn und die Dauer der eingeplanten Aktionen bestimmt werden. Gleichzeitig wird aber auch überprüft, ob die geplante Reihenfolge der Erscheinungen möglich ist. Das geschieht zum einen durch die Intervallrelationen, die aus den kausalen Zusammenhängen ableitbar sind und zum anderen aus der Dauer von auftretenden Erscheinungen. Außerdem wird noch die zeitliche Spezifikation der Zielanforderung verwendet. Dieses Wissen, das in Form eines Intervallgraphen darstellt wird, wird mit einem Propagierungsalgorithmus für Einschränkungen verarbeitet.

Folgende Anforderungen werden im sechsten Kapitel behandelt:

- Rechtzeitigkeit
- dynamische Planungsumgebung
- ununterbrochener Betrieb der Planung
- Unterbrechbarkeit der Planung
- relative und absolute zeitliche Einplanung von Aktionen
- effiziente Planung durch Einschränkungen
- nichtsequentielle Abarbeitung in der Planung
- ereignisorientierte Planung

6.1 Der Planungsprozeß

Der zentrale Planungsprozeß ist die Suche nach einem Plan, der ein gestelltes Problem löst. Es wird eine Menge von Einstellungen gesucht. Werden sie in einer bestimmten Reihenfolge und zu bestimmten Zeiten ausgeführt, sichern sie zu, daß die Erscheinung, die das Ziel darstellt, in der Zukunft einmal tatsächlich auftritt. Dabei wird untersucht, was bisher als Tatsache in der Wissensbasis gilt und was gefordert ist.

Es wird rückwärtsverkettet nach Skripten gesucht. Eine *rückwärtsverkette Suche* bedeutet, daß ausgehend von einem Ziel Operatoren bzw. Skripte gesucht werden, die das Ziel erfüllen. Für eine Entscheidung, ob eine rückwärts- oder eine vorwärtsverkettete Suche verwendet wird, gibt Rich [Rich 83] zwei Kriterien an. Das erste Kriterium besagt: wenn man einen Weg von einer Start- zu einer Zielsituation sucht, und mehrere mögliche Start- und Zielsituationen existieren, dann soll man auf der Seite mit der Suche beginnen, wo weniger mögliche Situationen existieren. In unserem Fall ist genau eine Zielsituation eindeutig gefordert und die Startsituation sehr viel komplexer, so daß wir uns nach diesem Kriterium für eine rückwärtsverkettete Suche entscheiden. Das zweite Kriterium basiert auf dem sogenannten *Verzweigungsfaktor* (branching factor). Dieser gibt an, wieviele neue Teilziele sich durch Anwendung eines Operators ergeben. Das Kriterium besagt nun, daß wir in die Richtung suchen sollen, in die der Verzweigungsfaktor am kleinsten ist. Bei einer vorwärtsverketteten Suche ist der Verzweigungsfaktor gleich der durchschnittlichen Anzahl von Resultaten der Skripte und bei der rückwärtsverketteten Suche gleich der durchschnittlichen Anzahl von Eintrittsbedingungen der Skripte. Da im Allgemeinfall keine Aussage darüber gemacht werden kann (es wird im Durchschnitt genauso viele Eintrittsbedingungen wie Resultate geben), ist das erste Kriterium entscheidend.

Für einen gefundenen Operator müssen alle Vorbedingungen erfüllt sein, damit dieser angewandt werden kann. Das bedeutet, daß die Eintrittsbedingungen der Skripte zu neuen Zielen bzw. Unterzielen erhoben werden.

Ist ein Unterziel als Tatsache gegeben oder ist es als Erscheinung bereits eingeplant, dann werden keine weiteren Unterziele erzeugt. Es kann auch sein, daß das Unterziel schon in einem anderen Skript, das eingeplant wurde, Eintrittsbedingung war und damit bereits als Ziel bewiesen wurde. Ist das Unterziel nicht in der Wissensbasis enthalten, wird es in die Wissensbasis und die Zielagenda integriert. Dann müssen Operatoren gesucht werden, die diese Unterziele erfüllen.

Ein Skript erfüllt ein Ziel, wenn es ein Resultat enthält, das mit dem Ziel übereinstimmt. Alle Skripte, die diese Bedingung erfüllen, bilden eine Konfliktmenge. Aus dieser *Konfliktmenge* der Skripte wird die Konfliktmenge der Einstellungen erzeugt, indem die Rollen und Requisiten der Skripte belegt werden. Die Menge wird soweit verringert, daß nur noch eine Einstellung übrigbleibt, die dann eingeplant wird.

Die Graphik auf der folgenden Seite verdeutlicht den Planungsprozeß. Dabei deuten schwarze Pfeile den Kontrollfluß und schwarz-weiße Pfeile den Datenfluß an.

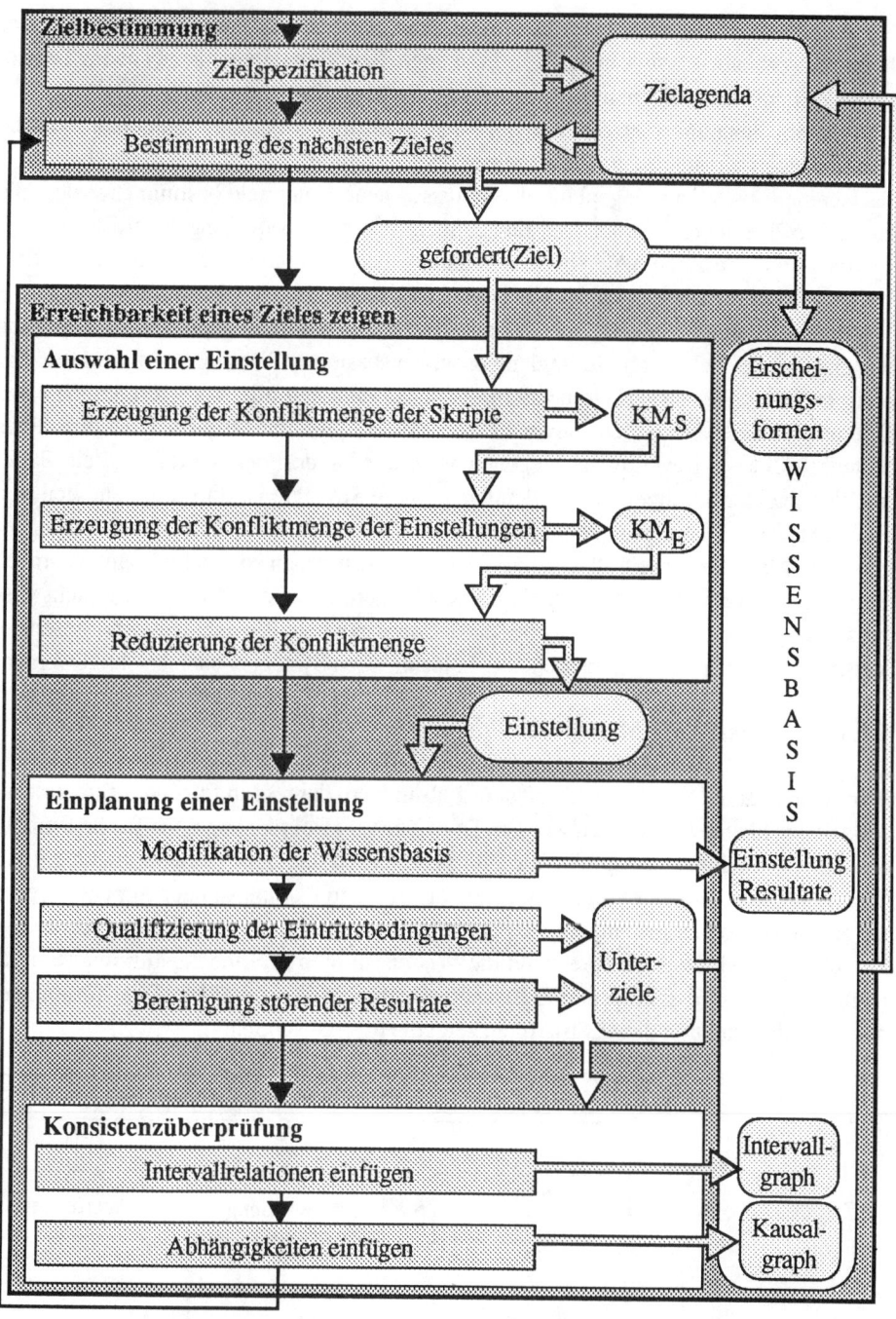

Bild 31 : Schematischer Ablauf der Planung

Skripte, deren Bedingungen bereits als Tatsache gegeben sind, werden bevorzugt. Das heißt, sie verbleiben länger in der Konfliktmenge. Eine Bedingung, die als neues Teilziel in die Wissensbasis aufgenommen wird, erhält die Modalität „gefordert".

Ist eine Einstellung ausgewählt, so wird sie mit der Modalität „eingeplant" in die Wissensbasis aufgenommen. Die Resultate der Einstellung werden auch eingeplant.

Ist eine Einstellung eingeplant, dann müssen neue Unterziele bestimmt werden, die aus dieser Planung resultieren. Das sind zum einen Eintrittsbedingungen der Einstellung. Zum anderen entstehen neue Unterziele daraus, daß Resultate einer eingeplanten Einstellung die Eintrittsbedingungen von bereits früher eingeplanten Einstellungen stören.

Mit der Strategie, daß ein Operator ausgesucht und sofort eingeplant wird, entfernen wir uns von den bekannten Strategien der wissensbasierten Planung. Dort wird die Planung meist als Beweisverfahren interpretiert, bei dem erst alle Vorbedingungen eines Operators bewiesen werden, bevor er als relevanter Planungsschritt (in Form eines Seiteneffektes des Beweises) ausgegeben wird. Das hat dort den Vorteil, daß ein Backtracking leichter durchgeführt werden kann. Diese Strategie ist dort möglich, weil von einer statischen Planungsumgebung mit Zuständen und Zustandsübergängen ausgegangen wird. Man setzt voraus, daß sich die Umwelt auch genau so wie im Planungsprozeß angenommen verhält. Wenn sich die Umwelt ändert, kann von der Planung nicht wissensbasiert entschieden werden, ob die Lösung noch gültig ist. Unvorhergesehene Veränderungen der Umwelt müssen aber in technischen Systemen berücksichtigt werden.

6.1.1 Das funktionale Modell der Planung

Wird vom zeitlichen Ablauf in der Planung abstrahiert, dann kann folgendes funktionales Modell der Planung entworfen werden. Es existieren zwei planungsspezifische Strukturen, auf die die Planung zugreift: die Zielspezifikation und der Plan. Die Planung greift ebenso auf eine Wissensstruktur zu, in der die gesamte Planungsumgebung beschrieben ist. Eine Überwachungskomponente bekommt die aktuellen Werte aus dem technischen Prozeß und modifiziert entsprechend die Wissensstrukturen. Eine Ausführungskomponente sorgt dafür, daß eingeplante Erscheinungen ausgeführt werden. Den Zusammenhang und die Funktion dieser Strukturen zeigt die folgende Graphik:

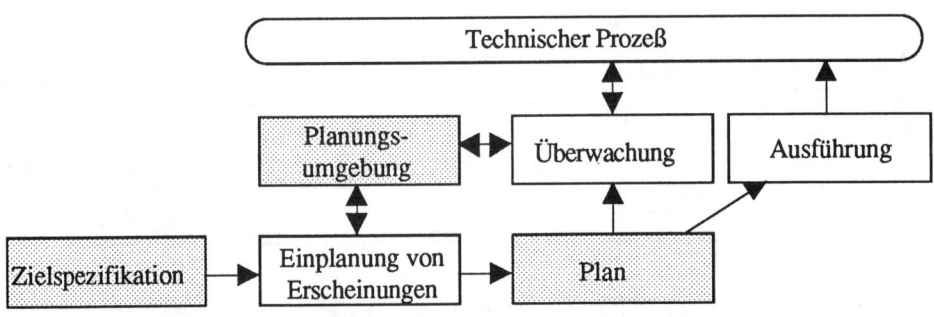

Bild 32: Funktionales Modell der Planung

6.1.2 Die ununterbrochene Planung

Die Einplanung von Zielen kann durch eine rekursive Schleife implementiert werden. Wie üblich für Echtzeitprogramme, existiert für die Schleife kein Abbruchkriterium. Existiert zur Zeit kein Ziel für das Programm, so befindet es sich in einem Wartezustand. Das Prädikat „wait_until(Zielspezifikation)" stellt dies im folgenden PROLOG-Programm dar. Das Programm wird durch Ausführung des Prädikates solange verzögert, bis die Variable „Zielspezifikation" belegt wird. Während des Wartens können andere Aktivitäten im System stattfinden, die u.a. diese Variable belegen können.

```
planer :-
    wait_until(Zielspezifikation),
    plane(Plan),
    planer.

plane(Plan) :-
    naechster_Auftrag(Ziel, Zielagenda),
    erreichbar(Ziel, Plan),
    plane(Plan), !.
plane.
```

Algorithmus 2: Planungsschleife

Diese Semantik kann jedoch nur in einem PROLOG-Interpreter implementiert werden, der Und- und/oder Oder-Parallelität zur Verfügung stellt wie das z.B. bei PARLOG [Greg 87] oder CPROLOG [Brau 87] der Fall ist. In einer weiteren Schleife werden dann die Ziele der Zielagenda eingeplant, bis alle bewiesen sind. Dabei enthält die Variable „Plan" einen Namen, über den Erscheinungen und Intervalle zusammengefaßt werden.

6.1.3 Erreichbarkeit einer geforderten Erscheinung

Die Erreichbarkeit einer geforderten Erscheinung kann auf zwei Arten gezeigt werden. Die einfachere und deswegen bevorzugte Art ist die, bei der gezeigt wird, daß die geforderte Erscheinung mit einer Erscheinung in der Wissensbasis übereinstimmt. Dabei existieren verschiedene Möglichkeiten, wie diese Zielerscheinung gegeben ist. Das Ziel kann bereits als Tatsache in der Wissensbasis existieren. Das entspricht der Startsituation in traditionellen Planungssystemen. Das Ziel kann aber auch als Folge von bereits eingeplanten Operatoren existieren. Wurde in der bisherigen Planung eine Einstellung eingeplant, dann treten auch die Resultate dieser Erscheinung auf. Diese werden ebenso wie die Einstellung als eingeplant in der Wissensbasis eingestuft. Entspricht das aktuelle Ziel einem so eingeplanten Resultat, so ist die Erreichbarkeit des Ziels gezeigt. Die dritte Möglichkeit ist die, daß das aktuelle Ziel mit einem Ziel übereinstimmt, dessen Erreichbarkeit bereits gezeigt wurde. In allen drei Fällen, in denen das Ziel bereits gegeben ist, muß das Intervall der gegebenen Erscheinung mit der Zielerscheinung nach der Unifikation identisch sein.

Existiert keine Erscheinung, die mit dem Ziel übereinstimmt, dann muß ein Operator gesucht werden, der, wenn er angewendet wird, eine Erscheinung herbeiführt, die mit dem Ziel übereinstimmt.

Kann ein Ziel nicht erzwungen werden, muß untersucht werden, an welchen Stellen der Planung eine willkürliche Entscheidung getroffen wurde. Dies wird immer da sein, wo die Konfliktmenge von anwendbaren Skripten willkürlich verringert wurde. Ebenso kann es passieren, daß mehrere Erscheinungen in der Wissensbasis existieren, die mit dem Ziel übereinstimmen. Ein weiterer Ansatzpunkt ist das Prädikat „unifiziere", das zwei Intervalle gleichsetzt. Waren bisher Attribute eines Intervalls unbestimmt, so werden sie nun mit dem anderen gleichgesetzt. Es kann aber auch sein, daß es sich um zwei verschiedene Erscheinungen handelt, deren Intervalle nicht gleichgesetzt werden dürfen. Das bedeutet, die Erreichbarkeit muß mit anderen Operatoren gezeigt werden.

```
/*
 *     Ziel ist bereits als Fakt gegeben
 */
erreichbar(X @ I1, Plan) :-
    fakt(X @ I2),
    unifiziere(I1, I2).
/*
 *     Ziel ist äquivalent zu einer eingeplanten Erscheinung
 */
erreichbar(X @ I1, Plan) :-
    eingeplant(X @ I2),
    unifiziere(I1, I2).
/*
 *     Ziel ist äquivalent zu einem alten Ziel
 */
erreichbar(X @ I1, Plan) :-
    gefordert(X @ I2),
    unifiziere(I1, I2).
/*
 *     Ziel wird gefordert und es wird nach einem
 *     Teilplan gesucht, der das Ziel erfüllt
 */
erreichbar(XI, Plan) :-
    einfuegen(gefordert(XI), Plan),
    auswahl_einer_Einstellung(XI, SI),
    einplanung_einer_Einstellung(XI, SI,Plan),
    konsistenzueberpruefung(XI, SI, Plan).
```

Algorithmus 3: Erreichbarkeit eines Zieles

6.1.4 Pläne

Ein *Plan* ist eine Wissensstruktur, die aus vier Komponenten besteht. Die erste Komponente ist ein frei wählbarer Name, die zweite eine Menge von eingeplanten Erscheinungen. Der wichtigste Bestandteil der Erscheinungen sind die eingeplanten Einstellungen. Die Zeit jeder Erscheinung ist durch ein Intervall eingegrenzt, dessen Attribute un-

ter Umständen unbestimmt sind. Die dritte Komponente ist eine Menge von Intervallre-
lationen zwischen den Intervallen der Erscheinungen. Die verschiedenen Erscheinungen
eines Planes können zeitlich gegeneinander eingeschränkt werden. So kann von einer
Erscheinung z.B. gefordert sein, daß sie vor einer anderen Erscheinung ausgeführt wird.
Die vierte Komponente eines Planes enthält die kausalen Abhängigkeiten zwischen den
Erscheinungen. Ein Plan ist also eine geordnete Menge mit vier Elementen.

Definition 66: Definition eines Planes

$$\text{istPlan}(X) \leftrightarrow X = \langle\, N, \mathbb{XI}, \mathbb{R}, \mathbb{M}\, \rangle$$

Die Notation als geordnete Menge verdeckt die wahre Repräsentation in der Wissensbasis. Dort stehen alle Erscheinungen eines Planes ungeordnet zwischen anderen Erscheinungen. Ein Plan ist lediglich eine virtuelle Wissensstruktur. Der Zusammenhang der
Erscheinungen ist durch die Abhängigkeitsstruktur explizit beschrieben. Auf die Elemente eines Planes ist der Zugriff genauso wie bei anderen Wissensstrukturen definiert.

Definition 67: Zugriff auf Komponenten eines Plans

$$\text{Plan} = \langle\, N, \mathbb{XI}, \mathbb{R}, \mathbb{M}\, \rangle \leftrightarrow \text{name}(\text{Plan}) = N \wedge \text{erscheinungen}(\text{Plan}) = \mathbb{XI} \wedge$$
$$\text{intervallrelationen}(\text{Plan}) = \mathbb{R} \wedge \text{abhängigkeiten}(\text{Plan}) = \mathbb{M}$$

Die eingeplanten Einstellungen können selbst wieder aus verschiedenen Erscheinungen
aufgebaut sein. Alle Erscheinungen einer Einstellung werden während des Intervalls der
Einstellung auftreten.

Die drei Mengen des Planes (Erscheinungen, Intervallrelationen und Abhängigkeiten)
sind ungeordnet. Beispiele für Pläne wurden bereits im vierten Kapitel vorgestellt. Ähnlich wie bei den Erscheinungen eines Skriptes kann durch transitive Ketten eine Teilordnung beschrieben werden. Die Menge der Intervallrelationen enthält weitere Einschränkungen, die ungeordnet notiert sind. Pläne werden von einem Planungsprogramm
erstellt und in der Wissensbasis gehalten. Pläne sind meist unvollständig, da die Planung
nur notwendige Einschränkungen des Planes formuliert.

Ein Plan soll ausführbar sein. Bevor eine Erscheinung in einen Plan integriert wird,
wird überprüft, ob die Erscheinung möglich und ausführbar ist. Wurde eine Einstellung
gefunden, die zur Lösung der Zielspezifikation geeignet erscheint, so wird die Einstellung als „eingeplant" in der Wissensbasis eingestuft.

6.2 Zielbestimmung

Bevor die eigentliche Planung einsetzen kann, muß zuerst einmal die Aufgabe bzw. das
Ziel der Planung spezifiziert werden. Da in unserem Repräsentationsansatz weit mehr
verschiedene Arten von Zielen darstellbar sind als in den traditionellen Planungssystemen, ist diese Zielspezifikation auch komplizierter.

Da wir davon ausgehen, daß gleichzeitig mehrere Ziele existieren können, definieren
wir noch eine Datenstruktur, in der die Menge aller Ziele gespeichert ist. Was wir nicht
unterstützen, ist die Spezifikation von disjunktiv verknüpften Zielen.

6.2.1 Zielspezifikationen

Eine *Zielspezifikation* ist eine Aussage, die eine Anforderung an die Zukunft stellt.
Eine Zielspezifikation besteht immer aus einem asynchron auftretenden, zu behandelnden
Ereignis E @ I_E, einer Behandlungsregel (einer Abhängigkeit) und dem daraus abgeleite-
ten *Ziel*. Die *Behandlungsregel*, eine kausale Abhängigkeit, beschreibt, wie das Ziel
abhängig von dem aufgetretenen Ereignis erzeugt wird. Wir unterscheiden zwei Fälle:

- Das Ereignis ist die Eingabe eines Benutzers, in der beschrieben wird, welche Erscheinungen in der Zukunft erwünscht sind.
- Das Ereignis E @ I_E tritt im technischen Prozeß auf, und es existiert eine Be-
  handlungsnotwendigkeit in der Form: (E @ I_E ⇒ X @ I_Z) ∧ I_Z >> I_E.

Definition 68: Zielspezifikation

$$((E @ I_E) \land [(E @ I_E) \Rightarrow (X @ I_Z)] \Rightarrow gefordert(X @ I_Z)$$

Zur Zeit der Spezifikation und Planung ist das Ziel noch nicht wahr. Die Aussage kann
eine beliebige Erscheinung sein. Eine Erscheinung bezieht sich immer auf ein Intervall,
in dem sie auftreten soll. So ist auch ein Ziel durch ein Intervall eingeschränkt. Ist das
Intervall vollständig bestimmt, muß die Erscheinung genau während dieses Intervalls
auftreten. Ist das Intervall völlig unbestimmt, besitzt die Planung völlige Freiheit, wann
die Erscheinung eingeplant wird. Es wird dann dafür gesorgt, daß die Erscheinung zum
frühest möglichen Zeitpunkt beginnt. Es wird nichts darüber ausgesagt, wann die Erscheinung aufhört. Die Attribute des Intervalls können auch einzeln festgelegt sein.
Dann trägt die Planung dafür Sorge, daß das entsprechende Attribut gelten wird.

Ein Ziel kann auch zeitlich relativ spezifiziert werden. Eine Zielspezifikation ist eine
Kombination aus einer geforderten Erscheinung und einer Intervallrelation. Die Intervallrelation muß zwischen der geforderten Erscheinung und einer anderen Erscheinung
gelten. Diese Bezugserscheinung kann eine „künstliche" Erscheinung sein, die eine Verzögerung darstellt. Das könnte z.B. ein bestimmter Tag sein. Von dem Ziel wird dann

vielleicht gefordert, daß es möglichst früh im Intervall dieses Tages auftritt. Die Bezugserscheinung kann auch eine Erscheinung sein, die asynchron zur Planung auftritt. Es ist noch unbekannt, wann sie auftreten wird. Tritt sie aber auf, soll das geforderte Ziel in einer bestimmten zeitlichen Beziehung auftreten.

Eine Einplanung der verschiedenen Erscheinungsformen hat unterschiedliche Bedeutung. Die typische Zielspezifikation in wissensbasierten Systemen beruht auf der Erscheinungsform *Einschränkung*. Es wird dann z.B. ein Ziel formuliert wie: „Kiste K_1 auf Kiste K_2". Ein Ziel kann aber jede Erscheinungsform sein. Insbesondere kann gefordert werden, daß zu einem bestimmten Zeitpunkt Aktionen ausgeführt werden oder Ereignisse auftreten. Die Planung muß die Bedingungen der Erscheinung, die die Zielspezifikation bildet, bestimmen und herbeiführen.

Eine Zielspezifikation kann auch ein Überwachungsauftrag sein. Das heißt, es wird eine Erscheinung gefordert, bei der keine Aktionen in die Wege geleitet werden müssen, damit sie auftritt, sondern es müssen Aktionen ausgeführt werden, falls die Erscheinung zu früh abbricht. Das heißt, es muß eine Fehlerbehandlung in die Wege geleitet werden.

6.2.2 Zielagenda

Die *Zielagenda* ist eine Liste von Zielen, deren Erreichbarkeit noch nicht bewiesen wurde. Ziele können auf zwei Arten in die Zielagenda gelangen. Entweder die Ziele entstehen aus der Zielspezifikation oder sie entstehen als Zwischenziele im Planungsprozeß.

Die Elemente der Zielagenda werden entsprechend ihrer zeitlichen Relevanz eingefügt. Ziele, die zuerst erfüllt sein sollen, werden zuoberst eingefügt. Hat die Planung ein Ziel bearbeitet, holt sie als nächstes Ziel das oberste Element der Zielagenda. Für einen einfachen Planungsprozeß bedeutet das, daß die Unterziele, die im Verlauf der Planung auftreten, zuoberst gespeichert werden. Die Unterziele müssen normalerweise von allen noch existierenden Zielen der Zielagenda zuerst erfüllt werden, da sie ja Eintrittsbedingung einer Einstellung sind, deren Resultat als oberstes in der Zielagenda stand.

Geschieht Backtracking im Planungsprozeß, kann es passieren, daß ein Ziel wieder an oberster Stelle in der Zielagenda eingefügt wird. Ein Beispiel für die Abarbeitung der Zielagenda zeigt das folgende Bild:

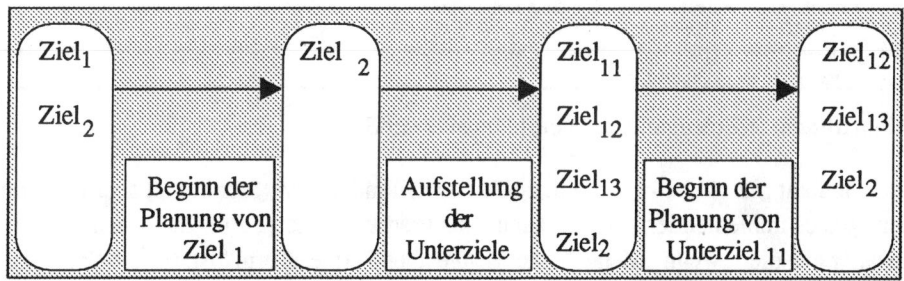

Bild 33: Zielagenda

6.3 Auswahl einer Einstellung

Kann die Erreichbarkeit nicht durch Unifikation des Zieles mit einer Erscheinung der Wissensbasis bewiesen werden, so muß eine Einstellung gesucht werden, die das Ziel herbeiführt. Die gesuchte Einstellung muß laut zweitem Planungsaxiom ein Resultat enthalten, das mit dem Ziel übereinstimmt. Meist können mehrere Einstellungen erzeugt werden, die dieses Axiom erfüllen.

Diese Menge wird dann solange reduziert, bis nur noch eine Einstellung übrigbleibt. In Interpretern von Produktionenregel wie z.B. OPS5 [Brow 85] wird bei diesem Vorgehen von der Reduzierung einer Konfliktmenge (conflict set) gesprochen. Wir übernehmen diese Terminologie.

```
auswahl_einer_Einstellung(XI, SI):-
    erzeugung_der_KMS(XI, KMS),
    erzeugung_der_KME(KMS, KME),
    reduzierung_der_Konfliktmenge(KME, SI)
```

Algorithmus 4: Auswahl einer Einstellung

6.3.1 Erzeugung der Konfliktmenge der Skripte

Ein Skript wird als relevant für einen Plan erkannt, wenn das Skript ein Resultat enthält, das Erscheinungsform der geforderten Erscheinung ist. Alle Skripte, die ein entsprechendes Resultat enthalten, werden in die Konfliktmenge der Skripte aufgenommen.

Definition 69: Die Konfliktmenge der Skripte

$$KM_S(XI) = \{ S \mid XI \in resultate(S)\}$$

Die Erzeugung der Konfliktmenge wird in PROLOG mit dem Prädikat „setof" erzeugt.

```
erzeugung_der_KMS(XI, KMS)  :-
    setof(Skript, skript_mit_Resultat(XI, Skript), KMS).
skript_mit_resultat(XI, Skript)  :-
    istSkript(Skript),
    resultate(Skript, Resultate),
    member(XI, Resultate)
```

Algorithmus 5: Erzeugung der Konfliktmenge der Skripte

Das Prädikat „setof" ist kein Standard-PROLOG-Prädikat, in [Ster 86] ist aber beschrieben, wie es implementiert werden kann. Das Prädikat „setof(Term, Ziel, Menge)" wird zu wahr evaluiert, wenn „Menge", die Menge aller Terme „Term" ist, für die „Ziel" gilt. Die ersten beiden Argumente sind beim Aufruf belegt und das dritte Argument frei. Das Argument „Ziel" ist ein Prädikat, das die Variable „Term" als Argument enthält.

6.3.2 Erzeugung der Konfliktmenge der Einstellungen

Es wird zwischen der Konfliktmenge der Skripte und der zugehörigen Konfliktmenge der Einstellungen unterschieden. Da aus einem Skript durch unterschiedliche Belegung von Variablen mehrere Einstellungen möglich sind, kann die Mächtigkeit der Konfliktmenge der Einstellungen größer sein als die der Konfliktmenge der Skripte. Dabei müssen nicht alle Elemente einer Menge explizit aufgezählt werden. So ist die Konfliktmenge der Einstellungen durch ein Skript und die Einschränkungen der Variablen beschrieben.

Definition 70: Die Konfliktmenge der Einstellungen

$$KM_E(XI) = \{ \ SI \mid SI = einstellung(N, S) \wedge S \in KM_S(XI)\}$$

```
erzeugung_der_KME([], []).
erzeugung_der_KME([Skript | Rest_Skripte], [XI | Rest_X]) :-
    erzeuge_einstellung(Skript, XI),
    erzeugung_der_KME(Rest_Skripte, Rest_X).
erzeugung_der_KME([_ | Rest_Skripte], Rest_X) :-
    erzeugung_der_KME(Rest_Skripte, Rest_X).
erzeuge_einstellung([NS @ I, Rol, Req, X1, X2, X3, R, M],
                        [N, NS, O, C, X, R, M] @ I) :-
    newName(N),
    binde(Rol, ORol, CReq), binde(Req, OReq, CReq),
    append(ORol, OReq, C), append(CRol, CReq, C).
binde([], []).
binde([rolle(Rol, K) | Rest], [Rol | NeuerRest], C) :-
    setof(Rolle, existiert(Rolle, K), Rollen),
    binde(Rest, NeuerRest, C).
binde([requisit(Req, K) | Rest], [Req | NeuerRest], C) :-
    setof(Requisit, existiert(Requisit, K), Requisiten),
    binde(Rest, NeuerRest, C).
binde([C |Rest], O, [C | NeuerRest]) :-
    call(C), binde(Rest, O, NeuerRest).
```

Algorithmus 6: Erzeugung der Konfliktmenge der Einstellungen

Satz 22: Jedes Element der Konfliktmenge bedingt das Auftreten des Zieles

$$[(SI) \in KM_E(XI) \wedge \exists \ O \ ausgeführt(O, Si)] \rightarrow XI$$

Wird eine Einstellung erzeugt, müssen die Einschränkungen der Rollen und Requisite eingehalten werden. Eine erste Verringerung der Konfliktmenge erfolgt also bereits bei der Erzeugung der Konfliktmenge der Einstellungen durch Überprüfung der Objekte, die belegt werden. Nicht belegte Objekte werden durch Einschränkungen attribuiert. Ist keine Belegung des Skriptes möglich, kann keine Einstellung erzeugt werden. So kann die Mächtigkeit der Konfliktmenge der Skripte auch größer sein als die der Einstellungen.

6.3.3 Reduzierung der Konfliktmenge

Ist nun mehr als eine Einstellung in der Konfliktmenge der Einstellungen verblieben, wird die Menge durch verschiedene Regeln sukzessive verringert, bis nur noch eine Einstellung übrigbleibt.

Kriterium für diese Reduzierung sind die Eintrittsbedingungen und die Resultate der Einstellungen bzw. der Skripte. Eintrittsbedingungen und Resultate werden Erscheinungen gegenübergestellt, die in der Wissensbasis existieren. Einstellungen, deren Eintrittsbedingungen oder Resultate einer Erscheinung widersprechen, werden aus der Konfliktmenge ausgesondert. Die Erscheinung der Wissensbasis, die einem Resultat oder einer Eintrittsbedingung widerspricht, heißt *kritische Erscheinung*.

Es werden verschieden starke Widersprüche unterschieden. So wird unterschieden, ob die kritische Erscheinung eine faktische, eine geforderte oder eine eingeplante Erscheinung ist. Die Zeitbeschränkung zwischen dem Intervall der kritischen Erscheinung und dem Intervall der Eintrittsbedingung bzw. dem Resultat ist auch wichtig. Hier werden drei Fälle unterschieden. Die Zeitbeschränkung ist entweder Teilmenge der „schneidet", der „bevor" oder der inversen „bevor" Beschränkung.

Der Widerspruch von Erscheinungen wird durch das Prädikat „inkonsistent" beschrieben. In der Klötzchenwelt wäre folgender Widerspruch von Erscheinungen zu notieren: inkonsistent(AUF(X, Y), FREI(Y)).

Der stärkste Widerspruch tritt auf, wenn die kritische Erscheinung ein Faktum ist und die Zeitbeschränkung Teilmenge der „schneidet"-Beschränkung ist. Diese Konstellation muß immer aus der Konfliktmenge eliminiert werden.

$$
\begin{aligned}
&\mathrm{KM_{E1}} = \mathrm{KM_E} - \{ \mathrm{SI} \mid \mathrm{SI} @ \mathrm{I_1} = \text{einstellung}(N, S) \land \text{fakt}(F @ \mathrm{I_2}) \land \\
&[\text{istEintrittsbedingung}(X @ \mathrm{I_3}, S) \lor \text{istResultat}(X @ \mathrm{I_3}, S)] \land \\
&\text{inkonsistent}(F, X) \land \text{zeitbeschränkung}(\mathrm{I_2}, \mathrm{I_3}) \supseteq [\text{-, -,} <, >] \}
\end{aligned}
$$

Konfliktlösungsregel 1

Alle Einstellungen, die übriggeblieben sind, heißen *anwendbare Einstellungen*.

Einstellungen, deren Eintrittsbedingungen oder Resultate geforderten oder eingeplanten Erscheinungen widersprechen und deren Intervall das Intervall der kritischen Erscheinung schneidet, werden als nächstes eliminiert.

$$
\begin{aligned}
&\mathrm{KM_{E2}} = \mathrm{KM_{E1}} - \{ \mathrm{XI} \mid \mathrm{XI} @ \mathrm{I_1} = \text{einstellung}(N, S) \land \text{gefordert}(F @ \mathrm{I_2}) \land \\
&[\text{istEintrittsbedingung}(X @ \mathrm{I_2}, S) \lor \text{istResultat}(\mathrm{X_2} @ \mathrm{I_2}, S)] \land \\
&\text{inkonsistent}(F, X) \land \text{zeitbeschränkung}(\mathrm{I_2}, \mathrm{I_3}) \supseteq [\text{-, -,} <, >] \}
\end{aligned}
$$

Konfliktlösungsregel 2

Die Einstellungen, bei denen die kritische Erscheinung eingeplant ist, werden erst nach den Einstellungen eliminiert, bei denen die kritische Erscheinung gefordert ist, weil eingeplante Erscheinungen leichter rückgängig zu machen sind. Wenn geforderte Erscheinungen logische Folge einer eingeplanten Einstellung sind, dann können auch sie rückgängig gemacht werden, indem diese eingeplante Einstellung rückgängig gemacht wird.

$KM_{E3} = KM_{E2} - \{XI \mid XI @ I_1 = einstellung(N, S) \wedge eingeplant(A @ I_3) \wedge$
$[istEintrittsbedingung(X @ I_2, S) \vee istResultat(X @ I_2, S)] \wedge$
$inkonsistent(A, X) \wedge zeitbeschränkung(I_2, I_3) \supseteq [-, -, <, >] \}$

Konfliktlösungsregel 3

Als nächstes werden Einstellungen eliminiert, bei denen ein Resultat existiert, das einer Erscheinung widerspricht und dessen Intervall vor dem Intervall der kritischen Erscheinung liegt. Können diese Erscheinungen nicht eliminiert werden, weil sonst die Konfliktmenge leer wäre, dann bedeutet die Einplanung dieser Einstellung, daß zusätzliche Operatoren hinter der Einstellung eingeplant werden müssen, die die kritische Erscheinung herbeiführen und das Resultat der momentanen Einstellung bereinigt wird.

$KM_{E4} = KM_{E3} - \{XI \mid XI @ I_1 = einstellung(N, S) \wedge istResultat(X_2 @ I_2, S) \wedge$
$[fakt(X_3 @ I_3) \vee gefordert(X_3 @ I_3) \vee eingeplant(X_3 @ I_3)] \wedge$
$inkonsistent(X_2, X_3) \wedge zeitbeschränkung(I_2, I_3) \supseteq [<, <, <, \leq]\}$

Konfliktlösungsregel 4

Nun werden Einstellungen ausgesondert, deren Eintrittsbedingungen Erscheinungen widersprechen und deren Intervall vor dem Intervall der Eintrittsbedingung liegt. Können diese Erscheinungen nicht eliminiert werden, weil sonst die Konfliktmenge leer wäre, dann bedeutet die Einplanung dieser Einstellung, daß neue Unterziele auftreten. Diese Konstellation ist typisch für die traditionelle rückwärtsverkette Planung, wo neue Unterziele auftreten, weil zwischen Startsituation und den Bedingungen eines Operators noch eine Differenz bzw. in unserer Terminologie noch ein Widerspruch existiert.

$KM_{E5} = KM_{E4} - \{XI \mid XI @ I_1 = einstellung(N, S) \wedge$
$istEintrittsbedingung(X_2 @ I_2, S) \wedge$
$[fakt(X_3 @ I_3) \vee gefordert(X_3 @ I_3) \vee eingeplant(X_3 @ I_3)] \wedge$
$inkonsistent(X_2, X_3) \wedge zeitbeschränkung(I_3, I_2) \supseteq [<, <, <, \leq]\}$

Konfliktlösungsregel 5

6.3.4 Pragmatische Konfliktlösung

Wir haben Widersprüche von Erscheinungen mit den Einstellungen der Konfliktmenge nach drei Kategorien geordnet. Die Modalität der kritischen Erscheinung spielt eine Rolle, ebenso, aus welchem Fach der Einstellung die zweite Erscheinung stammt. Das dritte Kriterium ist die Zeitbeschränkung zwischen den beiden Intervallen der Erscheinungen.

Wenn die angesprochenen Konfliktlösungsregeln nacheinander ausgeführt werden, dann ist der Verarbeitungsaufwand sehr groß. Wir schlagen eine effizientere pragmatische Lösung vor. Die einzelnen Eintrittsbedingungen und Resultate jeder Einstellung der Konfliktmenge erhalten einen Gewichtungsfaktor. Die Werte der Faktoren sind rein pragmatisch gewählt. Die Faktoren einer Einstellung werden addiert und durch die Anzahl der Eintrittsbedingungen und Resultate dividiert. Die Einstellung mit dem kleinsten Ergebnis wird als Einstellung eingeplant. Der Faktor ergibt sich aus der Einordnung in die einzelnen Kategorien wie folgt:

Kritische Erscheinung

- Fakt (8)
- Geforderte Erscheinung (4)
- Eingeplante Erscheinung (2)

Erscheinung der Einstellung

- Eintrittsbedingung (1)
- Resultat (1.5)

Zeitbeschränkung zwischen beiden Erscheinungen

- schneidet (4)
- bevor (1)
- nachher (1)

Die drei Werte, die aus der obigen Aufstellung bestimmt werden können, werden miteinander multipliziert. Für jede Erscheinung ergibt sich so ein Wert zwischen 2 und 48. Eintrittsbedingungen und Resultate, die keiner Erscheinung widersprechen, erhalten den Faktor 1.

Bei gleichen Werten werden Einstellungen zufällig ausgesondert. Wird Backtracking notwendig, so wird die nächstbeste Einstellung ausgewählt.

6.4 Einplanung einer Einstellung

Wenn eine Einstellung ausgewählt worden ist und eingeplant werden soll, reicht es nicht alleine, daß die Einstellung in die Wissensbasis mit der Modalität „eingeplant" integriert wird. Auch die Resultate der Einstellung sind damit eingeplant und müssen in die Wissensbasis integriert werden.

Ein weiterer wichtiger Schritt ist die Bestimmung weiterer Ziele, die durch die Einplanung der Einstellung entstehen. Diese ergeben sich einerseits aus den Eintrittsbedingungen der Einstellung und andererseits aus Differenzen zwischen den Resultaten und notwendigen Erscheinungen, die zeitlich nach der Einstellung gelten sollen und den Resultaten widersprechen.

```
einplanung_einer_Einstellung(XI, SI, Plan) :-
    einfuegen(eingeplant(SI, Plan)),
    resultate_einplanen(SI, Plan),
    qualifizierung_der_Eintrittsbedingungen(XI, SI, UZ1),
    einfuegen(UZ1, Zielagenda, Plan),
    bereinigung_stoerender_Resultate(XI, Plan, UZ2),
    einfuegen(UZ2, Zielagenda, Plan).
```

Algorithmus 7: Einplanung einer Einstellung

Wenn Einstellungen eingeplant werden, kann es passieren, daß die Resultate der Einstellung, die gemeinsam mit der Einstellung eingeplant werden, anderen folgenden Erscheinungen widersprechen.

Angenommen, es existiert folgende Konstellation: Eine Einstellung X_2 ist eingeplant. Sie besitzt eine Eintrittsbedingung X_3, die mit einer Erscheinung X_1 übereinstimmt. Vom Intervall der Erscheinung ist der Beginn bekannt und das Ende unbekannt. Die Erscheinung X_3 wurde während des Planungsprozesses in die Zielagenda aufgenommen. Das Ziel konnte durch X_1 leicht erfüllt werden.

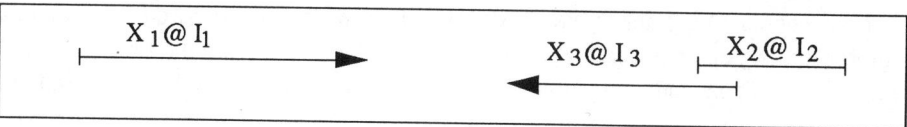

Bild 34: Erste eingeplante Einstellung

Nun wird eine Einstellung X_4 mit dem Resultat X_5 eingeplant.

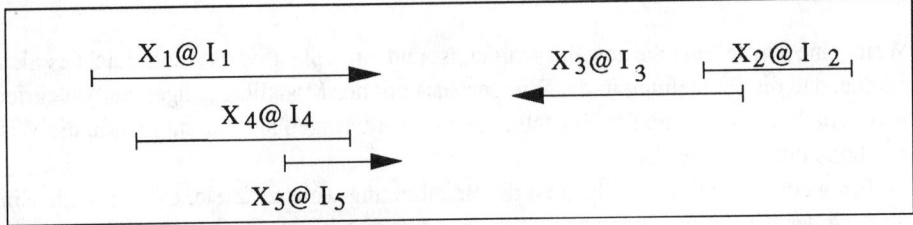

Bild 35: Zweite eingeplante Einstellung

Widersprechen sich nun X_3 und X_5, dann bedeutet das, daß I_1 vor I_5 beendet sein muß und sich I_3 und I_5 nicht überschneiden dürfen. Außerdem muß der kausale Widerspruch zwischen X_3 und X_5 aufgehoben werden. Dafür müssen eine oder sogar mehrere Einstellungen neu eingeplant werden. Dafür muß eine Einstellung X_6 gefunden werden, die als Eintrittsbedingung die Erscheinung X_7 besitzt, die mit X_5 gleichgesetzt werden kann und als Resultat eine Erscheinung X_8 besitzt, die mit X_3 gleichgesetzt werden kann.

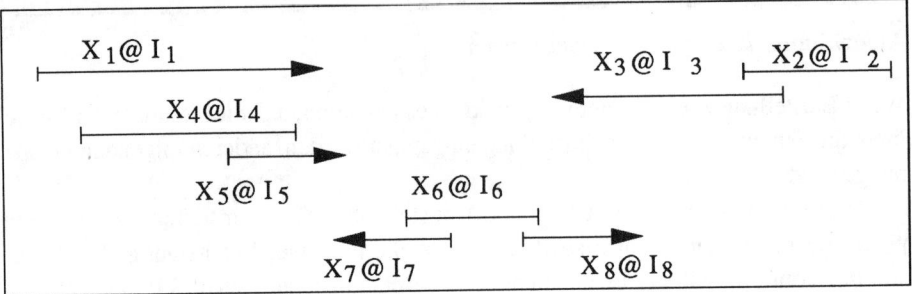

Bild 36: Einplanung einer Hilfseinstellung

Wir erreichen die Einplanung dieser Hilfsaktion folgendermaßen: Wird festgestellt, daß ein Resultat X_5 einer späteren Erscheinung X_3 widerspricht, wird die Erscheinung X_3 erneut in die Zielagenda aufgenommen, wobei das Intervall I_3 durch I_5 eingeschränkt wird.

6.5 Konsistenzüberprüfung

Wenn eine Einstellung als „eingeplant" eingestuft wird, dann muß darauf geachtet werden, daß die Resultate der Einstellung nicht anderen geforderten oder eingeplanten Erscheinungen der Wissensbasis widersprechen. Sie können temporal oder kausal einen Widerspruch verursachen.

Außerdem muß das lokal eingefügte Wissen und seine Folgen über die gesamte Wissensbasis propagiert werden. Dafür wird das im folgenden vorgestellte Einschränkungsmodell verwendet. Die Schnittstelle zum Planungsprozeß ist das Prädikat „konsistenzueberpruefung". Die Konsistenzüberprüfung besteht aus zwei Teilen: aus der Überprüfung von Intervallrelationen und der Überprüfung von kausalen Abhängigkeiten.

```
konsistenzueberpruefung(XI, SI, Plan) :-
    zeitueberpruefung(XI, SI, Plan),
    kausalueberpruefung(X, SI, Plan).
```

Algorithmus 8: Konsistenzüberprüfung

Der benutzte Mechanismus wird ebenso auf der Ebene von Skripten eingesetzt, um deren Konsistenz zu gewährleisten.

6.5.1 Einschränkungen

Die wissensbasierte Planung wird oft als eine Suche nach Operationen, die durchzuführen sind, interpretiert. Die einfachste generelle Suchstrategie geschieht durch eine Suche in die Tiefe. Das Einschränkungsmodell, das hier vorgestellt wird, definiert eine effizientere Suchstrategie, die auch *Suche in die Breite* (breadth-first search) [Rich 83] genannt wird. Diese Strategie wird in der Planung eingesetzt.

Einschränkungen (constraints) sind explizit dargestellte Abhängigkeiten, die zwischen Objekten, bzw. zwischen Eigenschaften von Objekten bestehen. Im dritten Kapitel wurde bereits eine Syntax für Einschränkungen in der Anwendung vorgestellt. Einschränkungen, die zwischen mehr als zwei Objekten gelten, werden hier nicht betrachtet. Sie verursachen außerdem einen wesentlich größeren Aufwand bei der Verarbeitung. Aus der Literatur über Datenbankmodelle [Date 81] oder semantische Netze [Deli 79] ist bekannt, wie mehrstellige Relationen auf mehrere zweistellige abgebildet werden können. Diese Vorgehensweise kann auch bei Einschränkungen benutzt werden. Eine spezielle Einschränkung ist die einstellige Einschränkung, die nur den Wertebereich eines Objektes einschränkt.

Einschränkungen werden je nach Art der Darstellung als extensional, prädikativ oder konstruktiv bezeichnet. Bei der *extensionalen* Einschränkung werden alle Tupel, die die Einschränkung erfüllen, explizit aufgeführt. Die *prädikative* Einschränkung enthält Prädikate, die über die Gültigkeit eines Wertetupels entscheiden. Die *konstruktive* Einschränkung berechnet die Wertemenge für ein Objekt in Abhängigkeit von den Werten der übrigen Objekte. Entsprechend dieser Klassifikation ergeben sich unterschiedliche Wertebereichsdefinitionen. Bei allen drei Arten ist die Menge der gültigen Werte eines Objektes endlich.

Während der Verarbeitung wird der Wertebereich immer weiter eingeschränkt. Eine eindeutige Lösung eines Problem ist gefunden, wenn für jedes Objekt genau ein Wert existiert. Existiert kein Wert, handelt es sich um eine *inkonsistente* Einschränkung, bei mehreren verbleibenden Werten um eine *unterbestimmte* Einschränkung.

Einschränkungen stellen eine Form der Wissensrepräsentation dar. Sie beschreiben Beziehungen zwischen Objekten. Wird ein Objekt mit einem Wert belegt und der Wert des zweiten Objektes entsprechend seinem Wertebereich und der Einschränkung bestimmt, tritt die für Einschränkungen spezielle Wissensverarbeitung auf. In prozeduralen Beschreibungsmodellen ist die Reihenfolge der Belegung von Objekten mit Werten vorgegeben. Bei Einschränkungen ist die Reihenfolge beliebig.

6.5.2 Das Einschränkungsmodell

Existieren mehrere Einschränkungen zwischen mehreren Objekten und enthalten zwei Einschränkungen davon ein gemeinsames Objekt, so beeinflussen sich diese Einschränkungen gegenseitig und es wird von einem *Einschränkungsmodell* gesprochen.

Erster Schritt bei der Aufstellung eines solchen Einschränkungsmodells ist die Festlegung der beteiligten Objekte. Die *Festlegung von Einschränkungen* (constraint posting) ist der zweite Schritt im Aufbau eines Einschränkungsmodells. Dabei wird der Wertebereich der Eigenschaften eines Objektes durch die Eigenschaften eines anderen Objektes eingeschränkt. Die *Erfüllung der Einschränkungen* (constraint satisfaction) ist die Bestimmung einer Menge von Tupeln, die alle Einschränkungen eines Modells erfüllen. Diese stellen eine initiale Belegung dar, die später durch weitere Einschränkungen verringert werden kann.

Die *Propagierung von Einschränkungen* (constraint propagation) ist ein Prozeß, bei dem ein Objekt inkrementell durch Einschränkungen über seine Eigenschaften immer weiter spezifiziert wird. Das geschieht durch die wiederholte Erfüllung einer Einschränkung. Durch diese Neubestimmung werden Eigenschaften eines Objektes stärker eingeschränkt. Dieses nun stärker eingeschränkte Objekt kann noch in weiteren Einschränkungen enthalten sein. Dort kann für die restlichen Objekte dadurch eine weitere Beschränkung entstehen. Dies wird so lange wiederholt, bis keine strengeren Einschränkungen mehr auftreten oder ein Widerspruch entsteht. Wenn der Wertebereich der Objekte endlich ist, ist zugesichert, daß der Prozeß der Propagierung terminiert, da die Menge der Tupel nur verringert und nie vergrößert wird.

Existieren zwei Einschränkungen für ein Objekt, so sind zwei weitere Objekte involviert. Häufig kann auf eine Einschränkung zwischen den beiden weiteren Objekten geschlossen werden. Wie aus zwei Einschränkungen auf eine dritte geschlossen wird, kann explizit als Regel angegeben oder fest in der Wissensverarbeitung integriert sein. Die neue Einschränkung wird *abgeleitete Einschränkung* (induced constraint) genannt.

Wird aus zwei Einschränkungen auf eine dritte Einschränkung zwischen den Objekten O_i und O_j geschlossen, so kann bereits vorher eine Einschränkung zwischen diesen bestanden haben. Die beiden Einschränkungen dürfen sich nicht widersprechen, ansonsten handelt es sich um eine *inkonsistente Einschränkung*. Oft kann eine einzige neue resultierende Einschränkung berechnet werden. Aus der alten und der induzierten Einschränkung wird dann eine neue, stärkere Einschränkung erzeugt. Ist durch weitere Propagierung keine stärkere Einschränkung mehr abzuleiten, wird von einer *minimalen Einschränkung* gesprochen. Es wird von einem *minimalen Einschränkungsmodell* gesprochen, wenn alle Einschränkungen des Modells minimal sind.

Wissensbasierte Planung wird als eine Suche nach Operatoren interpretiert. Bei der *Suche in die Tiefe* (depth-first search) erfolgt im allgemeinen eine sequentielle Suche nach Operatoren. Diese Operatoren sind etwas vereinfacht dargestellt eine Menge von Prädikaten mit Objekten als Argument. Während der Suche werden die Objekte belegt. Die Reihenfolge der Belegung ist normalerweise abhängig von der Reihenfolge der Notation der Prädikate. Sobald alle Objekte gültig belegt sind, ist die Suche erfolgreich abgeschlossen. Ist dieser Prozeß nicht erfolgreich, so wird versucht, das zuletzt belegte Objekt neu zu belegen.

Dieses Zurücknehmen der Belegung wird *chronologisches Backtracking* im Gegensatz zum *abhängigkeitsgesteuerten Backtracking* (dependency directed backtracking) genannt. Beim abhängigkeitsgesteuerten Backtracking wird nicht notwendigerweise die letzte Belegung aufgehoben [Stal 77].

Mackworth [Mack 77] stellt drei unbefriedigende Verhaltensweisen bei der Suche in die Tiefe fest:

- Eine der offensichtlichsten, aber auch leicht vermeidbaren Ineffizienzen dieser Suchstrategie betrifft die einstelligen Prädikate b(O). Enthält der Wertebereich eines Objektes Werte, die für b(O) nicht gelten, so darf der Wert nicht ausgewählt werden. Es fehlt eine Funktion zur Generierung von gültigen Objekten.

- Die zweite Quelle von Ineffizienz beruht auf der Beziehung zwischen zwei Objekten. Angenommen, die Objekte seien in der Reihenfolge $O_1,...,O_n$ belegt worden und O_i sei mit a belegt. Dann wird das Prädikat $b_{ij}(a, O_j)$ nicht für jeden Wert O_j aus W_j gelten (wobei $j > i$). Werden nun alle möglichen Werte von O_j getestet, wird möglicherweise keine Lösung gefunden. Für das Objekt O_{j-1} wird ein neuer Wert gesucht. Lag die Unmöglichkeit der Lösung an der Auswahl von O_i, werden für alle Objekte $O_{i+1}...O_j$ alle möglichen Ausprägungen getestet.

- Ein drittes Phänomen, das auftritt und große Ineffizienz bedeutet, entsteht durch mehrere zweistellige Relationen, wenn z.B. O_1 mit a_1 und O_2 mit a_2 belegt ist und $b_1(a_1)$, $b_2(a_2)$ sowie $b_{12}(a_1, a_2)$ gelten, aber für ein drittes Objekt O_3 kein einheitlicher Wert a_3 gefunden werden kann, der die drei Prädikate $b_{13}(a_1, a_3)$, $b_3(a_3)$ und $b_{23}(a_2, a_3)$ gleichzeitig erfüllt. Ein Prozeß mit chronologischem Backtracking wird immer wieder in diese Sackgasse laufen.

Im ungünstigsten Fall bedeutet die Lösung eines gestellten Problems durch Backtracking einen exponentiellen Aufwand. Durch Eliminierung von Werten aus den Wertemengen W_i verringert sich der Aufwand, weil nicht mehr so viele Werte für ein Objekt existieren. Dabei hängt der Aufwand davon ab, welche der oben angesprochenen Phänomene ausgeschlossen werden. Bei der Suche in der Breite, basierend auf einem Einschränkungsmodell, werden diese Werte frühzeitig aus den Wertemengen eliminiert.

Viele Anwendungen der wissensbasierten Suche können als Konsistenzproblem eines Einschränkungsgraphen betrachtet werden. Das Einschränkungsmodell kann durch eine Menge von Objekten O_i, die innerhalb ihres Wertebereichs W_i belegt sein müssen, und eine Menge von Prädikaten b_i und b_{ij} beschrieben werden. Dabei werden nur zweistellige Einschränkungen auftreten. In den folgenden graphentheoretischen Betrachtungen wird von der Terminologie von Harary [Hara 69] bzw. Jungnickel [Jung 87] ausgegangen.

Ein gerichteter *Graph* (directed graph) G ist ein Paar G = (V, E) aus einer endlichen Menge V $\neq \emptyset$ und einer Teilmenge E von geordneten Paaren (a, b) mit a $\neq$ b aus V. Die Elemente von V heißen *Punkte* (vertex), die von E *Kanten* (edge). Für eine Kante e = (a, b) heißen a und b *Endpunkte* (end points) von e. Der Punkt a heißt auch Anfangspunkt (start point oder tail) und der Punkt b Endpunkt (end point oder head).

Es sei $(e_1, ..., e_n)$ eine Folge von Kanten eines Graphen G. Wenn es Punkte $v_0, ...,$ v_n mit $e_i = (v_{i-1}, v_i)$ oder $e_i = (v_i, v_{i-1})$ für i = 1, ..., n gibt, heißt die Folge *Kantenzug* (walk). Wenn die e_i paarweise verschieden sind, liegt ein *Weg* (trail) vor. Beim *einfachen Weg* (path) sind auch die berührten Punkte v_i paarweise verschieden. Die Zahl n wird *Länge des Kantenzuges* genannt. Ein *vollständiger Graph* K_n (complete graph) hat als Kanten alle geordneten zweielementigen Teilmengen einer n-elementigen Menge V.

Die Analogie zum Einschränkungsmodell besteht nun darin, daß die Objekte O_i mit den Punkten v_i des Graphen gleichgesetzt werden. Die Beziehungen zwischen den Objekten b_{ij} werden auf Kanten des Graphen abgebildet.

Soll die Konsistenz dieses Einschränkungsproblems gezeigt werden, muß folgende Aussage bewiesen werden:

$$\exists\, O_1, O_2, ..., O_n \; (b_1(O_1) \wedge ... \wedge b_n(O_n) \wedge b_{12}(O_1, O_2) \wedge ... \wedge b_{n-1,\, n}(O_{n-1}, O_n)).$$

Dabei gilt für jedes b_{ij}: i < j, so daß die inversen Relationen zwischen zwei Objekten nicht betrachtet werden.

Die *Konsistenz von Punkten* behandelt das erste aufgeworfene Problem bei der Suche in die Tiefe. Sie beschäftigt sich immer nur mit einzelnen Punkten. Daher ist das Erreichen der Konsistenz relativ einfach. Ein Algorithmus, der dies durchführt, muß für

alle Punkte des Graphen den Durchschnitt zwischen der Wertemenge W_i und der Wertemenge $\{O \mid b_i(O)\}$ bilden. Die Wertemenge wird nun entsprechend verringert.

Definition 71: Konsistenz von Punkten

Ein Punkt v_i eines Graphen ist punktkonsistent $\leftrightarrow \forall O \in W_i \, (b_i(O))$.

Ein Graph ist punktkonsistent, wenn alle Punkte des Graphen punktkonsistent sind.

Die *Konsistenz einer Kante* $e(v_i, v_j)$ ist dadurch definiert, daß die beteiligten Punkte
v_i und v_j und das Prädikat $b_{ij}(O_i, O_j)$ konsistent sind.

Definition 72: Konsistenz von Kanten

Eine Kante $e(v_i, v_j)$ ist kantenkonsistent $\leftrightarrow$

$\forall O_i \in W_i \, (b_i(O_i)) \rightarrow \exists O_j \, (b_j(O_j) \wedge b_{ij}(O_i, O_j))$.

Ein Graph ist kantenkonsistent, wenn alle Kanten des Graphen konsistent sind.

Eine Konsistenz aller Kanten in einem Graphen wird erreicht, indem wiederum Werte
aus den Wertemengen der einzelnen Punkte gelöscht werden. Dafür wird jeweils eine
Kante $e(v_i, v_j)$ untersucht. Für alle möglichen Werte von O_i wird untersucht, ob ein O_j
existiert, so daß $b_{ij}(O_i, O_j)$ gilt. Gilt das Prädikat nicht, wird O_i aus W_i eliminiert:

$$\forall O_i \in W_i \, (\neg \exists O_j \in W_j \, (b_{ij}(O_i, O_j)) \rightarrow W_{ineu} = W_i - \{O_i\}).$$

So werden die Werte aus W_i eliminiert. Genauso müssen noch Werte aus W_j eliminiert
werden. Unmittelbar nach Ausführung ist die Kante $e(v_i, v_j)$ konsistent. Es reicht jedoch
nicht aus, einfach alle Kanten einmal dieser Konsistenzüberprüfung zu unterwerfen. Da
die beteiligten Wertemengen einer Kante in anderen Kanten verringert werden, bleibt die
Kante nicht unbedingt konsistent.

Nach Montanari [Mont 74] sind alle *einfachen Wege* eines Graphen konsistent,
wenn alle einfachen Wege der Länge 2 konsistent sind.

Definition 73: Konsistenz von einfachen Wegen

Ein einfacher Weg zwischen den Punkten v_i und v_j ist wegkonsistent $\leftrightarrow$

$\exists O_i, O_j, (b_i(O_i) \wedge b_j(O_j) \wedge b_{ij}(O_i, O_j) \wedge$

$\forall k \, (e(v_i, v_k) \wedge e(v_k, v_j) \wedge b_k(O_k) \wedge b_{ik}(O_i, O_k) \wedge b_{kj}(O_k, O_j))$

Ein einfacher Weg zwischen v_i und v_j ist genau dann konsistent, wenn die Punkte v_i
und v_j sowie die Kante $e(v_i, v_j)$ konsistent sind und für alle alternativen einfachen Wege
über einen Punkt v_k gilt, daß dieser Punkt v_k und die jeweiligen Kanten $e(v_i, v_k)$ und
$e(v_k, v_j)$ der alternativen einfachen Wege konsistent sind.

6.5.3 Propagierung von Einschränkungen

Ein Graph mit konsistenten einfachen Wegen wird mit Hilfe einer Liste erzeugt, die wir
Agenda nennen. Ein Eintrag der Agenda besteht aus einem einfachen Weg der Länge 2,
bzw. einem Tripel von Punkten (v_i, v_j, v_k), die miteinander durch die Kanten $e(v_i, v_j)$
und $e(v_j, v_k)$ verbunden sind. Ein Eintrag der Agenda wird entsprechend der Definition
überprüft und es werden eventuell Werte aus den Wertebereichen W_i, W_j und W_k eliminiert. Wird eine Veränderung eines Wertebereichs durchgeführt, so müssen alle einfachen
Wege, die diesen Punkt berühren, neu überprüft werden.

Werden die besprochenen Algorithmen nicht berücksichtigt, sondern erfolgt
chronologisches Backtracking, ist der Aufwand der Konsistenzprüfung exponentiell hinsichtlich der Anzahl n der Objekte. Ist die Anzahl der Werte aller Wertebereiche W_i
gleich a und e die Anzahl der binären Prädikate, so ist der Aufwand im ungünstigen Fall
$O(e * a^n)$ und im optimalen Fall $\Omega(e)$.

Mit Hilfe der drei angesprochenen Techniken kann eine Vorverarbeitung im Einschränkungsmodell durchgeführt werden, Inkonsistenzen entdeckt werden und diese eliminiert werden. Ein späteres Backtracking wird nicht notwendigerweise verhindert, jedoch werden viele Sackgassen vermieden und die Komplexität wesentlich verringert. In
[Mack 85] wird der Aufwand dieser Methoden untersucht und folgende Ergebnisse formuliert:

- Die Konsistenz von Punkten kann mit linearem Aufwand bzgl. der Anzahl der
  Punkte erreicht werden, der Aufwand ist $O(a * n)$.

- Die Konsistenz der Kanten ist im vollständigen Graphen im Aufwand quadratisch
  bzgl. der Anzahl der Punkte; er ist $O(a^3 * n^2)$

- Im günstigen Fall, daß alle Kanten bereits konsistent sind, benötigt der Algorithmus linearen Aufwand $\Omega(a^3 * n)$ bzgl. der Anzahl der Objekte.

- Ist die Anzahl der Kanten klein im Vergleich zu der Anzahl der Punkte, ist der
  Aufwand linear. Ist e = n, liegt der Aufwand zwischen $O(a^3 * n)$ und $\Omega(a^2 * n)$

- Die Konsistenz von einfachen Wegen in einem Graphen kann im ungünstigen
  Fall durch einen Aufwand von $O(a^5 * n^3)$ erreicht werden

- Die Überprüfung eines bereits konsistenten Graphen auf konsistente einfache
  Wege bedeutet $O(a^3 * n^3)$ Aufwand.

Wenn G = (V, E) ein Graph und V' eine Teilmenge von V ist, dann ist E|V' die Menge
aller Kanten e, die beide Endpunkte in V' haben. Der Graph (V', E|V') heißt der auf V'

induzierte Untergraph (induced subgraph) von G und wird mit G|V' bezeichnet. Eine *Clique* in einem Graphen G ist ein vollständiger induzierter Untergraph von G.

In der folgenden algorithmischen Darstellung ist eine Kante eine Liste mit den drei Elementen „Name des Anfangspunktes", „Einschränkung zwischen den Punkten" und „Name des Endpunktes". Ist die Kante eine Zeitbeschränkung, dann besteht die Liste aus zwei Intervallnamen und der internen Zeitbeschränkung. Ein Punkt ist eine Liste bestehend aus verschiedenen Attributen. Im Fall von Zeitbeschränkungen sind das die vier Attribute eines Intervalles. Eine Clique wird durch ihren Namen referenziert.

Angenommen, eine vorhandene Clique enthält die vollständige Information über alle Beziehungen zwischen ihren Punkten. Wenn jetzt neue Kanten bzw. zeitliche Beschränkung in die Clique eingefügt werden, sollen alle Konsequenzen dieser Erweiterung berechnet werden.

Eine neue Kante in der Clique beschreibt, wie die beiden Punkte in Relation zueinander stehen. Waren bisher beide Punkte in der Clique unbekannt, bilden diese einen neuen Teilgraphen, der in keiner Verbindung zum ursprünglichen steht und es können keine weiteren Einschränkungen berechnet werden.

Ist jedoch eine dieser Punkte bereits in der Clique vorhanden, so steht er in mindestens einer Relation zu einem dritten Punkt. Mit Hilfe einer transitiven Schlußregel kann nun festgestellt werden, in welcher Relation der zweite Punkt zu dem dritten steht. Eine neue Einschränkung wird erzeugt. Diese kann wiederum weitere Einschränkungen auf andere Punkte hervorrufen, die mit dem dritten Punkt in Beziehung stehen. Es wird die transitive Hülle der Clique nach folgendem Algorithmus berechnet: Bei der Ableitung von Einschränkungen können zwei Schlußfolgerungen gezogen werden, die an folgender Illustration verdeutlicht werden.

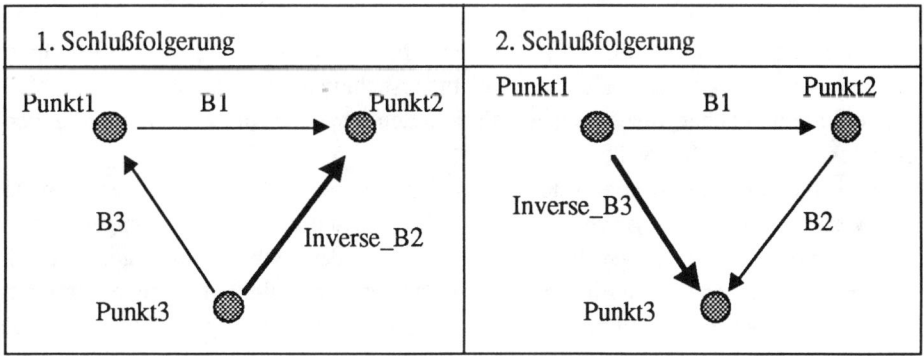

Bild 37: Abgeleitete Schlußfolgerungen

In einer Schleife wird jeweils ein Auftrag aus der Agenda entnommen. Dann werden alle Teilgraphen mit drei Punkten untersucht, in denen die beiden Punkte des Auftrages enthalten sind. In den Teilgraphen können jeweils zwei Einschränkungen abgeleitet werden. Ist die berechnete Einschränkung stärker als die existierende, wird die Einschränkung neu

eingefügt. Stehen die beiden beteiligten Punkte noch nicht als Auftrag in der Agenda,
werden sie dort eingetragen. Die Reihenfolge der Punkte im Auftrag spielt keine Rolle.

```
propagiere(Clique) :-
    naechster_Auftrag([Punkt1, Punkt2], Clique),
        kante([Punkt1, B1, Punkt2], Clique),
        foreach(Punkt3, Clique),
        Punkt3 \= Punkt1, Punkt3 \= Punkt2,
/*
 *    1. Schlußfolgerung
 */
        kante([Punkt3, B3, Punkt1], Clique),
        kante([Punkt3, Alte_inverse_B2, Punkt2], Clique),
        abgeleitete_Einschraenkung(B3, B1, Inverse_B2),
        schnittmenge(Alte_inverse_B2, Inverse_B2, Neue_B2),
        kante_einfuegen([Punkt3, Neue_B2, Punkt2], Clique),
/*
 *    2. Schlußfolgerung
 */
        kante([Punkt2, B2, Punkt3], Clique),
        kante([Punkt1, Alte_inverse_B3, Punkt3], Clique),
        abgeleitete_Einschraenkung(B1, B2, Inverse_B3),
        schnittmenge(Inverse_B3, Alte_inverse_B3, Neue_B3),
        kante_einfuegen([Punkt1, Neue_B3, Punkt3], Clique),

        loesche_Auftrag([Punkt1, Punkt2], Clique),
        fail.
```

Algorithmus 9: Propagierung von Einschränkungen

6.5.4 Zeitüberprüfung

Das Modell der Intervallogik von Allen unterscheidet sich von anderen auf Einschränkungen basierten Modellen dadurch, daß nicht versucht wird, die Objekte (die Intervalle),
sondern die möglichen Beziehungen zwischen den Objekten (die Zeitbeschränkungen)
einzuschränken. Die Intervalle gelten als fest.

In dem hier beschriebenen System sind jedoch Intervalle Objekte mit Attributen, deren Wertebereich auch eingeschränkt wird. Neben qualitativen Einschränkungen werden
die Attribute der Intervalle berechnet. Die Verarbeitung der Zeitbeschränkungen geschieht
auf Basis des beschriebenen Einschränkungsmodells. Die qualitativen Zeitbeschränkungen stellen dabei die Einschränkungen dar und die Intervalle bilden die Objekte des
Modells. Auf die graphentheoretische Betrachtungsweise bezogen ist eine Zeitbeschränkung eine Kante. In PROLOG stellen wir eine Intervallrelation als Kante dar.

Die Kante ist zwar gerichtet, da die Reihenfolge der Argumente eine Rolle spielt,
aber von einer höheren Abstraktionsebene betrachten wir die Kanten als nicht gerichtet,
da für jede Zeitbeschränkung die Umkehrrelation berechnet werden kann.

Die abgeleitete Einschränkung dieses Modells ist die transitive Zeitbeschränkung. Es
wurde bereits vorgestellt, wie diese Beschränkung berechnet wird. Die transitive Zeitbe-

schränkung wird mit der alten Zeitbeschränkung geschnitten. Die transitiv berechnete Zeitbeschränkung wird ebenso wie die alte Zeitbeschränkung unter Umständen eine komplexe Zeitbeschränkung sein. Existiert keine Schnittmenge, so liegt ein inkonsistenter Zustand vor, da ja mindestens eine Beziehung erlaubt sein muß.

Allen schlägt Referenzintervalle vor. Durch Skripte wird ein ähnliches Modell aufgebaut. Graphentheoretisch kann die Zusammenfassung der Intervalle zu Skripten als Clique aufgefaßt werden.

Da das vorgestellte Intervallmodell im Gegensatz zu dem von Allen in der Ausdrucksmächtigkeit etwas eingeschränkt ist, ist die Verarbeitung effizienter. Allen definiert die transitive Schlußfolgerung durch eine Tabelle. Einträge in seiner Tabelle sind teilweise Disjunktionen von bis zu fünf Relationen. Werden diese weiter verarbeitet, können sich Disjunktionen von bis zu dreizehn Relationen ergeben. Bei der Verarbeitung muß für jede Relation einmal auf die Tabelle zugegriffen werden. Die hier vorgestellte Repräsentation und Verarbeitung ist deshalb effizienter hinsichtlich des Speicherbedarfs der internen Repräsentation und der Zeit der Verarbeitung.

6.5.5 Kausalüberprüfung

Die Anwendbarkeit von Einstellungen hängt kausal davon ab, ob die Eintrittsbedingungen erfüllt sind (erstes Planungsaxiom). Eintrittsbedingungen werden zu neuen Zielen der Planung. Die Erreichbarkeit von Zielen hängt kausal davon ab, ob Einstellungen existieren, die ein Resultat besitzen, das mit dem Ziel übereinstimmt (zweites Planungsaxiom). Durch diese beiden Axiome bilden Pläne eine Kausalkette.

Nach dem Axiom über den hypothetischen Syllogismus für Erscheinungen können Kausalitäten abgeleitet werden. So ergibt sich für jeden Plan, in dem keine Alternativen existieren, ein vollständiger Kausalgraph. Jede Kante stellt eine kausale Folge dar.

Folgt aus einer Propagierung im Kausalgraph, daß sich zwei Punkte gegenseitig kausal bedingen, dann liegt ein inkonsistenter Graph vor. Für das Planungsproblem bedeutet diese Inkonsistenz, daß in der Planung ein Zyklus existiert. Damit haben wir einen einfachen Mechanismus, um Zyklen in der Planung zu erkennen.

Bei diesem Mechanismus wird davon ausgegangen, daß sich alle Punkte (Erscheinungen) des Graphen voneinander unterscheiden. Ein Unterschied liegt auch dann vor, wenn Erscheinungen mit verschiedenen Objekten belegt sind. Wenn also in der STRIPS-Umgebung der Operator „durchgehen" ausgewählt wird, muß die Belegung der Räume unterschiedlich sein, damit die Punkte des Kausalgraphen unterschiedlich sind.

Diese Kausalkette wird immer nur bezüglich eines Zieles entwickelt. Existieren mehrere Ziele, die gleichzeitig gelöst werden sollen, dann kann es in der STRIPS-Umgebung passieren, daß mehrere unterschiedliche Erscheinungen existieren, in denen z.B. der Roboter in Raum R_5 ist. Diese Erscheinungen unterscheiden sich nur bzgl. ihres Intervalls. Im Kausalgraphen würden sie durch den gleichen Punkt dargestellt. Aber da sie aus verschiedenen Zielen folgen, stehen sie in unterschiedlichen Kausalgraphen.

6.6 Planung in Echtzeit

Im Gegensatz zu den meisten bekannten Planungsansätzen betrachten wir die Planung unter dem Gesichtspunkt, daß sie in Echtzeit geschieht. Wenn Anforderungen aus dem technischen Prozeß auftreten, muß in Echtzeit darauf reagiert werden. Das bedeutet, die Planung muß berücksichtigen, daß zum einen der technische Prozeß während der Planungszeit fortschreitet und gemessene Daten veralten und zum anderen sicherheitskritische Ereignisse im technischen Prozeß auftreten, die innerhalb einer bestimmten Zeitschranke behandelt werden müssen. Das bedingt unter anderem, daß eine Planung jederzeit gestartet werden kann. Planungsprogramme in der Tradition von STRIPS erlauben dies nicht, wie früher gezeigt wurde. Es muß auch eine Garantie gegeben werden, daß sowohl die Planung als auch die Ausführung des Planes rechtzeitig geschieht, bzw., daß eine Ausnahmebehandlung möglich sein muß, wenn eine Zeitbedingung verletzt wird.

6.6.1 Ablauf der Planung

Die Planung kann man in mehrere Teilprozesse gliedern. Diese Teilprozesse können rein sequentiell oder auch nebenläufig ausgeführt werden.

- Aufstellung einer Zielspezifikation,
- Suche nach einem Plan bzw. nach Aktionen,
- Ausführung des Planes und
- Überwachung der Ausführung.

In einer Planungsumgebung mit mehreren nebenläufigen Prozessen ist eine strenge Reihenfolge dieser Teilprozesse nicht sinnvoll. Die verschiedenen Teilprozesse der Planung können sich deshalb zeitlich überlappen.

Angenommen, es tritt ein Ereignis E zur Zeit I_E in der Planungsumgebung auf, das nicht notwendigerweise kausal aus einer geplanten Aktion folgt. Es kann sein, daß im Moment auch gleichzeitig geplant oder eine oder mehrere Aktionen ausgeführt werden, das heißt, das Ereignis tritt asynchron zu sonstigen Aktivitäten unseres wissensbasierten Systems auf. Dieses Ereignis wird gemeinsam mit einer Behandlungsregel als Zielspezifikation aufgefaßt.

Anschließend an diese Zielspezifikation wird eine Planung eingeleitet, die nach Aktionen sucht, die die aktuelle Situation in eine Situation umwandelt, in der das Ziel gilt. Für dieses Teilproblem gilt:

Axiom 26: Reihenfolge der Planungsteilprozesse für eine Zielspezifikation

$$(\text{spezifikation}(Ziel_1) @ I_{Ziel1}) \wedge (\text{suche}(Ziel_1, Plan_1) @ I_{Suche1}) \wedge$$
$$(\text{ausführung}(Plan_1) @ I_{Ausführung1}) \rightarrow I_{Ziel1} <= I_{Suche1} < I_{Ausführung1})$$

Das Auftreten von Zielspezifikationen kann zu beliebigen Zeitpunkten geschehen. Die Suche nach einem Plan geschieht sofort nach der Spezifikation. Die Ausführung des Plans kann später geschehen. Es kann sein, daß, gleichzeitig zur Spezifikation von einem weiteren Ziel, die alte Planung durchgeführt wird.

Axiom 27: Spezifikation während der Suche

$\Diamond$ ((spezifikation($Ziel_2$) @ I_{Ziel2}) $\wedge$ (suche($Ziel_1$, $Plan_1$) @ I_{Suche1}) $\wedge$ eingeschlossen(I_{Ziel2}, I_{Suche1})))

Über die zeitliche Relation zwischen „ausführung($Plan_1$) @ $I_{Ausführung1}$" und „ausführung($Plan_2$) @ $I_{Ausführung2}$" kann keine Zeitbeschränkung aufgestellt werden. Die Zielspezifikation kann ebenso bei der Ausführung eines Planes auftreten.

Axiom 28: Spezifikation während der Ausführung

$\Diamond$ ((Spezifikation($Ziel_1$) @ I_{Ziel1}) $\wedge$ (Ausführung($Plan_2$) @ $I_{Ausführung2}$) $\wedge$ eingeschlossen(I_{Ziel1}, $I_{Ausführung2}$))

Diese Nebenläufigkeit von Zielspezifikation, Planung und Ausführung ist nur möglich, weil eine Wissensbasis existiert, die Ziele, Tatsachen und auszuführende Aktionen gleichberechtigt als Erscheinungen enthält.

6.6.2 Rechtzeitigkeit

Sprechen wir von *Planung in Echtzeit*, liegt unser Hauptaugenmerk nicht auf einer schnelleren, sondern auf einer rechtzeitigen Verarbeitung. Dafür ist zwar eine schnelle und effiziente Verarbeitung nützlich, aber über die Dauer einer Planung treffen wir keine Aussagen.

Die Ablaufgeschwindigkeit der physikalischen Vorgänge im technischen Prozeß bedingt die geforderten Reaktionszeiten des Rechners und legt Antwortzeiten fest. Folgende Graphik erläutert die *Antwortzeit*:

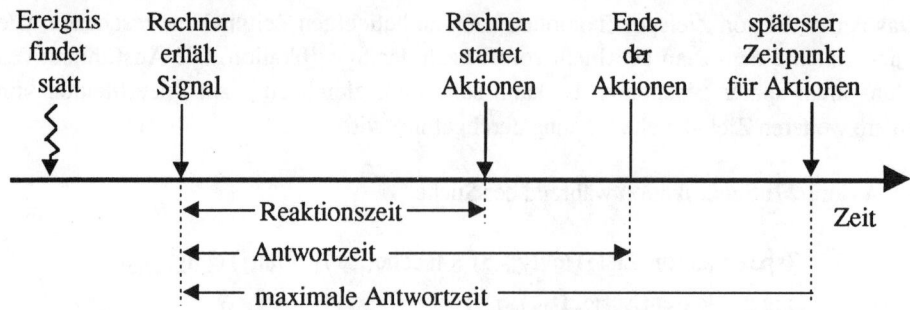

Bild 38: Antwortzeit von Echtzeitsystemen

Mit Hilfe von Intervallen kann dies wie folgt dargestellt werden:

Definition 74: Antwortzeit

> antwortzeit(M) = G $\leftrightarrow$
>> spezifikation(X_1 @ I_1) @ I_Z $\wedge$ $\exists$ M = (X_1 @ I_1 $\Rightarrow$ X_2 @ I_2) $\wedge$
>> (suche(X_2 @ I_2, Plan) @ I_{Suche}) $\wedge$ (ausführung(Plan) @ $I_{Ausführung}$) $\wedge$
>> (ende($I_{Ausführung}$) - beginn(I_Z) = G

Rechtzeitigkeit bedeutet dann, daß die Dauer des Antwortintervalls beschränkt ist. Die Größe der maximalen Antwortzeit muß für jedes kritische Ereignis festgelegt werden und ergibt sich aus den Anforderungen des technischen Prozesses.

Definition 75: Rechtzeitigkeit

> rechtzeitig(M) $\leftrightarrow$ antwortzeit(M) < maximale_Antwortzeit(M)

Nun kann nicht sichergestellt werden, daß eine Planung immer rechtzeitig fertig ist. Wenn die maximale Antwortzeit für ein Ereignis überschritten wird, muß eine Ausnahmebehandlung möglich sein, die unverzüglich ohne weitere Planung ausgeführt wird.

Definition 76: Ausnahmebehandlung

> ausnahmebehandlung(M) $\leftrightarrow$ $\exists$ A = ausnahme(O, M)
>> (eingeplant(O, A) @ I_A $\wedge$
>>> begin(I_A) = maximale_Antwortzeit(M) - dauer(I_A) + Jetzt)

Die Ausnahmebehandlung wird durch den Benutzer spezifiziert und nicht vom System geplant. Wir gehen dabei dann so vor, daß das System bei Auftreten eines Ereignisses zuerst den Zeitpunkt für die Ausnahmebehandlung einplant. Dann kann sich die wissensbasierte Planung mit dem Ereignis beschäftigen. Wird sie nicht rechtzeitig fertig, wird automatisch die Ausnahmebehandlung durchgeführt. Anderenfalls wird die Ausnahmebehandlung durch das Ergebnis der Planung ersetzt.

6.6.3 Die ereignisorientierte Prozeßschnittstelle

Das Problem der expliziten Darstellung von Sachverhalten ist, daß die Verarbeitung nicht so effizient geschieht wie bei einer impliziten Darstellung in einem prozeduralen Kalkül. Damit müssen die Vorteile der Flexibilität und der Wartbarkeit bezahlt werden. Den Nachteil versuchen wir dadurch zu verringern, daß ein allgemeiner prozeduraler Verarbeitungsteil definiert wird.

Einen Teil davon stellt die *ereignisorientierte Prozeßschnittstelle* (EPS) dar. Dieser Teil unterstützt insbesondere die zeitkritischen Vorgänge. Diese Verarbeitung wird unabhängig von einer Anwendung definiert. Sie unterstützt Steuerung, Diagnose und Überwachung von Prozessen. Die ereignisorientierte Prozeßschnittstelle wird durch einen eigenständigen Prozeß im Rechner realisiert. Sinnvollerweise wird dafür ein eigener Prozessor mit eigenem Speicher benutzt.

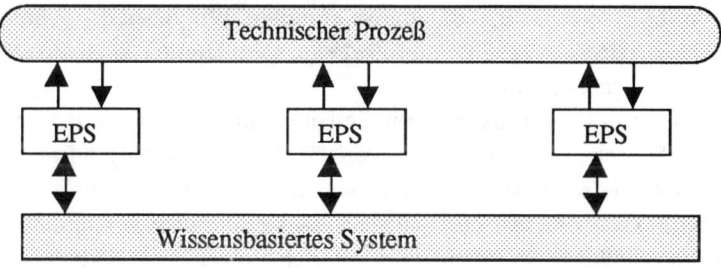

Bild 39: Umgebung der ereignisorientierten Prozeßschnittstelle (EPS)

Vom wissensbasierten System gehen Aufträge an die Schnittstelle. Das kann entweder ein Befehl an einen Aktuator sein, der in einem bestimmten Intervall ausgeführt wird, oder es ist ein Auftrag, der die Schnittstelle dazu veranlaßt, einen Sensor in einem bestimmten Intervall zu lesen. Er nimmt die Signale vom technischen Prozeß auf, versieht sie mit einem Intervall, indem er die Zeit mißt, wann die Signale auftreten und legt sie in seinem Speicher ab. Vom wissensbasierten System können gezielt einzelne Ereignisse abgefragt werden. Der eigentliche Code, mit dem Aktuatoren gesteuert werden, und der Code, den ein Meßgerät liefert, werden lediglich durch die Schnittstelle hindurchgereicht. In der Schnittstelle existiert also kein domänenabhängiges Wissen.

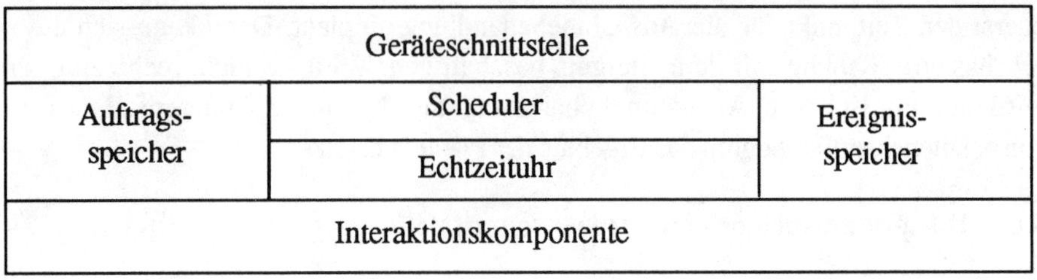

Geräteschnittstelle		
Auftrags- speicher	Scheduler	Ereignis- speicher
	Echtzeituhr	
Interaktionskomponente		

Bild 40: Architektur der ereignisorientierten Prozeßschnittstelle

Um einen Prozeß zu überwachen, müssen Sensordaten äquidistant abgetastet werden, um so den Verlauf einer Zustandsgröße des Prozesses über die Zeit zu liefern. Deshalb definieren wir zyklische Aufträge. Das heißt, die Schnittstelle bekommt den Auftrag, in regelmäßigen Zeitabständen einen Wert zu messen und in ihrem Speicher abzulegen. Da uns die Schnittstelle als Puffer für zeitkritische Dienste dient, haben wir die Möglichkeit, auf diese Einträge vom wissensbasierten System zuzugreifen.

Manchmal muß auf zeitkritische Erscheinungen schnell reagiert werden. Diese sicherheitskritischen Fälle oder Notsituationen finden wir in vielen Anwendungen. Hier sollte das wissensbasierte System keinen Schlußfolgerungsprozeß starten, sondern die Schnittstelle sollte selbständig die Initiative ergreifen. Wir geben der Schnittstelle deshalb einen bedingten Auftrag. So wird sofort eine spezifizierte Aktion ausgeführt, wenn ein bestimmtes Signal auftritt.

In einer Initialisierungsphase müssen die Uhren im wissensbasierten System und in der Prozeßschnittstelle synchronisiert werden. Das bedeutet, wir legen fest, wann für unsere Anwendung die Zeit 0 ist. Ebenso müssen wir die Größe der Granularität festlegen.

Die ereignisorientierte Prozeßschnittstelle ist ausführlicher in [Dorn 88b] beschrieben. Von Splettstößer [Sple 89] wurde im Rahmen einer Diplomarbeit eine ereignisorientierte Schnittstelle entwickelt. Als Modellversuch diente dabei ein PDV-Versuch, bei dem Rechtzeitigkeit und Geschwindigkeit besonders gefordert sind.

7 Epilog

Zum Abschluß dieser Arbeit wird auf die gestellten Echtzeitanforderungen und ihre Erfüllung durch das vorgestellte Modell eingegangen. Außerdem werden noch einige offene Probleme angesprochen, die sich aus dem vorgestellten Modell ergeben.

7.1 Erfüllung der gestellten Echtzeitanforderungen

Wir stellten eine Reihe von Anforderungen an ein Modell zur wissensbasierten Echtzeitplanung. Dabei bezog sich ein Teil der Anforderung auf den Aspekt der Echtzeit. Wir stellten diese im ersten Kapitel auf und möchten nun untersuchen, inwieweit sie durch unser Modell erfüllt werden.

- Nebenläufigkeit

Die Nebenläufigkeit und die Reihenfolge von Erscheinungen im technischen Prozeß lassen sich in dem vorgestellten Modell durch Zeitbeschränkungen einfach darstellen. Problematischer gestaltet sich die nebenläufige Verarbeitung von Erscheinungen. In der Anwendung von [Lang 87] wird dargestellt, daß z.B. zwei Züge gleichzeitig fahren. Sollen jedoch zwei Aktuatoren (z.B. zwei Weichen bei dieser Anwendung) gleichzeitig gestellt werden, muß eine parallele Verarbeitung zur Verfügung gestellt werden. Durch den Einsatz mehrerer ereignisorientierter Schnittstellen wird auch diese parallele Verarbeitung möglich.

Auch in der Planung könnte eine Nebenläufigkeit sinnvoll sein. Diese ergibt sich aber nicht zwingend aus der Forderung. Die Forderung bezog sich auf die Nebenläufigkeit im technischen Prozeß. Da das „wie" der Verarbeitung für einen Benutzer nicht sichtbar sein sollte, sondern nur das „was", ist es aus „wissensbasierter" Sicht unerheblich, ob die Planung nebenläufig ist. Wir können uns allerdings vorstellen, daß die Planung durch Parallelisierung und Verteilung auf mehrere Prozessoren schneller werden könnte.

- Rechtzeitigkeit

Die Rechtzeitigkeit ist eine Anforderung, die nicht allgemeingültig erfüllt werden kann. Wenn ein Ereignis im Prozeß eine aufwendige Verarbeitung erfordert, kann nie zugesichert werden, daß die gestellte Zeitschranke nicht überschritten wird. Auch in traditionellen Softwaresystemen kann das nicht vom System selber geleistet werden. Ein Experte des technischen Systems muß die Zeitschranke sowie die Verarbeitungsdauer der Software abschätzen. In unserem Modell ist es notwendig, daß ein Experte des technischen Prozesses einen Verarbeitungsprozeß spezifizieren kann, die ausgeführt werden sollte, wenn die wissensbasierte Lösung nicht rechtzeitig geliefert werden kann. Die

Verarbeitungsdauer dieses Prozesses, die der ereignisorientierten Schnittstelle übergeben wird, muß kleiner sein als die Zeitschranke. Diese Zusicherung kann nicht das System sondern muß der Experte übernehmen. Hierbei treten natürlich alle bekannten Probleme der Einhaltung von Zeitbedingungen in Echtzeitsystemen auf.

Wünschenswert ist hier eine Planung, die über die Zeitschranke schliessen und die Aufwendigkeit und Güte einer Lösung beurteilen könnte. Dann wäre es denkbar, daß sie Pläne verschiedener Güte produziert. Zuerst wird ein sicherer Plan erzeugt, der aber vielleicht hohe Kosten verursacht. Wenn nun noch genug Zeit existiert, versucht die Planung diese Kosten zu minimieren. Mit der ereignisorientierten Schnittstelle haben wir bereits eine Grundlage für diese Planung gelegt. Die eigentliche Planung müßte jedoch neu überdacht werden.

- dynamische Umgebung

Die Zustandsgrößen im technischen Prozeß ändern sich dynamisch. Wenn eine Planung für die Zukunft geschieht, muß diese Änderung vorausgesagt werden. Außerdem wird noch Wissen durch die Planung erzeugt. Das sind die Aktionen, die die Planung beabsichtigt und deren Folgen. Zur Repräsentation dieser Veränderungen dienen die kausalen und temporalen Abhängigkeiten.

Das Wissen über die dynamische Umgebung wird im Gegensatz zu dem Wissen, das die Planung erzeugt, als Tatsache behandelt und so von dem imperativem Wissen unterschieden. Trotzdem kann das Wissen auch unsicher sein. Wichtig für diese Repräsentation ist aber vor allem die zeitliche Einschränkung von Aussagen.

Die Qualität unserer Repräsentation der dynamischen Umgebung hängt von der Güte der Modellierung des technischen Prozesses ab. Sind keine oder nur schlechte Voraussagen möglich, hilft unser Repräsentationsansatz wenig.

- ununterbrochener Betrieb

Technische Prozesse laufen oft Tag und Nacht ohne Unterbrechung. Es existiert also kein Zustand, wo das Programm oder die Planung beendet wäre. Diese Forderung brachte uns dazu, daß wir die Teilprozesse „Zielspezifikation“, „Einplanung von Aktionen“ und „Ausführung von Aktionen“ parallelisiert haben.

Nun sind Spezifikationen für Ziele möglich, die irgendwann in der Zukunft akut werden. Andere Ziele, die später spezifiziert werden, aber früher gelten sollen, können nebenläufig dazu verarbeitet werden.

Außerdem ist es für diesen ununterbrochenen Betrieb wichtig, daß auch Ziele und eingeplante Aktionen in der globalen Wissensbasis vorhanden sind.

- Unterbrechbarkeit

Die Unterbrechbarkeit zur Behandlung von kritischen Ereignissen im technischen Prozeß haben wir nur für die ereignisorientierte Schnittstelle definiert. Dort kann eine Behandlung des kritischen Ereignisses geschehen.

Es wäre besser, wenn auch die Planung selber unterbrochen werden könnte, weil die Planung unter Umständen durch das Auftreten des kritischen Ereignisses überflüssig geworden ist. Das würde aber bedeuten, daß wir eine Programmiersprache für die Planung einsetzen, die solche asynchronen Unterbrechungen verarbeiten kann. Solch eine Sprache (z.B. Ada [Alsy 83]) hat dann den Nachteil, daß eine deskriptive Beschreibung des technischen Prozesses erschwert wird und eine symbolische Datenverarbeitung erst implementiert werden muß, die in den sogenannten KI-Sprachen schon vorhanden ist.

- Geschwindigkeit

Wir haben bereits im ersten Kapitel angegeben, daß die Geschwindigkeit der Verarbeitung keine der echten Echtzeitanforderungen ist. Jeder Benutzer eines Computerprogramms wünscht sich, daß sein Programm schnell ist. Zur Garantie der Rechtzeitigkeit ist es jedoch oft vorteilhaft, daß die Verarbeitung des Programms schnell erfolgt.

Deswegen müssen wir vor allem darauf achten, daß die Verarbeitung in der ereignisorientierten Schnittstelle schnell ist. Diese schnelle Verarbeitung unterstützen wir dadurch, daß zum einen für diese Schnittstelle eine prozedurale Programmiersprache benutzt wird und zum anderen die Komplexität der Schnittstelle möglichst gering gehalten wird.

Auf der Ebene der wissensbasierten Planung hängt die Effizienz und Geschwindigkeit der Planung im wesentlichen vom Aufwand der Suche nach Operatoren ab. Diesen Aufwand verringern wir durch zwei Methoden. Einerseits strukturieren wir die Wissensbasis hierarchisch. Der Suchaufwand wir so abhängig von dieser Modellierung verringert. Andererseits benutzen wir das Einschränkungsmodell, durch das unabhängig von der Modellierung eine Reduzierung des Aufwandes geschieht.

7.2 Offene Probleme

Bei der Entwicklung des Modells zur Wissensrepräsentation und Wissensverarbeitung für eine Echtzeitplanung haben wir uns auf bestimmte Aspekte beschränkt. Wir möchten nun noch einige Probleme andiskutieren, die am Rande dieses Modells stehen.

Außerdem soll auch auf einige Probleme innerhalb unseres Modells zurückgekommen werden.

Im ersten Teil betrachten wir offene Probleme der Wissensrepräsentation. Im zweiten Teil gehen wir auf offene Probleme in der Planung ein. Die Planung ist der Teil der Wissensverarbeitung, mit dem wir uns hauptsächlich beschäftigt haben. Im dritten Teil wollen wir aber noch kurz vorstellen, welche weiteren Verarbeitungskomponenten für unser vorgestelltes Modell gefordert sind. Zum Abschluß gehen wir noch auf Probleme ein, die sich bezüglich der Implementierungen ergeben haben.

7.2.1 Wissensrepräsentation

Wir haben ein Modell zur Repräsentation von Zeit und Kausalität eingeführt. Zeit und Kausalität stellen aber nur einen Teilaspekt dar, wenn wir ein Modell der Realität im Rechner bilden. Wir wollen im folgenden Teil andeuten, an welchen Stellen wir uns noch eine weitere Entwicklung von Repräsentationskonzepten vorstellen.

Zuerst möchten wir jedoch zwei Punkte ansprechen, die in unserem Repräsentationsmodell noch nicht optimal gelöst sind.

• Repräsentation mit Intervallen bei iterativen Erscheinungen

Bei der Repräsentation von Wissen, das zeitlich eingeschränkt gültig ist, existieren auch Probleme, wenn wir die Gültigkeitszeit mit Intervallen beschreiben. Für Wissen über alternierende Vorgänge (wie z.B. Tag und Nacht) müssen wir sehr viele Intervalle spezifizieren. Diese Art von Wissen läßt sich sehr viel leichter durch implizite Funktionen darstellen, wobei die Zeit der Definitionsbereich und der alternierende Wert der Wertebereich der Funktion wäre. Wir möchten aber implizit repräsentieren. Daraus folgt, daß wir viele Intervalle erzeugen müssen.

• Dauer von Erscheinungsformen

Wir schränken Erscheinungen durch Intervalle ein, nicht jedoch die Erscheinungsformen. Dies hat den einleuchtenden Grund, daß keine konkrete Zeit existiert, in der die Erscheinungsform auftritt, da sie nur die Vorstellung dessen ist, was passieren kann. Andererseits können wir uns vorstellen, daß eine Dauer für eine Erscheinungsform bekannt ist. Dieses Attribut für Erscheinungsformen haben wir aus Gründen der Einheitlichkeit der Repräsentation vernachläßigt. In Skripten, die Erscheinungsformen darstellen, erlauben wir für die einzelnen Erscheinungen Intervalle. Dies liegt daran, daß wir dieses Wissen benötigen. Die Einheitlichkeit wird hier aufgehoben, da die Erscheinungen eines Skriptes eigentlich Erscheinungsformen sind.

- Widerspruch zwischen Erscheinungen

Bei der Reduzierung der Einstellungen der Konfliktmenge in der Planung haben wir angegeben, daß Einstellungen eliminiert werden, deren Eintrittsbedingungen oder Resultate einer Erscheinung in der Wissensbasis widersprechen. Wir sind davon ausgegangen, daß der Widerspruch durch ein Prädikat „inkonsistent" definiert ist.

Diese Methode ist aber nicht optimal. Das im sechsten Kapitel angeführte Beispiel „inkonsistent(AUF(X, Y), FREI(Y))" läßt schon vermuten, daß ein gutes Modell zur Repräsentation von räumlichem Wissen diese Inkonsistenz automatisch ableiten läßt.

- Repräsentation von räumlichem Wissen

Wir haben ein ausführliches Modell zur Repräsentation von Zeit vorgestellt. In einem Fachgebiet wie Robotik ist aber ebenso ein Modell von Raum bzw. eine Kopplung von Raum und Zeit wünschenswert. Das haben wir schon im vorherigen Punkt festgestellt.

Ein Modell des Raumes könnte ähnlich unserem Zeitmodell aus einer quantitativen und einer qualitativen Komponente bestehen. Während für die quantitative Komponente viele Vorschläge existieren (Frames, Vektoren u.a. [Paul 81]) existieren unseres Wissens nach keine vollständigen Modelle zur qualitativen Raumbeschreibung. Prädikate wie „on(A,B)" in Planungsprogrammen stellen jedoch einen ersten Ansatz dar. Hier wäre nun eine Theorie mit verschiedenen Raumbeschränkungen wie etwa „unter", „auf", „neben", „rechts", „links", „in", „zwischen" und vielen anderen vorstellbar. Auch hier sind wiederum transitive Schlußfolgerungen wie im Zeitmodell möglich.

Endziel einer Entwicklung wäre dann ein Zeit-Raum-Modell, in dem unser Zeitmodell mit einem Raummodell gekoppelt wird. In dieses Konzept müßten dann quantitative Größen wie Geschwindigkeit und Beschleunigung aufgenommen werden. Auch qualitative Aspekte könnten dargestellt werden. Bei Valdés-Pérez [Vald 86] finden wir erste Ansätze für ein „Spatio-Temporal Reasoning".

- Repräsentation von weiterem physikalischem Wissen

Neben räumlichem Wissen müssen in technischen Anwendungen weitere physikalische Größen behandelt werden. Neben den physikalischen Größen (Temperatur, Gewicht, Geschwindigkeit u.a.) spielt auch die Materie eine wichtige Rolle. Für intelligente Programme ist es wichtig, ein Verständnis darüber zu haben, was Flüssigkeit ist, was Steifigkeit für Vor- und Nachteile hat oder was ein sprödes Objekt ist. Die Planung für einen Roboter muß wissen, ob es gefährlich ist, wenn der Roboter ein Objekt fallen läßt. Für diese Probleme muß ein komplexes physikalisches Modell entwickelt werden.

Im Bereich der künstlichen Intelligenz rückt hier die Disziplin „Qualitative Reasoning" immer stärker in den Blickpunkt. DeKleer [DeKl 84], Forbus [Forb 84] und Kuipers [Kuip 84] versuchen mit ihren Konzepten die angesprochenen Probleme zu lösen. Ein Problem ihrer Ansätze ist jedoch die immense Komplexität. Wenn wir intelligentere Planungsprogramme haben wollen, werden wir aber nicht umhin kommen, die beteiligten Objekte unserer Umgebung qualitativ zu simulieren.

• Repräsentation von ungenauem Wissen

Ein Problem sehen wir in der Repräsentation und Verarbeitung von Ungenauigkeiten von physikalischen Größen. In praktischen Arbeiten wie z.B. [Lang 87] konnten keine exakten Voraussagen getroffen werden, wie lange eine eingeplante Erscheinung, geschweige denn eine nicht eingeplante, dauert. Ebenso war die Messung von Positionen und Geschwindigkeiten ein Problem. Der Anlagenaufbau (eine Modelleisenbahn) enthält ziemlich große Toleranzen.

In der Robotik tritt das Problem ebenso auf. So existieren in expliziten Programmiersprachen für Roboter spezielle Anweisungen für nachgiebige Bewegungen (compliance motion) [Mujt 79], die durch das Problem der Ungenauigkeit bedingt sind. Hier bezieht sich die Ungenauigkeit auf Positionsangaben.

Die fehlende und schlechte Sensorik sowie der billige Aufbau der Anlage täuschen in beiden Fällen ein Hardwareproblem vor. Obwohl auch dieses Hardwareproblem existiert, verdeckt es nur ein allgemeineres Problem. Wenn wir ein Auto steuern, kommen wir als Menschen auch ohne exakte physikalische Daten aus. Wir besitzen kein Meßgerät, das uns angibt, wieviele Zentimeter wir uns vom Bordstein entfernt befinden. Das Problem muß also nicht gelöst werden, indem eine exaktere Hardware benutzt wird, sondern dadurch, daß ein geeignetes Konzept für das Rechnen mit Ungenauigkeiten entwickelt werden muß.

In unserer Repräsentation und Verarbeitung versuchen wir die Probleme von ungenauen Zeiten durch qualitative Schlußfolgerungen, Einschränkungen des Wertebereichs und Ausnahmebehandlung zu lösen. Nichtsdestoweniger ist dieses Konzept nicht gleichwertig zu unseren menschlichen Fähigkeiten.

Wir haben uns überhaupt nicht mit der Ungenauigkeit der anderen physikalischen Größen beschäftigt. Dabei ergibt sich in der Robotik mit der Ungenauigkeit von Stellungsbeschreibungen und der variablen Greiferkraft ein weiteres wichtiges Problemgebiet. In [Dorn 86a] haben wir angedeutet, wie eine Integration von Ungenauigkeit in Skripten geschehen könnte.

7.2.2 Planung

Auf der Seite der Wissensverarbeitung haben wir uns hauptsächlich mit der Planung beschäftigt und werden deshalb hier diesen Punkt ausführlich behandeln.

Die von uns vorgestellte Planung soll durch ihre spezielle Repräsentation die Steuerung von Prozessen in Echtzeit unterstützen. Wir haben aber einige Aspekte vernachläßigt, die wir hier der Vollständigkeit halber erwähnen wollen.

• Planung mit Ressourcen

Wir haben bisher wissensbasiert geplant und für jedes Objekt eine eindeutige Identifikation gehabt. Oft ist es aber gar nicht sinnvoll, für jedes Objekt der Anwendung eine Objektinstanz im Programm zu erzeugen. Für die tausend Schrauben im Lager, auf die der Roboter vielleicht Zugriff hat, müssen wir keine Objektinstanzen erzeugen. Unter einer Planung mit Ressourcen verstehen wir eine Anwendung, bei der von einer bestimmten Ressource eine bekannte Anzahl von Objekten vorhanden ist. Wenn ein Objekt nun verbraucht oder benutzt wird, muß die Anzahl der verfügbaren Objekte um eins verringert werden. Bedingungen in Planungsoperatoren müssen für solche Ressourcen anders dargestellt werden als für einzelne Objektinstanzen, die entweder verfügbar oder nicht verfügbar sind.

Die Schwäche der expliziten Programmierung, wie wir sie vorgestellt haben, ist die Behandlung von numerischen Problemen im allgemeinen. Wir können mit unserer Repräsentationssprache nicht ausdrücken, daß eine Aktion dreimal ausgeführt werden soll. Wir müssen die Aktion dreimal explizit nennen, um dieses Problem zu lösen. Bei großen Zahlen wird diese Möglichkeit unpraktikabel.

• Planung mit Einschränkungen

Unsere grundlegende Strategie beim Planen ist die Aufschiebung von Entscheidungen bis zu dem Zeitpunkt, an dem notwendigerweise entschieden werden muß, welche Alternative auszuführen ist. Diese Strategie verfolgen wir nicht durchgehend. So werden Belegungen von Objekten durchgeführt, obwohl mehrere möglich wären. Wir können uns hier vorstellen, daß keine Belegung durchgeführt wird, sondern bei der zu belegenden Variablen eine Menge von möglichen Belegungen gespeichert wird.

Wenn also mehrere Roboter eine Einstellung ausführen könnten, dann wird eine Menge von Robotern gebildet. Diese werden bei der Rolle der Einstellung gespeichert. Wenn die Einstellung dann ausgeführt wird, wird einer der Roboter aus der Menge ausgewählt. Wird in der Zwischenzeit einer der Roboter aus der Menge für eine andere Einstellung benötigt, wird er einfach entnommen. Es muß nur zugesichert werden, daß einer übrigbleibt.

Wir haben auf diese Art der Planung verzichtet, weil sie zu viele Auswirkungen auf parallele Handlungen hat. In obigen Beispiel müßte ja die Menge der Roboter zusätzlich mit Zeiten versehen werden, in denen sie für die Einstellung bereit wären. Wenn das Intervall der Einstellung noch variabel ist, wären die möglichen Einschränkungen sehr gering. Wir benutzen die Strategie der Entscheidungsverzögerung nur für qualitative und quantitative Zeitwerte.

- Planung von optimalen Zeiten

In unserem Zeitmodell bietet es sich an, eine optimale Zeitplanung durchzuführen. Wir haben aber bewußt darauf verzichtet. Diese Planung könnte unter Hilfe von Operations Research Techniken wie der Linearen und Dynamischen Programmierung durchgeführt werden. Intervalle mit den Attributen Beginn, Ende und Dauer bieten die geeigneten Daten, um den zeitlich kürzesten Plan zu bestimmen. Unsere Planungsstrategie ist jedoch nicht darauf ausgerichtet, daß mehrere Alternativpläne erzeugt werden, aus denen dann der kürzestete ausgesucht wird. Hierfür müßte die Planungsstrategie geändert oder erweitert werden.

- Verteilte Planung

Wir sind in unserem Modell, rein formal gesehen, immer davon ausgegangen, daß mehrere Akteure in unserer Planungsumgebung existieren. Unsere Repräsentation stellt Sprachmittel zur Verfügung, mehrere parallel arbeitende Roboter oder Maschinen darzustellen. Ein Beispiel dafür finden wir in der Arbeit von Neubert und Splettstößer [Neub 88], in der für mehrere Akteure geplant wird.

Wir haben aber eine Planung für mehrere eigenständige Akteure aus Gründen der Komplexität vernachläßigt. Wenn wir uns eine Planungsumgebung für zwei oder mehr autonome mobile Roboter vorstellen, dann wird für jeden Akteur eine eigene Instanz der Planung nötig. Außerdem werden sich die Wissensbasen dieser Roboter teilweise unterscheiden, da sie unterschiedliche Sensordaten empfangen.

Weiß eine Planungsinstanz vom Vorhandensein einer anderen, so kann sie oft anhand ihrer eigenen Sensordaten und ihres Wissens prognostizieren, was der andere Roboter tun wird. Sollen aber zwei Roboter eine gemeinsame Aufgabe lösen oder wollen beide auf die gleiche Ressource zugreifen, ist es unabdinglich, daß die beiden miteinander kommunizieren. In einem neuen Bereich der künstlichen Intelligenz, der sich „distributed artificial intelligence (DAI)" nennt, wird versucht, solche Probleme zu lösen. Ein interessanten Ansatz verfolgen dabei Davis und Smith [Davi 83] mit ihrem „Contract Net".

Mit dieser Kommunikation treten viele Probleme auf, die allgemein bei verteilten Prozessen auftreten. Im Rahmen dieser Arbeit konnten und wollten wir uns nicht mit dieser Problematik beschäftigen. Inwieweit unsere Repräsentation und Planung eine Kommunikation behindert oder fördert, sollte getrennt untersucht werden.

7.2.3 Weitere Verarbeitung

• Ausführung

In den bisherigen Implementierungen wurde ein Skriptinterpreter definiert, der jeweils die Ausführung einer Menge von Skripten bzw. Einstellungen durchführt. Dieser Interpreter war immer speziell für eine Anwendung gedacht. Wenn nun eine neue Anwendung entwickelt wird, muß jedesmal ein neuer Interpreter entwickelt werden.

Da ein großer Teil der Skriptinterpreter unabhängig vom repräsentierten Wissen der Anwendung ist, sollte ein allgemeiner Skriptinterpreter bzw. Scheduler entwickelt werden. Die Aufgabe des Skriptinterpreters wäre dann die Suche nach Einstellungen, die in der Wissensbasis als eingeplant vermerkt sind, und ihre Initiierung zu der im Intervall spezifizierten Zeit. Da der Interpreter kein Wissen über die Bedeutung der enthaltenen Erscheinungen besitzt, sollte er aus der Wissensbasis den Code für eine Erscheinung holen und ausführen.

• Überwachung

Ein wichtiger Bestandteil für unser Modell ist die Überwachung der Umwelt. Ohne Feststellungen, wie sich die Umwelt verändert, kann unser System nicht adäquat prognostizieren und somit auch nur beschränkt planen. Wir sind in unserem Modell davon ausgegangen, daß wir die Sensordaten in geeigneter Form bekommen. Wir haben auch den Ereignisprozessor zur Unterstützung definiert.

In den implementierten Systemen stand aber nur eine sehr unvollständige Sensorik zur Verfügung. Wünschenswert wäre hier eine Anbindung eines Kamerasystems oder anderer Sensorik, um unser Modell voll austesten zu können. Daß die Meßdaten einer Kamera in ereignisorientierte Repräsentation umgewandelt werden können und daß das in manchen Anwendungen auch geschehen sollte, wurde in [Neum 88] nachgewiesen.

• Wissensakquisition

Ein wichtiger Aspekt von wissensbasierten Systemen ist die Wissensakquisition. Hier sollte zwischen Eingabe von Wissen durch den Benutzer und automatischer Wissensakquisition unterschieden werden. Die erstere sollte durch einen syntaxorientierten Editor unterstützt werden. Das Wissen, das der Benutzer eingibt, sollte auf Konsistenz mit bereits definiertem Wissen überprüft werden.

Bei der automatischen Wissensakquisition sollten wir zwischen Wissen, das aus dem Prozeß stammt, und allgemeinem Wissen unterscheiden. Das erste wird über die Überwachungskomponente gewonnen. Es sollte aber auch einer Konsistenzprüfung unterworfen werden, da die Sensorik nicht immer fehlerfrei arbeitet.

Wir glauben, daß in unserem Modell mit Skripten die Wissensakquisition von allgemeinem Wissen durch die Repräsentation stark unterstützt wird. So können entwickelte Pläne leicht in neue Skripte umgewandelt werden, so daß es beim nächsten Auftreten eines Problems schneller gelöst werden kann.

7.2.4 Implementierungen

• Komplexität der Anwendungen

Ein Manko aller Arbeiten ist die geringe Komplexität der Anwendungsbeispiele. Bei Neubert und Splettstößer [Neub 88] gibt es 10 Klassen und 18 Skripte. Das ist zwar schon wesentlich komplexer als die typischen Anwendungen von wissensbasierten Planungssystemen[13]. Wenn wir aber technische Systeme als Zielanwendung im Auge behalten, ist die Komplexität der untersuchten Beispiele zu gering. Um die Einsatzmöglichkeiten dafür zu testen, müßte eine komplexere Anwendung implementiert werden. Diese sollte über eine Reihe von parallelen Aktuatoren und Sensoren verfügen.

• Implementierungssprache

Die vorgenommenen Implementierungen [Czec 87], [Lang 87] und [Neub 88] wurden in MODULA-PROLOG und Pascal vorgenommen. Eine prozedurale Sprache ist mit Sicherheit notwendig, um die hardwarenahen Teile des Systems zu implementieren. Für nebenläufige Programmierung stand uns außerdem keine nichtprozedurale Sprache zur Verfügung. MODULA-PROLOG sollte dann die „ideale" Entwicklungsumgebung für unser System sein. Leider konnte sie die Erwartungen nicht erfüllen.

MODULA-PROLOG [Mull 85] stellt die Möglichkeiten zur Verfügung, einerseits in MODULA-2 zusätzliche Prädikate für ein PROLOG-Programm zu schreiben, andererseits aus einem MODULA-2 Programm einen Beweis in PROLOG zu führen. Neben einigen Fehlern im Interpreter mangelte es daran, mehrere PROLOG-Beweise nebenläufig ausführen zu können. Das ist beispielsweise im IF-PROLOG-Interpreter [Leib 83] möglich.

Um aber die Parallelität von Zielspezifikation, Planung und Ausführung in vollem Umfang zu gewährleisten, ist sicherlich eine Form von parallelem PROLOG (z.B. PARLOG [Greg 87] oder CPROLOG [Brau 87]) notwendig.

---

[13] Die „Klötzchenwelt" läßt sich mit einem bzw. vier Skripten darstellen und für die „STRIPS-Welt" benötigen wir sieben Skripte.

Anhang

Die Gegenwart ist der Punkt, an dem Vergangenheit und Zukunft aufeinandertreffen, eine Grenzstation in der Zeit, aber qualitativ nicht anders als die beiden Bereiche, die sie miteinander verbindet.

Das Sein steht nicht notwendigerweise außerhalb der Zeit, aber die Zeit ist nicht die Dimension, die das Sein beherrscht. Der Maler ringt mit Farbe, Leinwand und Pinsel, der Bildhauer mit Stein und Meißel, doch der schöpferische Akt, ihre «Vision» des Werkes, das sie erschaffen, transzendiert die Zeit. Diese Vision ist das Werk eines Augenblicks, oder vieler Augenblicke, aber «Zeit» wird in der Vision nicht erlebt. Das gleiche gilt für den Denker. Die Niederschrift seiner Gedanken erfolgt in der Zeit, aber ihre Konzeption ist ein schöpferisches Ereignis außerhalb der Zeit. Und dasselbe trifft für jede Manifestation des Seins zu. Das Erlebnis des Liebens, der Freude, des Erfassens einer Wahrheit geschieht nicht in der Zeit, sondern im Hier und Jetzt. Das Hier und Jetzt ist Ewigkeit, das heißt Zeitlosigkeit; Ewigkeit ist nicht, wie oft fälschlich angenommen wird, die ins Unendliche verlängerte Zeit.

aus «Haben oder Sein» von Erich Fromm

1 Systembeschreibung

Newspeak was the official language of Oceania and had been devised to meet the ideological needs of Ingsoc, or English Socialism. In the Year 1984 ...

...

The purpose of Newspeak was not only to provide a medium of expression for the world-view and mental habits proper to the devotees of Ingsoc, but to make all other modes of thought impossible. It was intended that when Newspeak had been adopted once and for all and Oldspeak forgotten, a heretical thought - that is, a thought diverging from the principles of Ingsoc - should be literally unthinkable, at least so far as thought is dependent on words.

«Nineteen Eighty-Four» by George Orwell

Objekt:	**Bool**
Wertemenge:	{ja, nein}

Objekt:	**Name**
Variablen:	N
Abbildungen:	
newName :	$\rightarrow$ N

Objekt:	**Rationale Zahl**
Variablen:	Q
Abbildungen:	
+, -, *, / :	$Q \times Q \rightarrow Q$

Objekt:	**Wert**
Variablen:	W
Wertemenge:	Wert = Bool $\cap$ N $\cap$ Q

Objekt:	**Granularitätsintervall**
Variablen:	G
Eigenschaften:	Axiom 1 – 5
Wertemenge:	$0, 1, \ldots, \infty$
Abbildungen:	
nachfolger :	$G \to G$
= :	$G \times G \to Bool$
+, - :	$G \times G \to G$
<, ≤ :	$G \times G \to Bool$
min, max :	$G \times G \to G$
Variable:	Jetzt

Objekt:	**Zeitschranke**
Variablen:	Z
Abbildungen:	
.. :	$G \times G \to Z$
istZeitschranke :	$Z \to Bool$
+, - :	$Z \times Z \to Z$
<, ≤ :	$Z \times Z \to Bool$
$\cap$:	$Z \times Z \to Z$

Objekt:	**Intervall**
Variablen:	I
Eigenschaft:	Axiom 6
Abbildungen:	
intervall :	$N \times Z \times Z \times Z \to I$
istIntervall :	$I \to Bool$
beginn, ende, dauer :	$I \to Z$
identisch :	$I \times I \to Bool$
unifiziere :	$I \times I \to I$
Konstante:	immer, nie

Objekt:	**Beschränkung**
Variablen:	B
Wertemenge:	{ <, >, ≤, ≥, =, - }

Abbildungen:	
beschränkung :	$Z \times Z \rightarrow B$
istBeschränkung :	$B \rightarrow Bool$
∩, ∪ :	$B \times B \rightarrow B$
unbekannt :	$B \rightarrow Bool$
transitiveBeschränkung :	$B \times B \rightarrow B$
inverseBeschränkung :	$B \rightarrow B$

Objekt:	**Zeitbeschränkung**
Variablen:	ZB

Abbildungen:	
zeitbeschränkung :	$B \times B \times B \times B \rightarrow ZB$
zeitbeschränkung :	$I \times I \rightarrow ZB$
istZeitbeschränkung :	$ZB \rightarrow Bool$
∩, ∪, ⊇ :	$ZB \times ZB \rightarrow ZB$
transitiveZeitbeschränkung :	$ZB \times ZB \rightarrow ZB$
inverseZeitbeschränkung :	$ZB \rightarrow ZB$
einfach, wohlgeformt :	$ZB \rightarrow Bool$
intervallrelation :	$I \times I \rightarrow ZB$

Objekt:	**Intervallrelation**
Variablen:	R, ℝ

Abbildungen:	
intervallrelation :	$I \times ZB \times I \rightarrow R$
istIntervallrelation :	$R \rightarrow Bool$
trifft, bevor, vor, in, gleich, eingeschlossen, startet, beendet, überlappt, leitet_ein, folgt, schneidet :	$I \times I \rightarrow R$

Objekt:	**Klasse**
Variablen:	K
Abbildungen:	
klasse :	$N \rightarrow K$
unterklasse :	$N \times K \rightarrow K$

Objekt:	**Objekt**
Variablen:	O, $\mathbb{O}$
Eigenschaft:	Axiom 8 und 9
Abbildungen:	
existiert :	$N \times K \rightarrow O$
istObjekt :	$O \rightarrow Bool$
bereit :	$O \rightarrow Bool$

Objekt:	**Eigenschaft**
Variablen:	T
Abbildungen:	
gilt :	$O \times N \times W \rightarrow T$
gilt :	$O \times N \rightarrow T$
istEigenschaft :	$T \rightarrow Bool$
istEigenschaft :	$O \times T \rightarrow Bool$

Objekt:	**Einschränkung**
Variablen:	C, $\mathbb{C}$
Abbildungen:	
einschränkung :	$T \times \{W_1, ..., W_n\} \rightarrow C$
einschränkung :	$T \times T \times \{\langle W_{11}, W_{12} \rangle, ..., \langle W_{n1}, W_{n2} \rangle\} \rightarrow C$
einschränkung :	$T \times T \times N \rightarrow C$

Objekt:	**Faktum**
Variablen :	F
Wertemenge :	$F = O \cup T \cup C$
Eigenschaft :	Axiom 7
Abbildungen:	
gefordert, erreichbar :	$F \rightarrow F$

Objekt:	**Ereignis**
Variablen:	E
Eigenschaft:	Axiom 10
Abbildungen:	
tritt_auf :	$O \times N \times Q \times Q \rightarrow E$
istEreignis :	$E \rightarrow Bool$

Objekt:	**Prozeß**
Variablen:	P
Eigenschaft:	Axiom 11
Abbildungen:	
findet_statt :	$O \times N \times Q \rightarrow E$
istProzeß :	$P \rightarrow Bool$

Objekt:	**Aktion**
Variablen:	A
Eigenschaft:	Axiom 12
Abbildungen:	
führt_aus :	$O \times \{E, P\} \rightarrow E$
istAktion :	$A \rightarrow Bool$
eingeplant, ausführbar :	$A \rightarrow A$

Objekt:	**Flußgröße**
Variablen:	V
Abbildungen:	
fluß :	$N \times I \rightarrow V$
änderung :	$V \times Q \times Q \rightarrow \{E, P\}$
veränderung :	$O \times V \times Q \times Q \rightarrow A$
monoton_steigend :	$V \rightarrow Bool$
monoton_fallend :	$V \rightarrow Bool$
gradient :	$V \times I \rightarrow Q$
maximaler_fluß :	$O \times F \times I \rightarrow Q$
minimaler_fluß :	$O \times F \times I \rightarrow Q$

Objekt:	**Geschehen**
Variablen:	H
Wertemenge:	$H = E \cup P \cup A$

Objekt:	**Erscheinungsform**
Variablen:	X
Wertemenge:	$F \cup H$

Objekt:	**Erscheinung**
Variablen:	XI, $\overline{\text{XI}}$
Eigenschaften:	Axiom 13 – 19

Abbildung:	
@ :	$X \times I \to XI$
$\Box$, $\Diamond$:	$XI \to XI$
immer_wahr :	$XI \to XI$
irgendwann_wahr :	$XI \to XI$

Objekt:	**Abhängigkeit**
Variablen:	M, $\overline{\text{M}}$

Abbildung:	
$\Rightarrow$, $\Leftrightarrow$:	$XI \times XI \to M$
istAbhängigkeit :	$M \to Bool$
antwortzeit :	$M \to G$
ausnahmebehandlung :	$M \to A$
maximale_antwortzeit :	$M \to G$
rechtzeitig :	$M \to Bool$

Objekt:	**Skript**
Variablen:	S

Abbildungen:	
skript :	$N \times \text{Rollen} \times \text{Requisiten} \times \mathbb{XI}_1 \times \mathbb{XI}_2 \times \mathbb{XI}_3 \times \mathbb{R} \times \mathbb{M} \rightarrow S$
rollen :	$S \rightarrow \text{Rollen}$
requisiten :	$S \rightarrow \text{Requisiten}$
abhängigkeiten :	$S \rightarrow \mathbb{M}$
eintrittsbedingungen :	$S \rightarrow \mathbb{XI}_1$
erscheinungen :	$S \rightarrow \mathbb{XI}_3$
name :	$S \rightarrow N$
resultate :	$S \rightarrow \mathbb{XI}_2$
skriptintervall :	$S \rightarrow I$
intervallrelationen :	$S \rightarrow \mathbb{R}$
istAbhängigkeit :	$N \times S \rightarrow \text{Bool}$
istEintrittsbedingung :	$N \times S \rightarrow \text{Bool}$
istErscheinung :	$N \times S \rightarrow \text{Bool}$
istRequisit :	$N \times S \rightarrow \text{Bool}$
istRequisiteneinschränkung :	$N \times S \rightarrow \text{Bool}$
istResultat :	$N \times S \rightarrow \text{Bool}$
istRolle :	$N \times S \rightarrow \text{Bool}$
istRolleneinschränkung :	$N \times S \rightarrow \text{Bool}$
istZeitbeschränkung :	$N \times S \rightarrow \text{Bool}$
einsetzbar :	$S \times S \rightarrow \text{Bool}$

Objekt:	**Rollen**
Abbildungen:	
rollen :	$\mathbb{O} \times \mathbb{C} \rightarrow \text{Rollen}$

Objekt:	**Requisiten**
Abbildungen:	
requisiten :	$\mathbb{O} \times \mathbb{C} \rightarrow \text{Requisiten}$

Objekt:	**Einstellung**
Variablen:	SI, $\mathbb{SI}$
Eigenschaften:	Axiom 20 – 25
Abbildungen:	
abhängigkeiten :	SI $\rightarrow$ $\mathbb{M}$
einstellung :	N $\times$ S $\rightarrow$ SI
istEinstellung :	SI $\rightarrow$ Bool
einschränkungen :	SI $\rightarrow$ $\mathbb{C}$
intervallrelationen :	SI $\rightarrow$ $\mathbb{R}$
name :	SI $\rightarrow$ N
objekte :	SI $\rightarrow$ $\mathbb{O}$
skriptname :	SI $\rightarrow$ N

Objekt:	**Plan**
Abbildungen:	
abhängigkeiten :	Plan $\rightarrow$ $\mathbb{M}$
erscheinungen :	Plan $\rightarrow$ $\mathbb{XI}$
intervallrelationen :	Plan $\rightarrow$ $\mathbb{R}$
istPlan :	Plan $\rightarrow$ Bool

2 Stichwortverzeichnis

Fa freddo nello scripterium, il pollice mi duole. Lascio questa scrittura,
non so per chi, non so più intorno a che cosa: stat rosa pristina no-
mine, nomina nuda tenemus.

«Il nome della rosa» di Umberto Eco

Abhängigkeit	84	Echtzeitanforderungen		3
kausale -	9; 83; 107	asynchrones Ereignis		3
temporale -	9; 83	dynamische Umgebung		3
- zwischen Erscheinungen	84	kontinuierlicher Prozeß		3
Agenda		Nebenläufigkeit		3
Ziel-	125	Rechtzeitigkeit		3
Akteur	71	Unterbrechbarkeit		3
Aktion	69	ununterbrochener Betrieb		3
ausführbare -	89	Eigenschaft		26; 67
ausgeführte	89	Einschränkung	69; 125; 133
eingeplante -	89	abgeleitete -		135
Antwortzeit	143	Erfüllung von -en		134
Äquivalenz		extensionale -		133
strenge -	84	Festlegung von -en	41; 134
Attribut	68	extensionale -		69
Aufhebungsliste	37	inkonsistente -	134; 135
Ausnahmebehandlung	144	intensionale -		69
Backtracking		konstruktive -		133
abhängigkeitsgesteuertes -	135	minimale -		135
chronologisches -	135	prädikative -		133
Behandlungsregel	124	Propagierung von -en		134
Chronik	22	-smodell		134
Clique	139	minimales --		135
Defaultwert	30	unterbestimmte -		134
Digitalisierungsfehler	48	zeitliche -en		41

Einstellung 33; 100; 108
 anwendbare - 128
Eintrittsbedingung 33; 105
 Qualifizierung der -en 111
Ereignis 26; 69
 -kalkül 8; 22
 Referenz- 17
Erscheinung 11; 45; 66; 99; 106
 ausführbare - 90
 Einplanung von -en 117
 kritische - 128
 -sform 66
 tatsächliche - 91
 zusammengesetzte - 99
Fach 30
Fakten 67
Faktum
 eingeplantes - 90
 erreichbares - 91
 gefordertes - 91
Flußgröße 28; 72
 aktive Veränderung einer - 74
 Änderung einer - 73
  Gradient der -- 75
Frame
 -Axiom 7
 -Problem 7
Funktion
 Generierungs- 13
 Klassifikations- 13
Gegenwart 52
Geschehen 69
 aktives - 69
 diskretes - 69
 kontinuierliches - 69
 passives - 69
Granularität 48
Graph 136
 induzierter Unter- 139
 vollständiger - 136
Hinzufügungsliste 37

Implikation
 normale - 83
 strenge - 84
Intervall 18; 50; 53
 -algebra 18
 -endpunkte 54
 Granularitäts- 48
 identische -e 55
 -logik 18
 Referenz- 20; 110
 -relation 18; 58
  konvexe -- 19
 Teil- 59
 Treffpunkt von -en 58
 Unifikation von -en 55
Kante 136
Kantenzug 136
 Länge des -es 136
Kanal 28; 74
Kausalität 27
 - von Aktionen 27
 - von Ereignissen 27
 - von Fakten 27
 - zwischen Aussagen 79
Kette
 transitive - 21; 106
 Vorher/Nachher- 17
Klasse 68; 100
Konfliktmenge 118
Konsistenz
 - einer Kante 137
 - einfacher Wege 137
 - von Punkten 136
Logik
 sortierte - 13
 temporale - 16
Menge
 geordnete - 13
 ungeordnete - 13
Modal
 -logik 80
 -systeme 81

Modalität	80	Schlußregel	
iterierte -	81	transitive -	19; 139
ontische -	79	Situation	6
temporale -	87	Situationen	
Möglichkeitsoperator	80	-kalkül	6
Notwendigkeitsoperator	80	Skript	33; 99
Objekt	25; 30	Einstellung eines -es	100; 111
- auf der Repräsentationsebene	67	Unifikation eines -es	100
logisches -	13; 54	Suche	
-taxonomie	68	- in die Breite	133
Operator	6; 36	- in die Tiefe	135
Plan	122	rückwärtsverkettete -	118
-skelett	32	Vererbung	31; 68
unvollständiger -	41	Vergangenheit	52
Planer	36	Verzweigungsfaktor	118
Planung		Vorbedingungen	37
hierarchische -	38	Weg	136
- in Echtzeit	143	einfacher -	136
lineare -	39	Welt	82
nichtlineare -	40	Wertebereich	30
nichtlineare - mit		Wissen	
Einschränkungen	41	Arten von -	88
reaktive -	12	faktisches -	88
-sumgebung	36	hypothetisches -	88
wissensbasierte -	5; 36	imperatives -	88
prozedurale Ankopplung	30	-srepräsentation	5
Prozeß	26; 69	deskriptive --	5; 11
Prozeßschnittstelle		ereignisorientierte --	11; 45
ereignisorientierte -	145	prozedurale --	11
Punkt	136	zustandsorientierte --	11
End-	136	-sverarbeitung	5
Rahmen	30	Zeit	
Rechtzeitigkeit	144	-beschränkung	58; 107
Reduktionssatz	81	beendet	59
Reihenfolge		bevor	58
einfache -	59	einfache --	62
strenge -	58	eingeschlossen	58
Requisit	33; 104	folgt	59
Resultat	33; 105	gleich	58
Rolle	33; 103	in	59
Schema	36	inverse --	64
		komplexe --	62

leitet_ein	59	verzweigendes --	21
schneidet	60	-objekt	20
startet	59	-punkt	20; 21; 47
transitive --	64	-schranke	52
trifft	58	wahres -intervall	50
vor	59	Ziel	124
überlappt	59	konjunktives -	39
-gerade	50	-spezifikation	124
-modell		Zugänglichkeitsrelation	82; 87
analoges --	47	Zukunft	49; 52
diskretes --	47	Zustand	5; 26

2.1 Verzeichnis der Systemprädikate

abhängigkeiten	102; 108; 123	führt_aus	71
änderung	73	gefordert	91
antwortzeit	144	gilt	68
ausführbar	89	gleich	61
ausgeführt	89	gradient	75
ausnahmebehandlung	144	identisch	55
beendet	61	immer	55
beginn	54	immer_wahr	87
bereit	71	in	61
beschränkung	56	intervall	54
bevor	61	intervallrelation	58
dauer	54	intervallrelationen	108
einfach	62	inverseBeschränkung	57
eingeplant	90	inverseZeitbeschränkung	64
eingeschlossen	61	irgendwann_wahr	87
einschränkung	69	istAbhängigkeit	84; 107
einschränkungen	108	istAktion	71
einsetzbar	115	istEigenschaft	68
einstellung	108	istEinstellung	108
eintrittsbedingungen	102	istEintrittsbedingung	105
ende	54	istEreignis	70
erreichbar	91	istErscheinung	106
erscheinungen	123	istIntervall	54
existiert	68	istIntervallrelation	58; 107
findet_statt	70	istObjekt	68
fluß	72	istPlan	123
folgt	61	istProzeß	70

istRequisit	104	transitiveKette		106
istRequisiteneinschränkung	104	transitiveZeitbeschränkung		64
istResultat	105	trifft		61
istRolle	103	tritt_auf		70
istRolleneinschränkung	104	überlappt		61
istZeitschranke	53	unbekannt		56
Jetzt	52	unifiziere		55
klasse	68	unterklasse		69
leitet_ein	61	veränderung		74
max	52	vor		61
maximale_Antwortzeit	144	wahr		87
maximaler_fluß	75	wohlgeformt		63
min	52	+		51; 53
minimaler_fluß	75	-		52; 53
monoton_fallend	73	..		53
monoton_steigend	73	$\supseteq$		64
nachfolger	51	$\cap$		53; 56; 63
name	55; 102; 108; 123	$\cup$		57; 63
newName	93	<		51; 53; 61
nie	55	<<		61
objekte	108	<=		61
position	106	<>		61
rechtzeitig	144	=		61
resultate	102	@		67
schneidet	61	∞		51
skriptintervall	102	$\leq$		51; 53
skriptname	108	$\varnothing$		56
startet	61	$\Leftrightarrow$		84
teilmenge	64	$\Rightarrow$		84
transitiveBeschränkung	57			

2.2 Verzeichnis der Bilder

Bild 1: Modellierung eines technischen Prozesses durch Situationen und Operatoren   7
Bild 2: Zielsystem   12
Bild 3: Konvexe Relation   20
Bild 4: Repräsentation von Intervallbeziehungen durch 6-Tupel   20
Bild 5: Baum von Chroniken   22
Bild 6: Default-Schlußfolgerungen im Ereigniskalkül   23
Bild 7: Verschiebefaktor   27
Bild 8: Beispiel eines Skriptes   34
Bild 9: STRIPS-Planungsumgebung   36
Bild 10: STRIPS-Schema „gehe_zu"   37
Bild 11: STRIPS-Schema mit kritischen Werten   39
Bild 12: Teilpläne in der nichtlinearen Planung   40
Bild 13: Verhältnis zwischen Intervall und wahrem Zeitintervall   50
Bild 14: Alternativenverband und Kompositionsverband   57
Bild 15: Graphische Darstellung der einfachen Zeitbeschränkungen   59
Bild 16: Graphische Darstellung der disjunktiv verknüpften Zeitbeschränkungen   60
Bild 17: Verhältnis der Endpunkte zweier Intervall   61
Bild 18: Alternative Schlußfolgerungen   65
Bild 19: Hierarchie der Erscheinungsformen   66
Bild 20: Monoton steigende Flußgröße   74
Bild 21: Beispiel mit Förderband   76
Bild 22: Planungsumgebung   95
Bild 23: Wissensbasis mit einfacher Zeitplanung   96
Bild 24: Wissensbasis nach Planung mit Zugriff auf alte Ziele   97
Bild 25: Wissensbasis nach Planung mit Zugriff auf alte Ziele und Aktionen   98
Bild 26: Skript und Einstellungen   101
Bild 27: Einfaches Skript (STRIPS-Schema „goto2")   113
Bild 28: Einfaches Skript (STRIPS-Schema „gothru")   114
Bild 29: Skript „bewege Block"   114
Bild 30: Zusammengesetztes Skript   116
Bild 31 : Schematischer Ablauf der Planung   119
Bild 32: Funktionales Modell der Planung   120
Bild 33: Zielagenda   125
Bild 34: Erste eingeplante Einstellung   131
Bild 35: Zweite eingeplante Einstellung   132
Bild 36: Einplanung einer Hilfseinstellung   132
Bild 37: Abgeleitete Schlußfolgerungen   139
Bild 38: Antwortzeit von Echtzeitsystemen   144
Bild 39: Umgebung der ereignisorientierten Prozeßschnittstelle (EPS)   145
Bild 40: Architektur der ereignisorientierten Prozeßschnittstelle   146

2.3 Verzeichnis der Tafeln

Tafel 1: Intervallbeziehungen nach Allen   18
Tafel 2: Aufsplittung der „in"-Relation   18
Tafel 3: STRIPS-Operatoren   37
Tafel 4: Teile eines Intervalls   54
Tafel 5: Verknüpfungen zwischen den Beschränkungen von Zeitschranken   57

2.4 Verzeichnis der Axiome, Definitionen und Sätze

Axiom 1: Jedes Granularitätsintervall hat einen Nachfolger   51
Axiom 2: Es existiert ein Granularitätsintervall 0   51
Axiom 3: Das Granularitätsintervall 0 ist kein Nachfolger   51
Axiom 4: Granularitätsintervalle mit gleichem Nachfolger sind gleich   51
Axiom 5: Verallgemeinerung von Eigenschaften   51
Axiom 6: Verhältnis der Intervallattribute   54
Axiom 7: Charakteristikum von Fakten   67
Axiom 8: Eigenschaften von Objekten   68
Axiom 9: Vererbung in einer Objekttaxonomie   69
Axiom 10: Charakteristikum von Ereignissen   70
Axiom 11: Charakteristikum von Prozessen   71
Axiom 12: Charakteristikum von Aktionen   71
Axiom 13: Kommutativität   86
Axiom 14: Simplifikation   86
Axiom 15: Idempotenz   86
Axiom 16: Assoziativität   86
Axiom 17: Hypothetischer Syllogismus   86
Axiom 18: Eine tatsächliche Erscheinung ist möglich   86
Axiom 19: Iterierte Modalitäten   87
Axiom 20: Existenz von Rollen   109
Axiom 21: Existenz von Requisiten   109
Axiom 22: Zeitliches Auftreten von Erscheinungen eines Skriptes   110
Axiom 23: Erstes Planungsaxiom   111
Axiom 24: Resultatsaxiom   112
Axiom 25: Zweites Planungsaxiom   112
Axiom 26: Reihenfolge der Planungsteilprozesse für eine Zielspezifikation   142
Axiom 27: Spezifikation während der Suche   143
Axiom 28: Spezifikation während der Ausführung   143

Definition 1: Unendlichkeitssymbol 51
Definition 2: Addition von Granularitätsintervallen 51
Definition 3: Die Ordnungsrelation „<" und „≤" auf Granularitätsintervallen 51
Definition 4: Subtraktion von Granularitätsintervallen 52
Definition 5: Minimales und maximales Granularitätsintervall 52
Definition 6: Die Variable „Jetzt 52
Definition 7: Definition von Zeitschranken 53
Definition 8: Intervall 54
Definition 9: Darstellung von Intervallen als Quadrupel 55
Definition 10: Identität von Intervallen 55
Definition 11: Unifizieren von Intervallen 55
Definition 12: Die Intervalle „immer 55
Definition 13: Die Funktion „beschränkung" 56
Definition 14: Unbekannte Beschränkung zwischen Zeitschranken 56
Definition 15: Transitive Beschränkung zwischen Zeitschranken 57
Definition 16: Inverse Beschränkung zwischen Zeitschranken 57
Definition 17: Intervallrelationen 58
Definition 18: Interne Repräsentation 60
Definition 19: Quadrupelnotation von Zeitbeschränkungen 61
Definition 20: Definition der Intervallrelationen 61
Definition 21: Transitive Notation von Intervallrelationen 62
Definition 22: Zeitbeschränkung 62
Definition 23: Einfache Zeitbeschränkung 62
Definition 24: Wohlgeformte Zeitbeschränkungen 63
Definition 25: Erscheinung 67
Definition 26: Eigenschaften eines Objektes 68
Definition 27: Erzeugung von Objekten 68
Definition 28: Extensionale Einschränkung 69
Definition 29: Intensionale Einschränkung 69
Definition 30: Erzeugung eines Ereignisses aus der Änderung einer Eigenschaft 70
Definition 31: Erzeugung eines Prozesses aus der Änderung einer Eigenschaft 71
Definition 32: Flußgrößen 72
Definition 33: Definition der Änderung einer Flußgröße 73
Definition 34: Monotonieeigenschaft von Flußgrößen 73
Definition 35: Aktive Veränderung einer Flußgröße 74
Definition 36: Gradient der Veränderung 75
Definition 37: Gradienteneinschränkung 75
Definition 38: Die notwendige Folge von Erscheinungen 84
Definition 39: Die gegenseitige Abhängigkeit 84
Definition 40: Definition von Abhängigkeit 84
Definition 41: Dualität von Möglichkeit und Notwendigkeit 85
Definition 42: Immer wahre Aussagen 87

Definition 43: Irgendwann wahre Aussagen   87
Definition 44: Definition „ausgeführt"   89
Definition 45: Ausführbare Aktionen   89
Definition 46: Eingeplante Aktionen   90
Definition 47: Eingeplante Fakten   90
Definition 48: Erreichbare Fakten   91
Definition 49: Verhältnis der Modalitäten „gefordert" und „erreichbar"   91
Definition 50: Definition eines Skriptes   102
Definition 51: Zugriff auf Fächer   102
Definition 52: Rollendefinition   103
Definition 53: Einschränkung von Rollen   104
Definition 54: Requisitendefinition   104
Definition 55: Einschränkung von Requisiten   104
Definition 56: Eintrittsbedingungen   105
Definition 57: Resultate   105
Definition 58: Erscheinungen eines Skriptes   106
Definition 59: Transitive Kette von Erscheinungen   106
Definition 60: Intervallrelationen zwischen Erscheinungen eines Skriptes   107
Definition 61: Kausale Folgen   107
Definition 62: Erzeugung von Einstellungen   108
Definition 63: Zugriff auf Fächer einer Einstellung   108
Definition 64: Einstellungsdefinition   111
Definition 65: Einsetzbare Skripte   115
Definition 66: Definition eines Planes   123
Definition 67: Zugriff auf Komponenten eines Plans   123
Definition 68: Zielspezifikation   124
Definition 69: Die Konfliktmenge der Skripte   126
Definition 70: Die Konfliktmenge der Einstellungen   127
Definition 71: Konsistenz von Punkten   137
Definition 72: Konsistenz von Kanten   137
Definition 73: Konsistenz von einfachen Wegen   137
Definition 74: Antwortzeit   144
Definition 75: Rechtzeitigkeit   144
Definition 76: Ausnahmebehandlung   144

Satz 1: Addition und Subtraktion von Zeitschranken   53
Satz 2: Ordnungsrelationen von Zeitschranken   53
Satz 3: Schnittmenge von Zeitschranken   53
Satz 4: Mögliche einfache Zeitbeschränkungen   62
Satz 5: Schnittmenge von Zeitbeschränkungen   63
Satz 6: Vereinigung von Zeitbeschränkungen   63
Satz 7: Die transitive Zeitbeschränkung   64
Satz 8: Inverse Zeitbeschränkung   64
Satz 9: Teilmenge über Zeitbeschränkungen   64
Satz 10: Eine notwendige Erscheinung wird tatsächlich ausgeführt   86
Satz 11: Reduktion von Möglichkeitsoperatoren   87
Satz 12: Reduktion von Notwendigkeitsoperatoren   87
Satz 13: Aktuelle Wahrheit   87
Satz 14: Eine eingeplante Erscheinung muß ausführbar sein   90
Satz 15: Eine ausgeführte Erscheinung war ausführbar   90
Satz 16: Eine ausgeführte Erscheinung war möglicherweise eingeplant   90
Satz 17: Ein gefordertes Faktum muß erreichbar sein   91
Satz 18: Ausführbarkeit von Einstellungen   111
Satz 19: Qualifizierung der Eintrittsbedingungen   112
Satz 20: Intervall des eingesetzten Skriptes   115
Satz 21: Eintrittsbedingungen und Resultate des eingesetzten Skriptes   115
Satz 22: Jedes Element der Konfliktmenge bedingt das Auftreten des Zieles   127

2.5 Verzeichnis der Algorithmen

Algorithmus 1: Aktualisierung der Zeit in der Wissensbasis   94
Algorithmus 2: Planungsschleife   121
Algorithmus 3: Erreichbarkeit eines Zieles   122
Algorithmus 4: Auswahl einer Einstellung   126
Algorithmus 5: Erzeugung der Konfliktmenge der Skripte   126
Algorithmus 6: Erzeugung der Konfliktmenge der Einstellungen   127
Algorithmus 7: Einplanung einer Einstellung   131
Algorithmus 8: Konsistenzüberprüfung   133
Algorithmus 9: Propagierung von Einschränkungen   140

3 Literaturverzeichnis

[Aho 74]   A.V. Aho, J.E. Hopcroft, J.D. Ullman.
              „The Design and Analysis of Computer Algorithms".
              Addison-Wesley Publishing Company, 1974.

[Alle 83a]   James F. Allen, Johannes A. Koomen.
              „Planning Using a Temporal World Model".
              Proc. of the 8th IJCAI Karlsruhe 1983, pp 741-747.

[Alle 83b]   James F. Allen.
              „Maintaining Knowledge about Temporal Intervals".
              Communications of the ACM, Vol. 26, No 11, 1983, pp 823-843.

[Alle 84]   James F. Allen.
              „Towards a General Theory of Action and Time".
              Artificial Intelligence, Vol. 23, 1984, pp 123-154.

[Alle 85]   James F. Allen, Patrick J. Hayes.
              „A Common-Sense Theory of Time".
              Proc. of 9th IJCAI 1985, Los Angeles, pp 528-531.

[Alsy 83]   Alsys.
              „Reference Manual for the Ada Programming Language".
              ANSI / MIL-STD 1815 A, 1983.

[Bibe 82]   Wolfgang Bibel.
              „Automated Theorem Proving".
              Vieweg Verlag, 1982.

[Bibe 86]   Wolfgang Bibel.
              „A Deductive Solution for Plan Generation".
              New Generation Computing, Vol. 4, 1986, pp 115-132.

[Bobr 75]   Daniel G. Bobrow & A. Collins.
              „Representation and Understanding".
              Academic Press, 1975.

[Born 81]   Alan Borning.
              „The Programming Language Aspects of ThingLab, A Constraint-
              Oriented Simulation Laboratory".
              ACM Trans. on Prog. Lang. and Syst., Vol 3. No 4, 1984, pp 353-387.

[Brau 87]   Joachim Brauer, Jürgen Dorn, Bernd Otto.
             „Logisches Spezifizieren und Programmieren in der
             Prozeßdatenverarbeitung".
             Automatisierungstechnische Praxis, Heft 3, 1987, pp 132-138.

[Brow 85]   Lee Brownston et al.
             *„Programming Expert Systems in OPS5, An Introduction in rule-based
             programming"*.
             Addison-Wesley Publishing Company, 1985.

[Brow 87]   Frank M. Brown (Ed.).
             „The Frame Problem in Artificial Intelligence".
             Proc. of the 1987 Workshop, Lawrence, Morgan Kaufmann.

[Carl 87]   H. Carls.
             „Eine intelligente Schnittstelle zur Ankopplung an ein Expertensystem".
             Proc. Expertensysteme '87 Nürnberg, 1987, pp 394-405.

[Chap 87]   David Chapman.
             „Planning for Conjunctive Goals".
             Artificial Intelligence, Vol. 32, 1987, pp 333-377.

[Cloc 84]   W.F. Clocksin, C.S. Mellish.
             „Programming in Prolog".
             Springer-Verlag, Second Edition, 1987.

[Czec 87]   Harald Czech, Axel-Peter Schmidt.
             „Spezifikation und Implementierung eines Skriptinterpreters".
             Studienarbeit, TU Berlin, Fachbereich 20, 1987.

[Czec 89]   H. Czech, R. G. Herrtwich, G. Hommel, R. Sasse, A.-P. Winkler.
             „Programme für kooperierende Maschinen in der Fertigung".
             Technischer Bericht 89-11, TU Berlin, Fachbereich 20, 1989.

[Date 81]   C. J. Date.
             „An Introduction to Database Systems".
             Addison-Wesley Publishing Company, Reading (MA), 1981.

[Davi 83]   R. Davis, R.G. Smith.
             „Negotiation as a Metaphor for Distributed Problem Solving".
             AI Journal, Vol. 20, 1983, pp 63-109.

[DeKl 84]   J. de Kleer, J.S. Brown.
„A Qualitative Physics Based on Confluences".
Artificial Intelligence, Vol. 24, 1984, pp 7-83.

[Deli 79]   Amaryllis Deliyanni, Robert A. Kowalski.
„Logic and Semantic Networks".
Communications of the ACM, Vol. 22, No. 3, 1979, pp 184-192.

[DIN 69]   DIN Taschenbuch 25.
„Informationsverarbeitung".
Deutscher Normungsauschuß (DNA), Beuth-Vertrieb GmbH, Berlin,1969.

[DIN 81]   DIN Taschenbuch 25.
„Informationsverarbeitung".
Deutscher Normungsauschuß (DNA), Beuth-Vertrieb GmbH, Berlin,1981.

[Dorn 86a]   Jürgen Dorn, Günter Hommel, Alois Knoll.
„Skripte als ereignisorientierte Repräsentationsmechanismen in der Robotik".
Proc. der 16. Jahrestagung der GI, Springer-Verlag, 1986, pp 656-670.

[Dorn 86b]   Jürgen Dorn.
„Skripte und andere Konzepte für die Wissensrepräsentation in der Robotik".
2.Fachgespräch „Autonome mobile Roboter",Karlsruhe,1986, pp38-57.

[Dorn 88a]   Jürgen Dorn.
„Repräsentation von Abhängigkeiten durch Skripte".
Arbeitspapiere der GMD, Hrsg. Joachim Hertzberg,
Beiträge zum Workshop „Planen und Konfigurieren", 1988.

[Dorn 88b]   Jürgen Dorn.
„Der Ereignis-Prozessor".
Proc. WIMPEL '88, B.G.Teubner Verlag, 1988, pp 205-219.

[Fike 71a]   Richard E. Fikes, Nils J. Nilsson.
„STRIPS: A New Approach to the Application of Theorem Proving to Problem Solving".
Artificial Intelligence, Vol. 2, 1971, 189-208.

[Fike 71b]   Richard E. Fikes, Nils J. Nilsson.
„Monitored Execution of Robot Plans Produced by STRIPS".
Proc. IFIP Congress 1971, Ljubljana, pp 101-105.

[Fike 72] Richard E. Fikes, Peter E. Hart, Nils J. Nilsson.
„Learning and Executing Generalized Robot Plans".
Artificial Intelligence, Vol. 3, 1972, pp 251-288.

[Forb 84] Kenneth D. Forbus.
„Qualitative process theory".
Artificial Intelligence, Vol. 24, 1984, pp 85-168.

[Freu 82] Eugene C. Freuder.
„A sufficient condition for backtrack-free search".
Journal of the ACM, Vol. 29, 1982, pp 24-32.

[Frie 85] Peter E. Friedland, Yumi Iwasaki.
„The Concept and Implementation of Skeletal Plans".
Journal of Automated Reasoning, Vol. 1, (1985), pp 161-208.

[Glub 83] Jürgen-Michael Glubrecht, Arnold Oberschelp, Günter Todt.
„Klassenlogik".
Bibliographisches Institut, 1983.

[Gold 83] Adele Goldberg, David Robson.
„Smalltalk-80 The Language and its Implementation".
Addison-Wesley Publishing Company, 1983.

[Greg 87] Steve Gregory.
„Parallel Logic Programming in PARLOG".
Addison-Wesley Publishing Company, 1987.

[Grze 89] Franz Grzeschniok.
„Planen paralleler Aktivitäten mit einem Zeitintervallkalkül".
Diplomarbeit, TU Berlin, Fachbereich 20, 1989.

[Günt 84] Siegfried Günther.
„Zur Repräsentation temporaler Beziehungen in SRL".
KIT-Report 21, TU Berlin, September 1984.

[Hail 82] Brent T. Hailpern.
„Verifying Concurrent Processes Using Temporal Logic".
Springer-Verlag, 1982.

[Hara 69] Frank Harary.
„Graph theory".
Addison-Wesley Publishing Company, 1969.

[Herr 89]   Ralf Guido Herrtwich, Günter Hommel.
             „Kooperation und Konkurrenz".
             Springer-Verlag, 1989.

[Hert 87]   Joachim Hertzberg.
             „Zur Klärung einiger Begriffe".
             Arbeitspapiere der GMD, Hrsg. Joachim Hertzberg,
             Beiträge zum Workshop „Planen und Konfigurieren", 1987.

[Hryc 87]   Tomas Hrycej.
             „An Efficient Algorithm for Reasoning about Time Intervals".
             Proc. Expertensysteme '87 Nürnberg, 1987, pp 327-340.

[Hugh 78]   G.E. Hughes, M.J. Cresswell.
             „Einführung in die Modallogik".
             de Gruyter, 1978.

[Jung 87]   Dieter Jungnickel.
             „Graphen, Netzwerke und Algorithmen".
             BI Wissenschaftsverlag, 1987.

[Kahn 77]   Kenneth Kahn, G. Anthony Gorry.
             „Mechanizing Temporal Knowledge".
             Artificial Intelligence, Vol. 9, 1977, pp 87-108.

[Kowa 79]   Robert Kowalski.
             „Algorithm = Logic + Control".
             Communications of the ACM, Vol. 22, No. 7, 1979, pp 424-436.

[Kowa 86]   Robert Kowalski, Marek Sergot.
             „A Logic-based Calculus of Events".
             New Generation Computing, Vol. 4, 1986, pp 67-95.

[Krö 87]   Fred Kröger.
             „Temporal Logic of Programs".
             EATCS Monographs on Theoretical Computer Science, Vol. 8,
             Springer-Verlag, 1987.

[Kuip 75]   Benjamin J. Kuipers.
             „A Frame for Frames".
             in [Bobr 75], pp 151-184.

[Kuip 84]   Benjamin J. Kuipers.
„Common sense causality: Deriving behavior from structure".
Artificial Intelligence, Vol. 24, 1984, pp 169-204.

[Laff 88]   Thomas J. Laffey, Preston A. Cox, James L. Schmidt, Simon M. Kao, Jackson Y. Read.
„Real-Time Knowledge-Based Systems".
AI Magazine, Spring 1988, pp 27-45.

[Lamp 80]   Leslie Lamport.
„"Sometime" Is Sometimes "Not Never" On the Temporal Logic of Programs".
7th Annual ACM Symposium on Principles of Programming Languages, pp 174-185, 1980.

[Lamp 81]   Leslie Lamport.
„"Atomic Transaction" in Distributed Systems, Architecture and Implementation, An Advanced Course".
LNCS, Vol. 105, Springer-Verlag 1981.

[Lamp 83]   Leslie Lamport.
„Specifying Concurrent Program Modules".
ACM Transactions on Programming Languages and Systems, Vol. 5, No. 2, 1983, pp 190-222.

[Lang 87]   Uwe Langermann, Andreas Müller.
„Modellierung einer Eisenbahnanlage mit Skripten".
Diplomarbeit, TU Berlin, Fachbereich 20, 1988.

[Leib 83]   Ute Leibrandt.
„IF/Prolog User´s Manual, Version 1.0".
InterFace Computer GmbH, Preliminary Edition, October 1983.

[Lewi 18]   C.I. Lewis.
„A survey of symbolic logic".
Berkeley, University of California Press, 1918.

[Lewi 20]   C.I. Lewis.
„Strict implication. An emendation".
Journal of Philosophy, Vol. 17, 1920, pp 300-302.

[Mack 77]   Alan K. Mackworth.
            „Consistency in Networks of Relations".
            Artificial Intelligence, Vol. 8, 1977, pp 99-118.

[Mack 85]   Alan K. Mackworth, Eugene C. Freuder.
            „The Complexity of Some Polynominal Network Consistency
            Algorithms for Constraint Satisfaction Problems".
            Artificial Intelligence, Vol. 25, 1985, pp 65-73.

[McCa 63]   John McCarthy.
            „Situations, Actions and Causal Laws".
            Stanford University AI Project Memo no. 2, 1963.

[McCa 68]   John McCarthy, Patrick J. Hayes.
            „Some Philosophical Problems from the Standpoint of Artificial
            Intelligence".
            in [*Mins 68*], pp 463-501.

[McCa 69]   John McCarthy.
            „Programs with Common Sense".
            in [*Melt 69*], 403-417.

[McDe 80]   Drew McDermott, John Doyle.
            „Non Monotonic Logic I".
            Artificial Intelligence, Vol. 13, 1980, pp 41-72.

[McDe 82]   Drew McDermott.
            „A Temporal Logic for Reasoning about Processes and Plans".
            Cognitive Science, Vol. 6, 1982, pp 101-155.

[Melt 69]   Bernhard Meltzer, Donald Michie (Eds).
            „*Machine Intelligence 4*".
            Edinburgh at the University Press, 1969.

[Mins 68]   Marvin Minsky (Ed.).
            „*Semantic Information processing*".
            MIT Press, 1968.

[Mins 75]   Marvin Minsky.
            „A Framework for Representing Knowledge,
            in [*Wins 75*], pp 211-277.

[Mont 74]   U. Montanari.
„Networks of Constraints: Formal Properties and Applications to Picture Processing".
Information Sciences, Vol. 7, 1974, pp 95-132.

[Mujt 79]   Shahid Mujtaba, Ron Goldman.
„*AL Users' Manual*".
Stanford Artificial Intelligence Labaratory, 1979.

[Mull 85]   Carlo Muller.
„Modula-Prolog User Manual".
Forschungsbericht Brown Boveri, 1985.

[Neub 88]   Andreas Neubert, Frank Splettstößer.
„*Ein Skriptverarbeitungssystem basierend auf Prädikatenlogik*".
Studienarbeit, TU Berlin, Fachbereich 20, 1988.

[Neum 88]   Bernd Neumann, Michael Mohnhaupt.
„Propositionale und analoge Repräsentation von Bewegungsverläufen".
KI, Vol. 1/88, Oldenbourg Verlag, pp 4-10.

[Nils 82]   Nils J. Nilsson.
„*Principles of Artificial Intelligence*".
Springer-Verlag 1982.

[Nöke 88]   Klaus Nökel.
„Convex Relations Between Time Intervals".
SEKI Report SR-88-17, Universität Kaiserslautern, 1988.

[Nöke 89]   Klaus Nökel.
„*Temporal Matching: Recognizing Dynamic Situations from Discrete Measurements*".
Draft, Universität Kaiserslautern, 1988.

[Paul 81]   R.B. Paul.
„*Robot Manipulators: mathematics, programming, and control*".
MIT Press, 1981.

[Pela 86]   Richard Pelavin, James F. Allen.
„A Formal Logic of Plans in Temporally Rich Domains".
Proc. of the IEEE, Vol. 74, No. 10, 1986 pp 1364-1382.

[Pnue 77]   Amir Pnueli.
„The temporal logic of programs".
18th Annual Symposium on Foundation of Computer Science
(Providence, RI), pp 46-57, 1977.

[Post 43]   E.L. Post.
„Formal Reductions of the General Combinatorial Decision Problem".
American Journal of Mathematics, Vol. 65, 1943, pp 197-215.

[Quil 68]   R. Quillan.
„Semantic Memory".
in [Mins 68], pp 216-270.

[Rein 87]   Fritz Reinhardt, Heinrich Soeder.
„dtv-Atlas zur Mathematik".
Deutscher Taschenbuch Verlag, 7. Auflage, 1987.

[Reit 80]   R. Reiter.
„A Logic for Default Reasoning".
Artificial Intelligence, Vol. 13, 1980, pp 81-72.

[Resc 71]   Nicholas Rescher, Alasdair Urquhart.
„Temporal Logic".
Springer-Verlag, 1971.

[Rich 83]   Elaine Rich.
„Artificial Intelligence".
McGraw-Hill New York, 1983.

[Sace 74]   Earl D. Sacerdoti.
„Planning in a Hierarchy of Abstraction Spaces".
Artificial Intelligence, Vol. 5, 1974, pp 115-135.

[Sace 77]   Earl D. Sacerdoti.
„A Structure for Plans and Behavior".
Elsevier Computer Science Library, 1977.

[Sand 87]   Erik Sandewall.
„The Pipelining Transformation on Plans for Manufacturing Cells with
Robots".
Proc. of the 8th IJCAI, Milano, 1987, pp 1055-1062.

[Scha 77]   Roger C. Schank, Robert P. Abelson.
             „Scripts, Plans, Goals, and Understanding".
             Erlbaum, 1977.

[Scha 81]   Roger C. Schank, Christopher K. Riesbeck (eds.).
             „Inside Computer Understanding".
             Erlbaum, 1981.

[Scha 84]   Roger C. Schank, mit Peter G. Childers.
             „The Cognitive Computer".
             Addison-Wesley Publishing Company, 1984.

[Schw 83]   Richard L. Schwartz, P.M. Melliar-Smith, Friedrich H. Vogt.
             „An Interval Logic for Higher-Level Temporal Logic".
             2nd ACM PODC, 1983, pp 173-186.

[Shoh 87]   Yoav Shoham.
             „Temporal Logics in AI: Semantical and Ontological Considerations".
             Artificial Intelligence, Vol. 33, 1987, pp 89-104.

[Shor 76]   E.H. Shortliffe.
             „Computer-Based Medical Consultations: MYCIN".
             Elsevier Computer Science Library, 1976.

[Sple 89]   Frank Splettstößer.
             „Wissenserwerb in Echtzeitprozessen".
             Diplomarbeit, TU Berlin, Fachbereich 20, 1989.

[Stal 77]   R. Stallman, G.J. Sussman.
             „Forward Reasoning and Dependency-Directed Backtracking in a System
             for Computer-Aided Circuit Analysis".
             Artificial Intelligence, Vol. 9, 1977, pp 135-196.

[Stef 81]   Mark Stefik.
             „Planning with Constraints (MOLGEN: Part 1 and 2)".
             Artificial Intelligence, Vol. 16, 1981, pp 111-140.

[Ster 86]   Leon Sterling, Ehud Shapiro.
             „The Art of Prolog".
             The MIT Press.

[Sund 75]   Bo Sundgren.
            „Theory of Data Bases".
            Petrocelli / Charter, New York 1975.

[Suss 75]   Gerald Jay Sussman.
            „A Computer Model of Skill Acquisition".
            Elsevier Computer Science Library, 1975.

[Tate 77]   Austin Tate.
            „Generating Project Networks".
            Proc. of the 5th IJCAI, Cambridge 1977, pp 888-893.

[Vald 86]   Raul E. Valdés-Pérez.
            „Spatio-Temporal Reasoning and Linear Inequalities".
            AI Memo 375, MIT AI Lab, 1986.

[Vila 82]   Marc B. Vilain.
            „A System for Reasoning About Time".
            Proc. AAAI 82, Pittsburgh, PA, pp 197-201.

[Vila 86]   Marc B. Vilain, Henry Kautz.
            „Constraint Propagation Algorithms for Temporal Reasoning".
            Proc. AAAI 86, Philadelphia, PA, pp 377-382.

[Warr 74]   David H.D. Warren.
            „WARPLAN: A System for Generating Plans".
            Memo 76, Dept. Computational Logic, University of Edinburgh, 1974.

[Wilk 84]   David E. Wilkins.
            „Domain-independent Planning: Representation and Plan Generation".
            Artificial Intelligence, Vol. 22, 1984, pp 269-301.

[Wino 75]   Terry Winograd.
            „Frame Representation and the Declarative / Procedural Controversy".
            in *[Bobr 75],* pp 185-210.

[Wins 75]   Peter H. Winston (ed.).
            „The Psychologie of Computer Vision".
            McGraw-Hill New York, 1975.